高等学校省级规划教材

——土木工程专业系列教材

砌体结构

雷庆关　主　编

江昔平
彭曙光　副主编

U0295734

合肥工业大学出版社

内容提要

《砌体结构》是高等学校省级规划教材——土木工程专业系列教材中的一册。本书根据高等学校土木工程专业的教学要求、《砌体结构设计规范》(GB 50003—2001)以及有关现行结构设计规范编写。本书着重介绍了砌体结构的基本概念、基本理论和设计方法。全书共分 9 章,包括绪论,砌体材料及砌体的物理力学性能,砌体结构设计方法,无筋砌体结构构件的承载力计算,混合结构房屋墙、柱设计,墙梁、挑梁及过梁的设计,配筋砌体结构,砌体结构房屋的抗震设计,公路桥涵砌体结构设计简介等。为帮助读者巩固知识,本书编写了大量的例题,并附有习题和思考题。

本书可用于土木工程、工程管理等专业的教材,还可作为工程技术人员的参考书。

图书在版编目(CIP)数据

砌体结构/雷庆关主编 . —合肥:合肥工业大学出版社,2006.12
ISBN 978 - 7 - 81093 - 274 - 5

Ⅰ. 砌...　　Ⅱ. 雷...　　Ⅲ. 砌体结构—高等学校—教材　　Ⅳ. TU36

中国版本图书馆 CIP 数据核字(2006)第 163065 号

砌 体 结 构

主编:雷庆关　　　　　责任编辑:陈淮民

出　　版	合肥工业大学出版社
地　　址	合肥市屯溪路 193 号
邮　　编	230009
电　　话	总编室:0551 - 2903038
	发行部:0551 - 2903198
网　　址	www.hfutpress.com.cn
E-mail	hfutpress@163.com
版　　次	2006 年 12 月第 1 版
印　　次	2012 年 1 月第 2 次印刷
开　　本	787 毫米×1092 毫米　　1/16
印　　张	12.25
字　　数	297 千字
发　　行	全国新华书店
印　　刷	合肥现代印务有限公司

ISBN 978 - 7 - 81093 - 274 - 5　　　　　定价:22.00 元

如果有影响阅读的印装质量问题,请与出版社发行部联系调换

安徽省高校土木工程系列规划教材

编 委 会

前　言

砌体是一种有悠久历史的建筑材料,具有较强的生命力。在我国,砌体结构得到广泛应用,目前建筑中仍有很多墙体采用砌体材料,特别在多层住宅建筑用得较多。近年来,砌体结构在国外也得到了很大的发展,它已成为世界上受重视的一种建筑结构体系。我国高等院校在土木工程、建筑学、工程管理等一些专业都开设了砌体结构课程,本书正是为了满足这一教学需要而编写的。

砌体结构的内容丰富,涉及材料、力学、施工、构造方面的很多知识。在编写过程中,我们按照新的《砌体结构设计规范》(GB 50003—2001)、《公路桥涵设计通用规范》(JTG D60—2004)、《建筑抗震设计规范》(GB 50011—2001)等进行编写。同时,在编写时,注重吸收一些高等院校和科研单位最新研究成果,使本书内容比较新颖、丰富。为帮助读者巩固知识,本书编写了大量的例题,并附有一定的习题和思考题。

全书共分9章,内容包括绪论,砌体材料及砌体的物理力学性能,砌体结构设计方法,无筋砌体结构构件的承载力计算,混合结构房屋墙、柱设计,墙梁、挑梁及过梁的设计,配筋砌体结构,砌体结构房屋的抗震设计,公路桥涵砌体结构设计简介等。

本书由雷庆关任主编,江昔平、彭曙光任副主编。各章节编写分工如下:第1章、第3章由安徽建筑工业学院雷庆关编写;第5章由雷庆关和铜陵学院高秀丽共同编写;第2章由高秀丽编写;第4章、第9章由安徽理工大学江昔平编写;第6章、第7章、第8章由安徽建筑工业学院彭曙光编写。全书由雷庆关统一定稿。

在编写过程中,编者所在院校和合肥工业大学出版社给予了大力支持和帮助,在此表示衷心的感谢。

由于编者水平有限,时间仓促,书中缺点和错误在所难免,恳请专家、学者、读者批评指正。

编　者

2006年11月

目 录

第1章 绪 论

1.1 砌体结构的特点及应用范围

由砖砌体、石砌体或砌块砌体为块材,用砂浆砌筑的结构称为砌体结构。

1.1.1 砌体结构的特点

砌体结构发展较快,目前已成为世界上应用最广泛的结构形式之一,特别是在我国住宅建筑中用砌体内外墙承重、钢筋混凝土楼板的混合结构房屋中占主要地位。

1.1.1.1 砌体结构的优点

1. 砌体结构材料分布广泛,易于就地取材。石材、粘土、砂等是天然材料,分布广,易于就地取材,价格也较水泥、钢材、木材便宜。此外,工业废料如煤矸石、粉煤灰、页岩等都是制作块材的原料,用来生产砖或砌块不仅可以降低造价,也有利于保护环境。

2. 采用砌体结构较现浇钢筋混凝土结构可以节约水泥、钢材和木材,即节约三材,当采用预制混凝土结构时,虽可节约木材,但增加工序。新砌砌体上可承受一定荷载,因而可连续施工。砌体结构施工不要求特殊的技术设备,因此能普遍推广采用。

3. 砌体结构有很好的耐火性和较好的耐久性,使用年限长。

4. 节能效果明显。砌体特别是砖砌体的保温、隔热性能好,砖墙房屋能调节室内湿度。

5. 当采用大型砌块和大型板材结构墙体时,可加快施工速度,实现工业化生产和施工。

1.1.1.2 砌体结构的缺点

任何事物都有正反两面,毋庸讳言,砌体结构也有如下一些缺点:

1. 砌体结构自重大,而砌体强度不高,特别是抗拉、抗剪强度很低,因此砌体结构截面尺寸一般较大,材料用量较多,因而结构的自重大。因此,应加强轻质高强材料的研究、生产和应用;发展新型墙体材料,尽可能减小结构截面尺寸和减轻结构自重。

2. 砂浆和砖、石、砌块之间的粘结力较弱,无筋砌体抗拉、抗弯、抗剪强度低,延性差,因此抗震能力低。砖块面的清洁度与潮湿程度,也大大影响粘结强度,必须保持砖面清洁和湿润,尽可能地保证其粘结强度。必要时采用配筋砌体或高粘结性砂浆,来提高结构的承载力和延性。

3. 砌体结构砌筑工作繁重。砌体基本采用手工方式砌筑,劳动量大,生产效率低。因此,有必要进一步推广砌块、振动砖墙板和混凝土空心墙板等工业化施工方法,以逐步克服这一缺点。

4. 砖砌体结构的粘土砖用量很大,往往占用农田,影响农业生产,且对保持生态平衡也是很不利的。我国是一个土地资源非常紧缺的国家,人均耕地占有量只有 $1\,006.7\mathrm{m}^2$,仅为世界人均水平的 45%。因此,必须大力发展砌块、煤矸石砖、粉煤灰砖等粘土砖的替代产品。

现代砌体结构的特点在于:采用节能、环保、轻质、高强且品种多样的砌体材料,工程上有较广的应用领域,在高层建筑尤其是中高层建筑结构中较之其他结构有较强的竞争力,具有先进、高效的建造技术,为舒适的居住和使用环境提供良好的条件。

为此,砌体结构今后首先要积极发展新材料。墙体材料革新不仅是改善建筑功能、提高住房建设质量和施工效率,满足住宅产业现代化的需要,还能达到节约能源、保护土地、有效利用资源、综合治理环境污染的目的,是促进我国经济、社会、环境、资源协调发展的大事,是实施我国可持续发展战略的一项重大举措。要坚持以节能、节地、利废、保护环境和改善建筑功能为发展方针,以提高生产技术水平、加强产品配套和应用为重点,积极发展功能好、效益佳的各种新型墙体材料。在努力研究和生产轻质、高强的砌块和砖的同时,还应注重对高粘结强度砂浆的研制和开发。

要深化对配筋砌体结构的研究,扩大其应用范围。尤其是要进一步研究配筋混凝土砌块砌体剪力墙结构的抗震性能,使该结构体系在我国抗震设防地区有更大的适用高度,并对框支配筋混凝土砌块砌体剪力墙结构进行系统研究,将我国配筋砌体结构的研究和应用提高到一个新的水平。

应加强对砌体结构基本理论的研究。进一步研究砌体结构的受力性能和破坏机理,通过物理或数学模式,建立精确而完整的砌体结构理论,是世界各国所关注的课题。我国的研究有较好的基础,继续加强这方面的工作十分有利,对促进砌体结构的发展有着深远意义。

还应提高砌体施工技术的工业化水平。国外在砌体结构的预制、装配化方面做了许多工作,积累了不少经验,我国在这方面有较大差距。我国对预应力砌体结构的研究相当薄弱,大型预制墙板和振动砖墙板的应用也极少。为此,有必要在我国较大范围内改变传统的砌体结构建造方式。这对提高生产工业化、施工机械化的水平,从而减少繁重的体力劳动,加快工程建设速度,无疑有着重要意义。

我国幅员辽阔,资源丰富,在社会主义初级阶段,以及今后一个相当长的时期内,无疑在许多建筑乃至其他土木工程中砌体和砌体结构仍然是一种主要的材料和承重结构体系。

1.1.2 砌体结构的应用范围

由于砌体结构具有很多明显的优点,因此应用范围广泛。但由于砌体结构存在的缺点,也限制了它在某些场合下的应用。

采用砌体可以建造房屋的承重结构及其中的部件,包括基础等。无筋砌体房屋一般可建 5 ～ 7 层,配筋砌块剪力墙结构房屋可建 8 ～ 18 层。此外,过梁、屋盖、地沟等构件也可用砌体结构建造。在某些产石材的地区,也可以用毛石或料石建造房屋,目前已有建到 5 层的。

采用砌体可以建造特种结构。如烟囱、料斗、管道支架、对渗水性要求不高的水池等。

在交通运输方面,砌体结构可用于桥梁、隧道工程、各种地下渠道、涵洞、挡土墙等也常用石材砌筑。在水利建设方面,可用石材砌筑坝、堰和渡槽等。

但是应该注意,砌体结构是用单块块材和砂浆砌筑的,目前大多是手工操作,质量较难保证均匀一致,加上无筋砌体抗拉强度低、抗裂抗展性能较差等缺点,在应用时应注意有关规范、规程的使用范围。在地震区采用砌体结构,应采取必要的抗震措施。

当采用配筋砌体,乃至预应力砌体时,砌体结构的尺度可以增大而截面可以减小,同时应用范围还可扩大。

1.2 砌体结构的发展简史及方向

1.2.1 砌体结构发展简史

砌体结构有悠久的历史。人类自巢居、穴居进化到室居以后,最早发现的建筑材料就是块材,如石块、土块等。人类利用这些原始材料垒筑洞穴和房屋,并在此基础上逐步从乱石块发展为加工成块石。从土坯发展为烧结砖瓦,出现了最早的砌体结构。如我国早在 5000 年前就建造有石砌祭坛和石砌围墙。据记载我国长城始建于公元前 7 世纪春秋时期的楚国,在秦代用乱石和土将秦、燕、赵北面的城墙连成一体并增筑新的城墙,建成闻名于世的万里长城(图 1-1)。在隋代由李春所建造的河北赵县安济桥(图 1-2),距今已有约 1400 年,全长 50.82 米,宽 9.6 米,跨径 37.37 米,由 28 道独立石拱纵向构成,外形十分美观,是世界上最早建造的单孔圆弧石拱桥。古埃及在公元前约 3000 年在尼罗河三角洲的吉萨采用块石建成 3 座大金字塔,工程十分浩大。古罗马在公元 75～80 年采用石结构建成了罗马大角斗场,至今仍供人们参观。

图 1-1 长城

图 1-2 河北赵县安济桥

我国在新石器时代末期(距今 6000 年～4500 年)已有地面木架建筑和木骨泥墙建筑。

人们生产和使用烧结砖瓦也有 3000 多年的历史，在西周时期（公元前 1134 年～前 771 年）已有烧制的瓦。在战国时期（公元前 475 年～前 221 年）已能烧制成大尺寸空心砖，南北朝时砖的使用已很普遍。河南登封的嵩岳寺塔（图 1-3），建于北魏孝明帝正光元年（520 年），是一座平面为 12 边形的密檐式砖塔，共 15 层，总高 43.5m，为单筒体结构，塔底直径 8.4m、墙厚 2.1m、高 3.4m，塔内建有真、假门 504 个，是中国最古密檐式砖塔，在世界上也是独一无二的。明代建造的南京灵谷寺无梁殿后面走廊的砖砌穹隆，显示出我国古代应用砖石结构的重要方面。中世纪在欧洲用砖砌筑的拱、券、穹隆和圆顶等结构也得到很大发展，如公元 532 年～637 年在君士坦丁堡建成的圣索菲亚大教堂，东西向长 77m，南北向长 71.7m，正中是直径 32.6m 的穹顶，全部用砖砌成。

图 1-3　嵩岳寺塔

砌块生产和应用的历史只有 100 多年，其中以混凝土砌块生产最早。自 1824 年发明波特兰水泥后，最早的混凝土砌块于 1882 年问世，美国于 1897 年建成第一幢砌块建筑。1933 年美国加利福尼亚长滩大地震中无筋砌体震害严重，之后推出了配筋混凝土砌块结构体系，建造了大量的多层和高层配筋砌体建筑，如 1952 年建成的 26 幢 6～13 层的美国退伍军人医院，1966 年在圣地亚哥建成的 8 层海纳雷旅馆（位于 9 度区）和洛杉矶 19 层公寓等，这些砌块建筑大部分都经历了强烈地震考验。1958 年我国建成采用混凝土空心砌块做墙体的房屋。

20 世纪上半叶我国砌体结构的发展缓慢。新中国成立以来，砌体结构得到迅速发展，取得了显著的成绩，90% 以上的墙体均采用砌体材料。我国已从过去用砖石建造低矮的民房，发展到现在建造大量的多层住宅、办公楼等民用建筑和中、小型单层工业厂房、多层轻工业厂房以及影剧院、食堂、仓库等建筑，此外还可用砖石建造各种砖石构筑物，如烟囱、筒仓、拱桥、挡土墙等。20 世纪 60 年代以来，我国小型空心砌块和多孔砖的生产及应用有较大发展，近十多年砌块与砌块建筑的年递增量均在 20% 左右。20 世纪 60 年代末我国已提出墙体材料革新，1988 年至今我国墙体材料革新已迈入第三个重要的发展阶段。20 世纪 90 年代以来，在吸收和消化国外配筋砌体结构成果的基础上，建立了具有我国特点的配筋混凝土砌块砌体剪力墙结构体系，大大拓宽了砌体结构在高层房屋及其在抗震设防地区的应用。现已建成数幢配筋混凝土砌块砌体剪力墙结构的高层房屋，如图 1-4 所示。图 1-4(a) 为 1997 年建成的辽宁盘锦国税局 15 层住宅，图 1-4(b) 为 1998 年建成的上海园南四街坊 18 层住宅。

（a） （b）

图 1-4 配筋砌块砌体剪力墙结构高层房层

纵观历史,砌体结构发展迅速,应用广泛,已成为重要的一种建筑结构体系。

1.2.2 砌体结构发展方向

纵观以上国内外砌体结构发展变化情况,多数学者认为目前是多种结构齐头并进的发展局面。

自新中国成立以来,我国砌体结构得到迅速发展,取得了显著的成就。政府已明确规定,在2003年6月30日前,对170个大中城市限制使用实心粘土砖,此后就是禁止使用。今后要积极向新材料、新技术和新结构的不断研制和推广应用等方面发展。积极研究轻质高强低能耗的砖、砌块并向薄壁大块发展,充分利用工业废料,天然火山资源,发展节能墙体和多层、中高层乃至高层砌块砌体结构。

1.3 砌体结构的类型

砌体是由块体和砂浆砌筑而成的整体材料。根据砌体的受力性能分为无筋砌体结构、约束砌体结构和配筋砌体结构。

1.3.1 无筋砌体结构

常用的无筋砌体结构有砖砌体、砌块砌体和石砌体结构。

1. 砖砌体结构

它是由砖砌体制成的结构。根据砖的不同,分为烧结普通砖、烧结多孔砖和非烧结硅酸盐砖砌体结构。砌体结构的使用面广,根据现阶段我国墙体材料革新的要求,实行限时、限地禁止使用实心粘土砖,除此之外的砖均属新型砌体材料,但应认识到烧结粘土多孔砖是墙体材料革新中的一个过渡产品,其生产和使用亦将逐步受到限制。

2. 砌块砌体结构

它是由砌块砌体制成的结构。我国主要采用普通混凝土小型空心砌块砌体和轻骨料混凝土小型空心砌块砌体,是替代实心粘土砖砌体的主要承重砌体材料。当其采用混凝土灌孔后,又称为灌孔混凝土砌块砌体。在我国,混凝土砌块砌体结构有较大的应用空间和发展前途。

3. 石砌体结构

石砌体根据石材加工后的外形规则程度和胶结材料不同分为:料石砌体、毛石砌体和毛石混凝土砌体。

料石砌体和毛石砌体是用砂浆砌筑而成,常用作一般房屋的基础、承重墙等。毛石混凝土砌体是先浇筑一层120～150mm厚的混凝土,在其上铺砌一层毛石,将毛石高度的1/2插入混凝土中,再浇筑一层混凝土,如此逐渐进行,常用作一般建筑物和构筑物的基础。

石砌体结构主要在石材资源丰富的地区采用。

1.3.2 配筋砌体结构

为了提高砌体强度,减小构件截面尺寸,常需要在砌体内配置钢筋,这样构成的砌体通称为配筋砌体。在我国常用的配筋砌体结构有下列3类:

1. 网状配筋砖砌体构件

在砖砌体的水平灰缝中配置钢筋网片的砌体承重构件,称为网状配筋砖砌体构件,亦称为横向配筋砖砌体构件(图1-5(a)),主要用作承受轴心压力或偏心距较小的受压墙、柱。

2. 组合砖砌体构件

由砖砌体和钢筋混凝土或钢筋砂浆组成的砌体承重构件,称为组合砖砌体构件。工程上有两种形式:一种是采用钢筋混凝土作面层或钢筋砂浆作面层的组合砌体构件(图1-5(b)),可用作偏心距较大的偏心受压墙、柱;另一种是在墙体的转角、交接处并沿墙长每隔一定的距离设置钢筋混凝土构造柱而形成的组合墙(图1-5(c)),构造柱除约束砌体,还直接参与受力,较无筋墙体的受压、受剪承载力有一定程度的提高,可用作一般多层房屋的承重墙。

3. 配筋混凝土砌块砌体构件

在混凝土小型空心砌块砌体的孔洞内设置竖向钢筋和在水平灰缝设置水平钢筋并用灌孔混凝土灌实的砌体承重构件,为配筋混凝土砌块砌体构件(图1-5(d))。对于承受竖向和水平作用的墙体,又称为配筋混凝土砌块砌体剪力墙。其砌体采用专用砂浆—混凝土小型空心砌块砌筑砂浆砌筑,在砌体的水平灰缝(水平钢筋直径较细时)或凹槽砌块内(水平钢筋直径较粗时)设置水平钢筋,在砌体的竖向孔洞内插入竖向钢筋,最后在设置钢筋处采用专用混凝土-混凝土小型空心砌块灌孔混凝土灌实。配筋混凝土砌块砌体剪力墙具有良好的静力和抗震性能,是多层和中高层房屋中一种有竞争力的承重结构。

国外的配筋砌体结构类型较多,除用作承重墙和柱外,还在楼面梁、板中得到一定的应用。此外,对预应力砌体结构的研究和应用也取得了许多成绩。用于墙柱的配筋砌体结构可概括为两类。由于国外空心砖和砌块的种类多、应用较普及,除采用上述配筋混凝土砌块砌体构件(图1-5(d))外,还可在由块体组砌的空洞内设置竖向钢筋,并灌注混凝土,如图

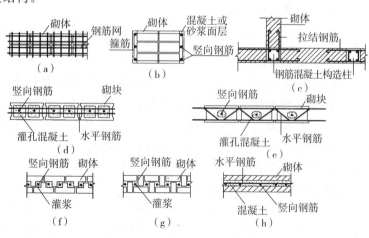

图1-5 配筋砌体结构类型

1-5(f) ～(h)所示。其水平钢筋除采用直钢筋外,还有的在水平灰缝内设置桁架形状的钢筋(如图 1-5(e)所示)。

国内外普遍认为配筋砌体结构构件的竖向和水平方向的配筋率均不应小于 0.07%。如配筋混凝土砌块砌体剪力墙,具有和钢筋混凝土剪力墙类似的受力性能。有的还提出竖向和水平方向配筋率之和不小于 0.2%,可称为全配筋砌体结构。配筋砌体结构具有较高的承载力和延性,改善了无筋砌体结构的受力性能,扩大了砌体结构的应用范围。

1.3.3　约束砌体结构

通过竖向和水平钢筋混凝土构件约束砌体的结构,称为约束砌体结构。最为典型的是在我国广为应用的钢筋混凝土构造柱和圈梁形成的砌体结构体系。它在抵抗水平作用时使墙体的极限水平位移增大,从而提高墙的延性,使墙体裂而不倒。其受力性能介于无筋砌体结构和配筋砌体结构之间,或者相对于配筋砌体结构而言,是配筋加强较弱的一种配筋砌体结构。如果按照提高墙体的抗压强度或抗剪强度要求设置加密的钢筋混凝土构造柱,则属配筋砌体结构,这是近年来我国对构造柱作用的一种新发展。

1.3.4　大型墙板

目前采用的大型墙板有大型预制墙板、空心混凝土墙板、振动砖墙板等。这些墙板一般与一间房屋的一面墙做成相同的规格。在施工条件允许的情况下,大型墙板利于施工,可在较大程度上缩短工期,提高劳动生产率。

思考题与习题

1-1　目前我国建筑工程中采用的砌体有哪几种?

1-2　何谓配筋砌体结构?

1-3　砌体结构的特点有哪些?

1-4　砌体结构的发展方向如何?

第2章 砌体材料及砌体的物理力学性能

砌体结构是用块体和砂浆砌筑而成的结构。砌体结构的受力特点是抗压能力较强而抗拉能力较低,所以它多用于轴心或偏心受压构件,只在个别情况下才作为受弯、受剪或受拉构件。

2.1 砌体的材料及强度等级

块体和砂浆的强度等级是根据其抗压强度而划分的级别,是确定砌体在各种受力状态下强度的基础数据。《砌体结构设计规范》(GB50003—2001) 规定:块体强度等级以符号"MU"(Masonry Unit) 表示,砂浆强度等级以符号"M"(Mortar) 表示,单位均为 MPa(N/mm²)。对于混凝土小型空心砌块砌体,其砌筑砂浆的强度等级以符号"Mb"表示,灌孔混凝土的强度等级以符号"Cb"表示。

2.1.1 块材

块体分为砖、砌块和石材三大类。砖和砌块通常是按块体的高度尺寸划分的,块体高度小于180mm 称为砖;大于等于 180mm 称为砌块。

1. 砖

砖是我国砌体结构中应用最广泛的一种块体,主要有下列种类:

(1) 烧结普通砖

以粘土、煤矸石、页岩或粉煤灰为主要原料,经高温焙烧而成的实心或孔洞率小于 15% 的砖。它可分为烧结粘土砖、烧结煤矸石砖、烧结页岩砖、烧结粉煤灰砖等。

目前,我国生产的烧结普通砖的统一规格为 240mm×115mm×53mm。实心砖的重力密度为 16 ~ 18kN/m³。用标准砖可砌成 120mm、240mm、370mm 等不同厚度的墙,依次称为半砖墙、一砖墙、一砖半墙,等等。

烧结普通砖保温、隔热、耐久性好,生产工艺简单,砌筑方便,可用作各种房屋的地上及地下结构。

(2) 烧结多孔砖

以粘土、页岩、煤矸石为主要原料,经焙烧而成,孔洞率不小于 25%,孔的尺寸小而数量多,主要用于承重部位的砖称为多孔砖。多孔砖可减轻结构自重,节约砌筑砂浆并减少工时,还可减少粘土用量和电力及燃料等能源的消耗。

我国生产的多孔砖有多种形式和规格,它们的应用尚不普及。图 2-1(a)、(b) 为南京生产的 kM1 空心砖及其配砖,孔洞率分别为 26% 和 18%。图 2-1(c) 为上海、西安、辽宁及黑龙江等地生产的 kP1 型空心砖,孔洞率为 25%。图 2-1(d)、(e)、(f) 为西安等地生产的 kP2 型空心砖及其配砖。

若孔的尺寸大而数量少,孔洞率达 40% ~ 60%,常用于填充墙、分隔墙的非承重结构的砖称为空心砖。当用作承重结构的大孔空心砖(如图 2-2),为了避免砖的承载力降低过多,其孔洞率不应超过 40%。

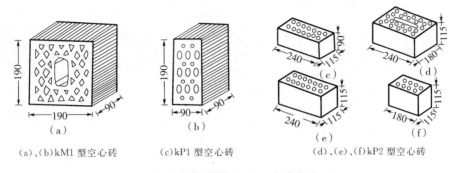

(a)、(b)kM1 型空心砖　　(c)kP1 型空心砖　　(d)、(e)、(f)kP2 型空心砖

图 2-1　我国主要的空心砖类型

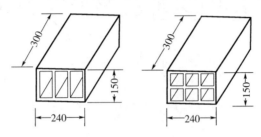

图 2-2　大孔空心砖

（3）蒸压灰砂砖

是以砂和石灰为主要原料,也可加入着色剂或掺和料经坯料制备,压制成型,蒸压养护而成的实心砖,简称灰砂砖。用料中石英砂占 80% ～ 90%,石灰占 10% ～ 20%。

（4）蒸压粉煤灰砖

是以粉煤灰、石灰为主要原料,掺加适量的石膏或其他碱性激发剂,再加入一定量的炉渣或水淬矿渣为骨料,经加水搅拌、消化、轮碾、高压蒸汽养护而成的实心砖,简称粉煤灰砖(又称烟灰砖)。这种砖的抗冻性、长期稳定性以及防水性能等均不及粘土砖,可用于一般建筑。

蒸压灰砂砖、蒸压粉煤灰砖不能用于温度长期超过 200℃、受急冷急热或有酸性介质侵蚀的部位。此外还有炉渣砖、矿渣砖等。

根据抗压强度,烧结普通砖和烧结多孔砖分为 MU30、MU25、MU20、MU15 和 MU10 等 5 个强度等级。烧结多孔砖的强度等级是由试件破坏荷载值除以受压面积确定的,这样在设计计算时不需要考虑孔洞率的影响。蒸压灰砂砖和蒸压粉煤灰砖分为 MU25、MU20、MU15 和 MU10 等 4 个等级。

2. 砌块

砌块是尺寸比较大的块体,其外形尺寸可达标准砖的 6 ～ 60 倍,用其砌筑砌体可以减轻劳动量和加快施工进度。

砌块按尺寸大小和重量可分成用手工砌筑的小型砌块和采用机械施工的中型和大型砌块。高度不足 380mm 的块体,一般称为小型砌块(如图 2-3 所示);高度在 380 ～ 900mm 的块体,一般称为中型砌块;大于 900mm 的块体,称为大型砌块。混凝土空心小型砌块,是由普通混凝土或轻集料混凝土制成,其形式如图 2-4 所示,其主规格尺寸为 390mm×190mm×190mm,空心率一般为 25% ～ 50%。

砌体强度划分为 MU20、MU15、MU10、MU7.5 和 MU5 等 5 个强度等级。

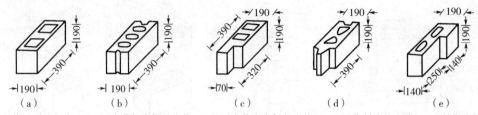

（a）普通顺砖砌块　（b）可安装钢窗框的砌块　（c）可安装木窗框的砌块　（d）近代制缝的砌块　（e）转角砌块

图 2-3　混凝土小型空心砌块

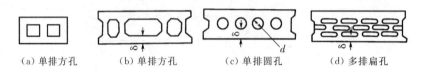

（a）单排方孔　　（b）单排方孔　　（c）单排圆孔　　（d）多排扁孔

图 2-4　空心砌块的形式

3. 石材

用作承重砌体的石材主要来源于重质岩石和轻质岩石。石砌体中的石材，应选用无明显风化的石材。

石材按其加工后的外形规则程度，分为料石和毛石。料石中又分有细料石、半细料石、粗料石和毛料石。毛石的形状不规则，但要求毛石的中部厚度不小于 200mm。石材的强度划分为MU100、MU80、MU60、MU50、MU40、MU30 和 MU20 等 7 个等级。

石材的强度等级，可用边长为 70mm 的立方体试件的抗压强度表示。抗压强度取 3 个试件破坏强度的平均值。当试件采用其他边长尺寸的立方体时，应按表2-1的规定对其试验结果乘以相应的换算系数后可作为石材的强度等级。

表 2-1　石材强度等级换算系数

立方体边长（mm）	200	150	100	70	50
换算系数	1.43	1.28	1.14	1	0.86

2.1.2　砂浆

砂浆是由胶结料（水泥、石灰）、细集料（砂）、掺和料等加水搅拌而成的混合材料，在砌筑中起粘结、衬垫和传递应力的作用。

1. 砂浆分类

砂浆按其组成成分可分为以下几种：

（1）水泥砂浆

不加塑性掺和料的纯水泥砂浆。

（2）混合砂浆

有塑性掺和剂（石灰膏、粘土）的水泥砂浆。如石灰水泥砂浆、粘土水泥砂浆等。

（3）非水泥砂浆

不含水泥的砂浆，如石灰砂浆，石灰粘土砂浆等。

2. 砂浆特性

砌筑所用砂浆除强度要求外，还应具有以下特性：

（1）流动性（或可塑性）

为了保证砌筑的效率和质量,砂浆应有合适的流动性(可塑性)。可塑性可用标准锥体沉入砂浆的深度测定,根据砂浆的用途来取值:用于砖砌体的为 70 ～ 100mm;用于砌块砌体的为 50 ～ 70mm;用于石砌体的为 30 ～ 50mm。施工时,砂浆的稠度往往根据操作经验来掌握。

(2)保水性

砂浆在存放、运输和砌筑过程中保持水分的能力称为保水性。砂浆的保水性以分层度表示,即将砂浆静止 30min,上、下沉入量之差宜为 10 ～ 20mm。

3. 砂浆的强度

砂浆的强度划分为 M15、M10、M7.5、M5 和 M2.5 等 5 个等级。

为了适应混凝土砌块等混凝土制品的需要,提高砌体砌块的砌筑质量,新的砌体规范提出了混凝土砌块专用砂浆,即由水泥、砂、水以及根据需要掺入的掺和料和外加剂等组分,按一定比例,采用机械拌和制成,用于砌筑混凝土小型空心砌块的砂浆。与使用传统的砌筑砂浆相比,专用砂浆可使砌体灰缝饱满、粘结性能好,减少墙体开裂和渗漏,提高砌块建筑质量。这种砂浆的强度划分为 Mb30、Mb25、Mb20、Mb15、Mb10、Mb7.5 和 Mb5 等 7 个等级,其抗压强度指标相当于 M30、M25、M20、M15、M10、M7.5 和 M5 等级的一般砌筑砂浆抗压强度指标。通常 Mb5 ～ Mb20 采用 32.5 级普通水泥或矿渣水泥,Mb25 和 Mb30 则采用 42.5 级普通水泥或矿渣水泥。砂浆的稠度为 50 ～ 80mm,分层度为 10 ～ 30mm。

2.1.3　混凝土小型空心砌块灌孔混凝土

它是砌块建筑灌注芯柱、孔洞的专用混凝土,即由水泥、集料、水以及根据需要掺入的掺合剂和外加剂等组分,按一定的比例,采用机械搅拌后,用于浇注混凝土小型空心砌块芯柱或其他需要填实孔洞部位的混凝土。其掺和料主要采用粉煤灰,外加剂包括减水剂、早强剂、促凝剂、膨胀剂等。它是一种高流动性和低收缩的细石混凝土,是保证砌块建筑整体工作性能、抗震性能、承受局部荷载的重要施工配套材料。混凝土小型空心砌块灌孔混凝土的强度划分为 Cb40、Cb35、Cb30、Cb25 和 Cb20 等 5 个等级,相当于 C40、C35、C30、C25 和 C20 混凝土的抗压指标。这种混凝土的拌和物应均匀、颜色一致,且不离析、不泌水,其坍落度不宜小于 180mm。

2.1.4　其他材料

配筋砌体结构中采用的钢筋和混凝土材料的强度等级和相应的强度指标,可在《混凝土结构设计规范》(GB 50010—2002)中查找。

2.1.5　块材及砂浆的选择

砌体所用的块材和砂浆,应根据砌体结构的使用要求、使用环境、重要性,以及结构构件的受力特点等因素来考虑。选用的材料应符合承载能力、耐久性、隔热、保温、隔声等要求。在地震设防地区,选用的材料应符合有关规定。对于一般房屋的承重墙体,砖的强度等级通常采用 MU7.5 ～ MU10。非烧结硅酸盐砖,在满足强度要求的前提下,可用于砌筑外墙和基础,但不宜作为承受高温的砌体材料。粘土砖由于烧制时毁坏耕地,根据有关规定将禁止使用。空心砖、多孔空心砖强度较高,常用于砌筑承重墙。大孔空心砖因强度低,只用于隔墙和填充墙。对于石材,重质岩石的抗压强度高,耐久性好,但热传导系数大,加工也较轻质岩石困难,一般只用于基础砌体和重要建筑物的贴面,不宜用作采暖区房屋的外墙。常用的砂浆强度等级为 M5 ～ M10。潮湿环境下的砌体,应采用不低于 M5 的水泥砂浆。地面以下或防潮层以下的砌体,所用材料的最低强度等级应符合

表 2-2 的规定。

表 2-2　地面以下或防潮层以下的砌体所用材料的最低强度等级

基土的潮湿程度	烧结普通砖、蒸压灰砂砖		混凝土砌块	石材	水泥砂浆
	严寒地区	一般地区			
稍潮湿的	MU10	MU10	MU7.5	MU30	MU5
很潮湿的	MU15	MU10	MU7.5	MU30	MU7.5
含水饱和的	MU20	MU15	MU10	MU40	MU10

［注］　(1) 石材的重力密度,不应低于 $18kN/m^3$。(2) 地面以下或防潮层以下的砌体,不宜采用多孔砖。当采用混凝土中、小型砌块砌体时,其孔洞应用强度等级不低于 C20 的混凝土灌实。(3) 各种硅酸盐材料及其他材料制作的块体,应根据相应的材料标准的规定选择采用。

2.2　砌体的受压性能

2.2.1　砌体的受压破坏特征

试验表明,砌体轴心受压时从开始直至破坏,根据裂缝的出现和发展等特点,可划分为三个受力阶段。图 2-5 为砖砌体的受压破坏情况。

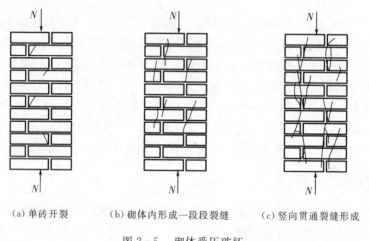

(a) 单砖开裂　　　(b) 砌体内形成一段段裂缝　　　(c) 竖向贯通裂缝形成

图 2-5　砌体受压破坏

第一阶段:砌体开始受压,出现第一批或第一条裂缝。当砌体加载达到极限荷载的 $50\% \sim 70\%$ 时,单块砖内产生细小裂缝,但就砌体而言,多数情况裂缝约有数条。此时若停止加载,裂缝亦停止发展。

第二阶段:随着压力的不断增加,单块砖内裂缝不断发展。当加载达到极限荷载的 $80\% \sim 90\%$ 时,砖内的有些裂缝连通起来,并沿竖向贯通若干皮砖,在砌体内逐渐连接成一段段的裂缝,此时即使不再加载,裂缝仍会继续发展,砌体已临近破坏,处于十分危险的状态。

第三阶段:压力继续增加,砌体中裂缝迅速加长加宽。当压力接近极限荷载时,裂缝迅速扩展和贯通,将砌体分成若各干个小柱体,砌体最终被压碎或丧失稳定而破坏。以破坏时压力除以砌体横截面面积所得的应力称为该砌体的极限强度。

实验表明,砖砌体在受压时不但单块砖先开裂,而且砌体的抗压强度也远低于它所用砖的抗压强度,这一差异可用砌体内的单块砖的应力状态加以说明。

(1)由于灰缝厚度和密实性不均匀,单块砖在砌体内并非均匀受压,而是处于受弯和受剪状态。

(2)砌体横向变形时砖和砂浆的交互作用。在砖砌体中,由于砖和砂浆的弹性模量及横向变形系数的不同,一般砖的横向变形比中等强度等级的砂浆要小,所以在用这种砂浆砌筑的砌体内,由于两者的交互作用,砌体的横向变形将介于两种材料单独作用时的变形之间,亦即砖砌体受砂浆的影响增大了横向变形,因此砖砌体内出现了拉应力;相反的,灰缝内的砂浆层受砖的约束,其横向变形减小,因此砂浆处于三向受压状态,其抗压强度将提高。

(3)弹性地基梁的作用。砖内受弯剪应力的大小不仅与灰缝厚度和密实性的不均匀有关,而且还与砂浆的弹性性质有关。每块砖可视为作用在弹性地基上的梁,其下面的砌体即为弹性“地基”。地基的弹性模量愈小,砖的弯曲变形愈大,砖内发生的弯剪应力愈高。

(4)竖向灰缝上的应力集中。砌体的竖向灰缝未能很好地填满,同时竖向灰缝内砂浆和砖的粘结力也不能保证砌体的整体性。因此,在竖向灰缝中的砖内将发生横向拉应力和剪应力集中。

上述种种原因均导致砌体内的砖受到较大的弯曲、剪切和拉应力的共同作用。由于砖是一种脆性材料,它的抗弯、抗剪和抗拉强度很低,因而砌体受压时,首先是单块砖在复杂应力作用下开裂,在破坏时砌体内砖的抗压强度得不到充分发挥。

厚度较大的多孔砖砌体,因单块块材的抗压能力提高,开裂荷载较实心砖砌体高,约为极限荷载的 $60\% \sim 80\%$。灌孔砌块砌体内产生第一批裂缝时的荷载约为极限荷载的 60%。毛石砌体中,毛石和灰缝的形状不规则,砌体的均质性较差,出现第一批裂缝时荷载的相对比值更小,它约为极限荷载的 30%。

2.2.2　影响砌体抗压强度的主要因素

影响砌体抗压强度的因素很多,归纳起来主要有以下几个方面:

1. 块体的物理力学性能

如前所述,由于砌体中的块体内处于压、弯、剪复合应力状态,在破坏时,块体的抗压强度并未被充分利用。试验证明,提高块体的抗压强度和加大块体的抗弯刚度,是提高砌体的抗压强度的有效途径。对于提高块体的抗压强度而言,提高块体的强度等级比提高砂浆强度等级对增大砌体抗压强度的效果好。一般情况下的砖砌体,当砖强度等级不变,砂浆强度等级提高一级,砌体抗压强度提高约 15%,而当砂浆强度等级不变,砖强度等级提高一级,砌体抗压强度可提高约 20%。由于砂浆强度等级提高后,水泥用量增多,因此,在砖的强度等级一定时,过高地提高砂浆强度等级并不适宜。但在毛石砌体中,提高砂浆强度等级对砌体抗压强度的影响较大。

2. 砂浆的物理力学性质

采用强度等级较高的砂浆能使砌体的抗压强度有所提高。

砂浆的和易性和保水性好,容易保证砌筑质量,容易铺成厚度和密实性较均匀的灰缝,因此,可以减小块材的弯、剪应力,提高砌体的抗压强度。采用混合砂浆代替水泥砂浆就是为了提高砂浆的流动性。纯水泥砂浆的流动性较差,所以纯水泥砂浆砌体强度约降低 $5\% \sim 15\%$。但是,也不能过高地估计砂浆流动性对砌体强度的有利影响,因为砂浆的流动性大,一般在硬化后的变形率也大,所以在某些情况下,可能砌体的强度反而会有降低。因此,砂浆应当具有较好和易性和保水性,并具有较好的密实性。

3. 砌筑质量

砌体是由人工砌筑的,砌筑质量对砌体强度影响很大。砌体砌筑时水平灰缝的饱满度、水平灰缝的厚度、砖的含水率以及砌筑方法等影响着砌体质量的优劣。从砌体的受压应力状态分析可知,砌筑质量对砌体抗压强度的影响,实质上是反映它对砌体内复杂应力作用的不利影响程度。

试验表明,水平灰缝砂浆愈饱满,砌体抗压强度愈高。当水平灰缝砂浆饱满度为73%时,砌体抗压强度可达到规定的强度指标。因此,砌体施工及验收规范中,要求水平灰缝砂浆饱满度大于80%。砌筑粘土砖砌体时,砖应提前浇水湿润。研究表明,砌体的抗压强度随粘土砖砌筑时的含水率的增大而提高,但采用饱和砖砌筑的粘土砖砌体与采用一般含水率的粘土砖砌筑的砌体相比较,抗压强度分别降低15%和提高10%。但粘土砖砌筑时的含水率对砌体抗剪强度的影响与此不同,在上述含水率时砌体抗剪强度均降低。此外,施工中粘土砖浇水过湿,在操作上有一定困难,墙面也会因流浆而不能保持清洁。因此,作为正常施工质量的标准,要求控制粘土砖的含水率为10%~15%。当砌体内水平灰缝愈厚,则砂浆横向变形愈大,砖内横向拉应力亦愈大,砌体内的复杂应力状态亦随之加剧,砌体的抗压强度亦降低。通常要求砖砌体的水平灰缝厚度为8~12mm。砌体的砌筑方法对砌体的强度和整体性的影响也很明显。通常采用的是一顺一顶、梅花顶和三顺一顶法砌筑的砌体。这种砌体整体性好,抗压强度高。同时砖形状的规则程度也显著地影响砌体强度。当砖表面歪曲时会砌成不同厚度的灰缝,因而增加了砂浆层的不均匀性,引起较大的附加弯曲应力并使砖过早断裂。在一批砖中某些砖块的厚度不同时,将使灰缝的厚度不同而起很坏的影响,这种因素可使砌体强度降低达25%。当砖的强度相同时,用灰砂砖和干压砖砌成的砌体,其抗压强度高于一般用塑压砖砌成的砌体。原因是前者的形状较后者整齐。所以,改善砖的这方面指标,也是制砖工业的重要任务之一。

4. 其他因素

块体的抗压强度是按照一定的标准确定的,对试件的尺寸和形状、试件的龄期、加载方法等,都有明确的规定。如加大块体的尺寸,尤其是块体高度(厚度)对砌体抗压强度的影响较大。高度大的块体的抗弯、抗剪和抗拉能力增大,砌体抗压强度有明显的提高。但应注意,块体高度增大后,砌体受压时的脆性亦有增大。

此外,对砌体抗压强度的影响因素还有块体的施工速度、搭接方式、砂浆和砖的粘结力、竖向灰缝饱和程度、试验方法以及构造方式等。

2.2.3　砌体的抗压强度平均值

影响砌体抗压强度的因素很多,建立一个相当精确的砌体抗压强度公式是比较困难的。几十年来,我国积累了相当多的砌体抗压强度实验数据。通过统计各类砌体大量试验数据和回归分析,《砌体结构设计规范》(GB 50003-2001)规范采用了一个比较完整、统一的表达砌体抗压强度平均值的计算公式:

$$f_m = k_1 f_1 (1 + 0.07 f_2) k_2 \tag{2-1}$$

式中:f_m—— 砌体轴心抗压强度平均值,MPa;

f_1,f_2—— 分别为块材和砂浆抗压强度平均值,MPa;

α、k_1—— 与块体类别有关的参数;

k_2—— 砂浆强度影响的参数。

公式中各计算参数见表2-3。

表 2 - 3 各类砌体轴心抗压强度平均值的计算参数

块体类别	k_1	α	k_2
烧结普通砖、烧结多孔砖、蒸压灰砂砖、蒸压粉煤灰砖	0.78	0.5	当 $f_2 < 1$ 时，$k_2 = 0.6 + 0.4f_2$
混凝土砌块	0.46	0.9	当 $f_2 = 0$ 时，$k_2 = 0.8$
毛料石	0.79	0.5	当 $f_2 < 1$ 时，$k_2 = 0.6 + 0.4f_2$
毛石	0.22	0.5	当 $f_2 < 2.5$ 时，$k_2 = 0.4 + 0.24f_2$

[注] (1)k_2 在表列条件以外时均等于 1；(2)混凝土砌块砌体的轴心抗压强度平均值，当 $f_2 > 10$MPa 时，应乘系数 $1.1 - 0.01f_2$，MU20 的砌体应乘以系数 0.95，且满足 $f_1 \geqslant f_2$，$f_1 \leqslant 20$MPa。

2.3 砌体的局部受压性能

在砌体结构房屋中，轴向压力仅仅作用在砌体截面的部分面积上时，即为局部受压状态。当砌体截面上作用局部均匀压力时（如承受上部柱或墙传来压力的基础顶面），称为局部均匀受压；当砌体截面上作用局部非均匀压力时（如支撑梁或屋架的墙柱在梁或屋架端部支承处的砌体顶面），则称为局部不均匀受压。如图 2 - 6 所示。

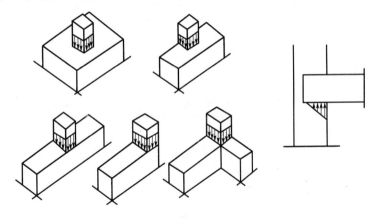

(a) 局部均匀受压　　　　　(b) 局部不均匀受压

图 2 - 6 砌体的局部受压

实验研究结果表明，砌体局部受压大致有 3 种破坏形态：

1. 因纵向裂缝发展而引起的破坏

这种破坏的特点是：在局部压力的作用下，第一批裂缝大多发生在距加载垫板 1-2 皮砖以下的砌体内，随着局部压力的增加，裂缝数量增多，裂缝呈纵向或斜向分布，其中部分裂缝逐渐向上、向下延伸连成一条主要裂缝而引起破坏。在砌体的局部受压中，这是一种较常见也是较为基本的破坏形态（见图 2 - 7(a)）。

2. 劈裂破坏

当砌体面积与局部受压面积之比很大时，在局部压应力的作用下产生的纵向裂缝少而集中，砌体一旦出现纵向裂缝，很快就发生劈裂破坏，开裂荷载与破坏荷载很接近（见图 2 - 7(b)）。

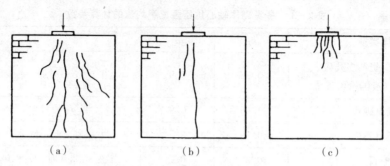

图 2-7　砌体局部受压破坏形态

3. 与垫板直接接触的砌体局部破坏

这种破坏在实验时很少出现,但在工程中当墙梁的梁高与跨度的比值较大,砌体强度较低时,有可能产生梁支承附近砌体被压碎的现象(见图 2-7(c))。

局部受压时,直接受压的局部范围内的砌体抗压强度有较大程度的提高,一般认为这是由于存在"套箍强化"和"应力扩散"的作用。在局部压应力的作用下,局部受压的砌体产生纵向变形的同时还产生横向变形,当局部受压部分的砌体四周或对边有砌体处于三向受压或双向受压的应力状态,抗压能力大大提高。但"套箍强化"作用并不是在所有的局部受压情况都有,当局部受压面积为与构件边缘或端部时,"套箍强化"作用则不明显甚至没有,但按"应力扩散"的概念加以分析,只要在砌体内存在未直接承受压力的面积,就有应力扩散的现象,就可以在一定程度上提高砌体的抗压强度。

砌体的局部受压破坏比较突然,工程中曾经出现过因砌体局部抗压强度不足而发生房屋倒塌的事故,故设计时应予注意。

2.4　砌体的受拉、受弯、受剪性能

砌体在受拉、受弯、受剪时可能发生 3 种破坏形态:沿齿缝(灰缝)截面的破坏、沿块体和竖向灰缝的破坏以及沿通缝(灰缝)截面的破坏。

2.4.1　砌体的受拉性能

1. 砌体轴心受拉破坏特征

按照力作用于砌体方向的不同,砌体可能发生 3 种破坏形态:沿齿缝(灰缝)截面的破坏、沿块体和竖向灰缝的破坏以及沿通缝(灰缝)截面的破坏。

由于块体和砂浆的法向粘结力低,以及在砌筑和使用过程中可能出现的偶然原因破坏和降低法向的粘结强度,因此不容许设计沿通缝截面的受拉构件(即不容许图 2-8(c)的情况)。

拉力水平方向作用时,砌体可能沿齿缝(灰缝)破坏(图 2-8(b)),也可能沿块体和竖向灰缝破坏(图 2-8(a))。当切向粘结强度低于块体的抗拉强度时,则砌体将沿水平和竖向灰缝成齿形或阶梯形破坏,也即沿齿缝破坏。当切向粘结力高于块体的抗拉能力时,则砌体可能沿块体和竖向灰缝破坏。

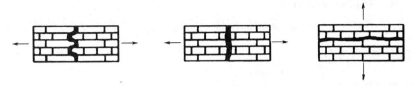

(a) 沿齿缝截面破坏　　(b) 沿块体和竖向灰缝截面破坏　　(c) 沿通缝截面破坏

图 2-8　砌体轴心受拉破坏形式

砌体抗拉和抗剪强度大大低于其抗压强度。抗压强度主要取决于块体的强度,而在大多数情况下,受拉、受弯和受剪破坏一般均发生于砂浆和块体的连接面上,因此抗拉、抗弯和抗剪强度将决定于灰缝强度,亦即决定于灰缝中砂浆和块体的粘结强度。根据力的作用方向,粘结强度分为两类:法向粘结强度 σ 和切向粘结强度 τ。前者,力垂直作用于灰缝面(图 2-8(c)),后者,力则平行于灰缝面(图 2-8(a)、(b))。大量试验表明,法向粘结强度很低,一般不足切向粘结强度的二分之一,而且往往不易保证。由于粘结力与块体表面特征及其清洁程度以及块体本身干湿(含水)程度等许多因素有关,因而粘结强度的分散性亦较大。在正常情况下粘结强度值与砂浆强度 f_2 有关。

应当指出,砌体的竖向灰缝一般不能很好地填满砂浆,同时砂浆硬化时的收缩大大削弱、甚至完全破坏了块体与砂浆的粘结。水平灰缝的情况就不同,当砂浆在其硬化过程中收缩时,砌体发生不断的沉降,灰缝中砂浆和块体的粘结并未破坏,而且不断地有所增长,因此,在计算中仅考虑水平灰缝中的粘结力,而不考虑竖向灰缝的粘结力。

2. 砌体的轴心抗拉强度平均值

我国的《砌体结构设计规范》(GB 50003—2001) 对砌体的轴心抗拉强度只考虑沿齿缝截面破坏的情况,表 2-4 中列出了规范采用的砌体轴心抗拉强度平均值 $f_{t,m}$ 的计算公式。

表 2-4　轴心抗拉强度平均值 $f_{t,m}$、弯曲抗拉强度平均值 $f_{tm,m}$ 和抗剪强度平均值 $f_{v,m}$ (MPa)

块体类别	$f_{t,m} = k_3 \sqrt{f_2}$	$f_{tm,m} = k_4 \sqrt{f_2}$		$f_{v,m} = k_5 \sqrt{f_2}$
	k_3	k_4		k_5
		沿齿缝	沿通缝	
烧结普通砖、烧结多孔砖	0.141	0.250	0.125	0.125
蒸压灰砂砖、蒸压粉煤灰砖	0.09	0.18	0.09	0.09
混凝土砌块	0.069	0.081	0.056	0.069
毛石	0.075	0.113		0.188

2.4.2　砌体的受弯性能

1. 砌体弯曲受拉破坏特征

当砌体受弯时,总是在受拉区发生破坏。因此,砌体的抗弯能力将由砌体的弯曲抗拉强度确定。和轴心受拉类似,砌体弯曲受拉也有 3 种破坏形式。砌体在水平方向弯曲时,有两种破坏可能:沿齿缝截面破坏(图 2-9(a)),或者沿块体和竖向灰缝破坏(图 2-9(b));砌体在竖向弯曲时,应采用沿通缝截面的弯曲抗拉强度破坏(图 2-9(c))。

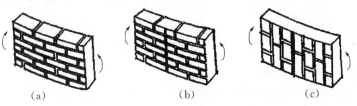

(a)　　　　　　　　(b)　　　　　　　　(c)

图 2-9　砌体弯曲受拉破坏形态

2. 砌体的弯曲抗拉强度平均值

《砌体规范》(GB 50003—2001)采用的砌体弯曲抗拉强度平均值 $f_{tm,m}$ 的计算公式见表 2-4。

2.4.3 砌体的受剪性能

1. 砌体受剪破坏特征

砌体结构在剪力作用下,发生沿水平灰缝破坏、沿齿缝破坏或沿阶梯形缝破坏(图 2-10),其中沿阶梯形缝破坏是地震中墙体的最常见破坏形式。

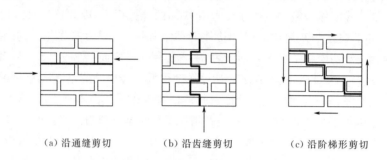

(a) 沿通缝剪切　　　　(b) 沿齿缝剪切　　　　(c) 沿阶梯形剪切

图 2-10　砌体受剪破坏形式

在工程中砌体受纯剪的情况几乎没有,截面上往往同时作用剪应力 τ 和垂直压应力 σ_y,因此其受力性能与破坏特征与其所受的垂直压应力有关。在竖向压应力的作用下,受剪构件可能发生以下 3 种剪切破坏状态:

(1) 剪摩破坏

当 σ_y/τ 较小,通缝方向与竖向的夹角 $\theta \leqslant 45°$ 时,砌体将沿通缝截面受剪,当其摩擦力不足以抗剪时,将产生滑移而破坏(图 2-11(a)),称为剪摩破坏。

(2) 剪压破坏

当 σ_y/τ 较大,$45° < \theta \leqslant 60°$ 时,砌体将产生阶梯形裂缝(齿缝)而破坏(图 2-11(b)),称为剪压破坏。这种破坏实质上是因为截面上的主拉应力超过砌体的抗拉强度所致。

(3) 斜压破坏

当 σ_y/τ 更大,$60° < \theta < 90°$ 时,砌体将基本沿压应力作用方向产生裂缝而破坏(图 2-11(c))。

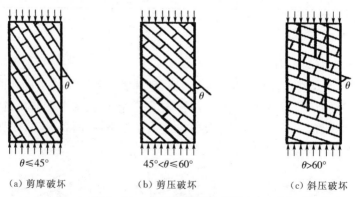

$\theta \leqslant 45°$　　　　$45° < \theta \leqslant 60°$　　　　$\theta > 60°$

(a) 剪摩破坏　　　　(b) 剪压破坏　　　　(c) 斜压破坏

图 2-11　砌体的剪切破坏形态

2. 影响砌体抗剪强度的因素

影响砌体抗剪强度的因素主要有以下几方面:

(1) 块体和砂浆的强度

对于剪摩和剪压破坏形态,由于破坏沿砌体灰缝截面发生,所以砂浆强度高,抗剪强度也随之增大,此时块体强度影响很小。对于斜压破坏形态,由于砌体沿压力作用方向开裂,所以块体强度高,抗剪强度亦随之提高,此时砂浆强度影响很小。

（2）垂直压应力

当垂直压应力小于砌体抗压强度 60% 的情况下,压应力愈大,砌体抗剪强度愈高。当 σ_y 增加到一定数值后,砌体的斜面上有可能因抵抗主拉应力的强度不足而产生剪压破坏,此时,竖向压力的增大,对砌体抗剪强度增加幅度不大;当 σ_y 更大时砌体产生斜压破坏。此时,随 σ_y 的增大,将使砌体抗剪强度降低（图 2-12）。

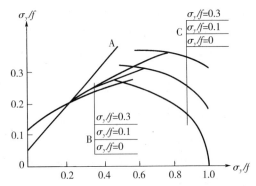

A—剪摩破坏　B—剪压破坏　C—斜压破坏

图 2-12　垂直压应力对砌体抗剪强度的影响

（3）砌筑质量

砌体的灰缝饱满度及砌筑时块体的含水率对砌体的抗剪强度影响很大。例如,根据南京新型建材厂的试验表明,对于多孔砖砌体,当水平方向和竖直方向的灰缝饱满度均为 80% 时,与灰缝饱满度为 100% 的砌体相比,抗剪强度降低 26%。

综合国内外的研究结果,砌筑时砖的含水率控制在 8% ~ 10% 时,砌体的抗剪强度最高。

（4）其他因素

砌体抗剪强度除与上述因素有关外,还与施工速度、试件形式、尺寸及加载方式等有关。

3. 砌体的抗剪强度值平均值

《砌体结构规范》（GB 50003-2001）采用的砌体抗剪强度平均值 $f_{v,m}$ 见表 2-4。

2.5　砌体的变形性能

2.5.1　砌体受压应力—应变关系

砌体是由块体和砂浆砌筑而成的整体材料。而砂浆是由无机胶凝材料、细骨料和水组成。由于施工和材料的物理化学性质等原因,砌体在加载以前就存在许多微裂缝。在加载过程中,由于这些裂缝的发展、块体和砂浆的刚度不同,致使砌体应力—应变曲线呈现出非线性。

砌体受压时,随着应力增加应变增加,且随后应变增长的速度大于应力增长速度,应力—应变之间的变化呈曲线关系（图 2-13）。

根据众多研究,砌体受压应力—应变关系的表达式有对数函数型、指数函数型、多项式型及有理分式型等,多达十余种。较有代表性且应用较多的是以砌体抗压强度平均值为基本变

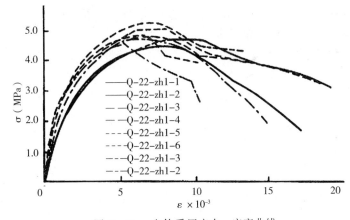

图 2-13　砌体受压应力—应变曲线

量的对数型应力—应变关系式,即:

$$\varepsilon = -\frac{1}{\xi\sqrt{f_m}}\ln(1-\frac{\sigma}{f_m}) \tag{2-2}$$

式中:ξ—— 不同种类砌体的系数。

根据砖砌体轴心受压试验结果的统计,$\xi = 460$。对于灌孔混凝土砌块砌体,可取 $\xi = 500$。公式 2-2 较全面反映了块体强度、砂浆强度及其变形性能对不同种类的砌体变形的影响。

2.5.2 砌体的变形模量

砌体的变形模量反映了砌体受压时的应力与应变之间的关系。因为砌体受压时的应力—应变关系为一复杂曲线,曲线上各点应力与应变之间的关系在不断变化。根据应力、应变取值的不同,砌体受压变形模量有下列 3 种表示方法(图 2-14):

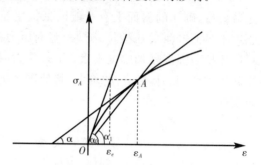

图 2-14 砌体的受压变形模量

1. 初始弹性模量(E_0)

如图 2-14 所示,在曲线的原点 O 作曲线的切线,其斜率称为初始弹性模量 E_0。

$$E_0 = \frac{\sigma_A}{\varepsilon_e} = \tan a_0 \tag{2-3}$$

式中:a_0—— 曲线上原点切线与横坐标的夹角。

2. 割线模量(E_1)

作曲线上原点 O 到曲线上某点 A(应力为 σ_A)的割线 OA,其斜率称为割线模量 E_1。

$$E_1 = \frac{\sigma_A}{\varepsilon_A} = \tan a_1 \tag{2-4}$$

式中:α_1—— 割线 OA 与横坐标的夹角。

3. 切线模量(E_2)

在曲线上某点 A 作曲线的切线,其应力增量与应变增量之比称为该点的切线模量 E_2。

$$E_2 = \frac{d\sigma_A}{d\varepsilon_A} = \tan\alpha \tag{2-5}$$

式中:α—— 点 A 曲线的切线与横坐标的夹角。

试验和研究表明,当受压应力上限为砌体抗压强度平均值的 $40\% \sim 50\%$ 时,砌体经反复加卸载 5 次后的应力—应变关系趋于直线。此时的割线模量接近初始弹性模量,称为砌体受压弹性模量,常简称为弹性模量 E。

为了简化计算,可取 $\sigma_A = 0.43 f_m$。则按照(2-2)式,砖砌体受压弹性模量可近似按下式计算:

$$E = \frac{0.43 f_m}{-\dfrac{1}{460\sqrt{f_m}}\ln(1-0.43)} = 351.9 f_m\sqrt{f_m} \tag{2-6}$$

取:

$$E = 370 f_m\sqrt{f_m} = 1200 f\sqrt{f} \tag{2-7}$$

同理,对于灌孔混凝土砌块砌体,可取:

$$E = 380 f_{g,m}\sqrt{f_{g,m}} = 1260 f_g\sqrt{f_g} \tag{2-8}$$

在上述结果的基础上,《规范》采用了更为简化的方法,即按不同强度等级的砂浆,以砌体弹性模量与砌体抗压强度成正比的关系来确定砌体弹性模量。但对于毛石砌体,由于石材的强度和弹性模量均远大于砂浆的强度和弹性模量,其砌体的受压变形主要取决于水平灰缝砂浆的变形,因此仅按砂浆强度等级确定毛石砌体的弹性模量。各类砌体的受压弹性模量按表 2-5 采用。

表 2-5　砌体的弹性模量(MPa)

砌体种类	砂浆强度等级			
	≥ M10	M7.5	M5	M2.5
烧结普通砖、烧结多孔砖砌体	1600f	1600f	1600f	1390f
蒸压灰砂砖、蒸压粉煤灰砖砌体	1060f	1060f	1060f	960f
混凝土砌块砌体	1700f	1600	1500f	
粗料石、毛料石、毛石砌体	7300	5650	4000	2250
细料石、半细料石砌体	22000	17000	12000	6750

[注]　轻骨料混凝土砌块砌体的弹性模量,可按表中混凝土砌块砌体的弹性模量采用。

单排孔且对孔砌筑的混凝土砌块灌孔砌体的弹性模量,应按下列公式计算:

$$E = 1700f_g \qquad (2-9)$$

式中:f_g—— 灌孔砌体的抗压强度设计值。

2.5.3　砌体的剪变模量

国内外对砌体剪变模量的试验极少,通常按材料力学方法予以确定,即:

$$G = \frac{E}{2(1+v)} \qquad (2-10)$$

对于弹性材料,泊松比为常数。由于砌体是一种各向异性的复合材料,其泊松比为变值,且泊松比的实测值变化较大。根据我国试验研究,一般砖砌体 v 取 0.15;砌块砌体 v 取 0.3。则:

$$G = \frac{E}{2(1+v)} = (0.38 \sim 0.43)E \qquad (2-11)$$

《规范》近似取:

$$G = 0.4E \qquad (2-12)$$

2.5.4　砌体的线膨胀系数、收缩率和摩擦系数

1. 砌体的线膨胀系数和收缩率

试验表明,砖在受热状态下,随着温度的增加,其抗压强度也跟着提高。砂浆在受热作用时,如温度不超过 400℃,其抗压强度不降低,但当温度达 600℃ 时,其强度降低约 10%。砂浆受冷却作用时,其强度则显著降低,如当温度自 400℃ 冷却,其抗压强度降低约 50%。工程结构中的砌体将受到冷热循环的作用,因此在计算受热砌体时一般不考虑砌体抗压强度的提高。砌体在高温作用时,由于砂浆在冷却状态下抗压强度急剧降低,将导致砌体结构整体破坏。因此采用普通粘土砖和普通砂浆的砌体,在一面受热状态下砖烟囱(内壁温度高)的最高受热温度应限制在 400℃度以内。

温度变化引起砌体热胀、冷缩变形。当这种变形受到约束时,砌体会产生附加内力、附加变形及裂缝。当计算这种附加内力及变形裂缝时,砌体的线膨胀系数是重要的参数。国内外试验研究

表明,砌体的线膨胀系数与砌体种类有关,《规范》规定的各类砌体的线膨胀系数见表 2-6。

表 2-6 砌体的线膨胀系数和收缩率

砌体种类	线膨胀系数(10^{-6}/℃)	收缩率(mm/m)
烧结粘土砖	5	-0.1
蒸压灰砂砖、蒸压粉煤灰砖砌体	8	-0.2
混凝土砌块砌体	10	-0.2
轻骨料混凝土砌块砌体	10	-0.3
料石、毛石砌体	8	—

[注] 表中的收缩率系由达到收缩允许标准的块体砌筑 28d 的砌体收缩率,当地方有可靠的砌体收缩试验数据时,亦可采用当地的实验数据。

砌体在浸水时体积膨胀,在失水时体积收缩。收缩变形又称为干缩变形,它较膨胀变形大得多。其中烧结普通砖砌体的干缩变形较小,而混凝土砌块以及蒸压灰砂砖、蒸压粉煤灰砖等硅酸盐块材砌体,其干缩变形较大。干燥收缩变形的特点是早期发展比较快,例如,块材出窑后放置 28d 能完成 50% 左右的干燥收缩变形,以后逐渐变慢,几年后才能停止干缩。干燥收缩后的材料在受潮后仍会发生膨胀,失水后会再次发生干燥收缩变形,其干燥收缩率会有所下降,约为第一次的 80% 左右。干燥收缩造成建筑物、构筑物墙体的裂缝有时是相当严重的,在设计、施工以及使用过程中,均不可忽视砌体干燥收缩造成的危害。《规范》规定的各类砌体的收缩率见表 2-6。

2. 砌体的摩擦系数

当砌体结构或构件沿某种材料发生滑移时,由于法向压力的存在,在滑移面上将产生摩擦力。摩擦力可阻止或减小砌体剪切面的滑移。该摩擦力的大小与法向压应力和摩擦系数有关。砌体沿不同材料滑动及摩擦面处于干燥或潮湿状况下的摩擦系数,可按表 2-7 采用。

表 2-7 砌体的摩擦系数

材料类别	摩擦面情况	
	干燥的	潮湿的
砌体沿砌体或混凝土滑动	0.70	0.60
砌体沿木材滑动	0.60	0.50
砌体沿钢滑动	0.45	0.35
砌体沿砂或卵石滑动	0.60	0.50
砌体沿粉土滑动	0.55	0.40
砌体沿粉粘土滑动	0.50	0.30

思考题与习题

2-1 砖砌体中砖和砂浆的强度等级是如何确定的?

2-2 何谓配筋砌体结构?

2-3 试述混凝土小型空心砌块砌筑砂浆和灌孔混凝土的主要特点。

2-4 影响砌体抗压强度的主要因素有哪些?从影响砌体抗压强度的因素分析,如何提高砌体的施工质量?

2-5　砌体轴心受拉和弯曲受拉有哪几种破坏形式?

2-6　砖砌体的抗压强度为什么低于所用砖的抗压强度?

2-7　工程结构中为什么不允许采用沿水平通缝截面轴心受拉的砌体构件?

2-8　经抽样某工程采用的砖强度为 12.2MPa,砂浆强度为 5.4MPa,试计算其砌体的抗压强度平均值。

2-9　已知混凝土小型空心砌块强度等级为 MU20,采用水泥混合砂浆砌筑。试计算该砌块砌体抗压强度平均值和抗剪强度平均值。

2-10　已知混凝土小型空心砌块强度等级为 MU15,砌块孔洞率为 47%,采用砌块专用砂浆 Mb10 砌筑,用 Cb25 混凝土全灌孔。试计算该灌孔砌体抗压强度平均值。

第3章 砌体结构设计方法

3.1 砌体结构设计方法的演变

砖石作为一种古老的建筑材料,其在土木工程中的应用历史悠久。早期的砖石结构完全是凭直觉经验建造起来的,一般尺寸偏大,但是也有少数构筑物因建造不合理,以致安全储备不足而发生倒塌事故。

最早的砖石结构设计理论是建立在材料力学计算公式的基础上,即采用弹性理论的许可应力计算方法。将砌体视为各向同性的理想弹性体,按材料力学方法计算砌体结构的应力 σ,并要求该应力不大于材料的允许应力 $[\sigma]$,即采用线性弹性理论的允许应力设计法,设计表达式为:

$$\sigma \leqslant [\sigma] \tag{3-1}$$

式中:$[\sigma]$—— 以凭经验判断决定的单一安全系数来确定。

20 世纪 30 年代后期,苏联已注意到弹性理论计算和试验结果不符的问题,从实验中发现在砖石结构中最常遇到的应力状态 —— 偏心受压与按材料力学公式计算的偏差,而偏心距越大,这项偏差也越大,可大至 2 倍或更多,因此仍按许可应力法进行设计时不得不引入修正系数来进行调整,修正系数有时很大,因而继续采用材料力学公式失去意义,因为它不能反映砖石砌体的真实性能。在积累试验研究成果的基础上,20 世纪 40 年代和 50 年代初期苏联的砌体结构设计指示已改按破坏强度设计法,即考虑砌体材料破坏阶段的工作状态进行结构构件设计的方法,又称为极限荷载设计法,设计表达式为:

$$KN_{ik} \leqslant \Phi(f_m, s) \tag{3-2}$$

式中:K—— 安全系数;

$\quad N_{ik}$—— 荷载标准值产生的内力;

$\quad \Phi$—— 结构构件抗力函数;

$\quad f_m$—— 砌体平均极限强度;

$\quad s$—— 截面几何特征。

公式(3-2)仍采用凭经验判断的单一荷载系数度量结构的安全度。

1955 年,苏联已改按三系数的极限状态设计方法,假定设计中的各项指标都是可以统计的,即对荷载采用荷载系数 n 以考虑其变异对安全的不利;对材料强度采取匀质系数 k(或称材料系数)以考虑其可能降低;此外还引入工作条件系数 m 以考虑所用材料的任何特殊性质或结构特殊工作所引起截面承载力的降低。三个极限状态为按承载力(强度和稳定性)的极限状态,按结构变形的极限状态和按裂缝展开的极限状态。对于承载力极限状态,设计表达式为:

$$N = \sum n_i N_{ik} \leqslant \Phi(k f_k, m, s) \tag{3-3}$$

式中:N—— 计算内力;

$\quad N_{ik}$—— 按条件标准荷载分别确定的内力,因为各种活荷载以及恒载的荷载系数 n_i 是不尽相同的,故需分项计算而后总和;

n_i——荷载系数；

f_k——砌体标准强度值(平均强度)，kf_k 为计算强度；

m——构件工作条件系数；

s——截面几何特征。

(3-3)式的物理意义为：在构件中所可能发生的最大内力应不大于结构构件所能承受的最小承载力。

由于公式(3-3)中采用了3个系数，常通称为"三系数法"。这种方法对荷载和材料强度的标准值分别采用概率取值，远优越于允许应力设计法和破坏强度设计法。但它未考虑荷载效应和材料抗力的联合概率分布，未进行结构失效概率的分析，故属半概率极限状态设计法，也称"半概率法"。上述三系数本质上仍然是一种以经验确定的安全系数。我国公路、桥梁及涵洞中的圬工结构仍采用这种设计法。

由于结构自设计至使用，存在各种随机因素的影响，这许多因素又存在不定性，即使采用上述定量的安全系数也达不到从定量上来度量结构可靠度的目的。为了使结构可靠度的分析有一个可靠的理论基础，早在 20 世纪 40 年代，美国 A. M. Freudenthul 将统计数学概念引入结构可靠度理论的研究，同时苏联学者 С. Т. Стреиецкии 等也在进行类似的研究。直至 20 世纪 60 年代美国一些学者对建筑结构可靠度分析，提出了一个比较适用的方法，从而对结构可靠度进行比较科学的定量分析。该方法为国际结构安全度联合委员会(JCSS)采用。结构的可靠度是结构在规定的时间内、在规定的条件下，完成预定功能的概率。结构可靠度愈高，表明它失效的可能性愈小，设计时要求结构的失效概率控制在可接受的概率范围内。1989 年以来，我国砌体结构可靠度设计采用以概率理论为基础的极限状态设计方法。

3.2　我国砌体结构设计方法的发展

解放以前，我国所建造的砖石结构房屋主要是住宅等低层民用建筑，只凭经验设计而不作计算，由房屋的层数来选定墙体厚度。

解放初期，前东北人民政府颁布的设计指示中即采用修正系数法。1955 年曾制订按破坏阶段设计规范，但很多采用苏联 1955 年规范的设计方法。

1962 年 8 月起由原建筑工程部组织成立了"砖石及钢筋砖石结构设计规范编修组"，于 1963 年 8 月编写出我国标准《砖石及钢筋砖石结构设计规范》(初稿)，于 1964 年 7 月完成修订稿，后停止工作，直至 1966 年 5 月成立新的规范修订组并编写出规范初稿。1970 年 12 月编写出《砖石结构的设计和计算》(草案)，它采用总安全系数法；建立了砌体强度计算公式；提出了砌体结构房屋空间工作的新的分析方法，为此增加了刚—弹性构造方案，并建立了无筋砌体构件受压承载力计算的荷载偏心影响系数。这份资料虽是草案，但当时已在国内产生较大影响，许多设计单位自行印刷并使用，可以说它是我国自行编制第一部砌体结构设计规范的雏形。

自 20 世纪 50 年代至 20 世纪 70 年代初，我国基本上沿用苏联的设计规范。

20 世纪 60 年代至 70 年代初，在全国范围内对砖石结构进行了比较大规模的试验研究和调查，总结出一套符合我国实际、比较先进的砖石结构计算理论和设计方法，并于 1973 年 11 月由国家基本建设委员会批准颁布了我国第一部《砖石结构设计规范》(GBJ3—73)，于 1974 年 5 月起在全国试行。它保留了上述《砖石结构的设计和计算》(草案)中的特点，并有进一步的完善，是引入我国大量试验资料和实践经验制订的我国自己的第一部砖石结构设计规范，是采用破坏阶段

计算方法并取多系数分析、单系数表达的半经验半概率极限状态设计法,设计表达式为:

$$KN_k \leqslant \Phi(f_m, s) \qquad (3-4)$$

$$K = k_1 k_2 k_3 k_4 k_5 c \qquad (3-5)$$

式中:K—— 安全系数(见表 3-1);

k_1—— 砌体强度变异影响系数;

k_2—— 砌体因材料缺乏系统试验的变异影响系数;

k_3—— 砌筑质量变异影响系数;

k_4—— 构件尺寸偏差、计算公式假定与实际不完全相符等变异影响系数;

k_5—— 荷载变异影响系数;

c—— 考虑各种最不利因素同时出现的组合系数。

表 3-1　安全系数 K

砌体种类	受力情况		
	受　压	受弯、受拉和受剪	倾覆和滑移
砖、石、砌块砌体	2.3	2.5	1.5
乱毛石砌体	3.0	3.3	

　　[注]　(1)在下列情况下,表中 K 值应予提高:有吊车的房屋——10%;特殊重要的房屋和构筑物——10%~20%;截面面积 A 小于 $0.35m^2$ 的构件——$(0.35 \sim A)$100%;(2)当验算施工中房屋的构件时,K 值可降低10%~20%;(3)当有可靠数值时,K 值可适当调整;(4)网状配筋砌体构件受压安全系数采用2.3,组合砌体构件受压安全系数采用2.1。

　　20 世纪 70 年代中期至 80 年代中期,我国组织了有关高校、科研和设计单位对砌体结构进行了第二次较大规模的试验研究,在砌体结构的设计方法、多层房屋的空间工作性能、墙梁的共同工作,以及砌块砌体的力学性能和砌块房屋的设计等方面取得了新的成绩,于 1988 年对《砖石结构设计规范》(GBJ 3—73) 进行了修改,并因加入砌块结构,故改为《砌体结构设计规范》(GBJ 3—88)。该规范按 1984 年颁布的《建筑结构设计统一标准》(GBJ 68—84) 规定,采用统一的近似概率理论为基础的极限状态设计方法,用分项系数的设计表达式进行计算;也就是采用荷载分项系数 γ、材料性能分项系数 γ_f 和结构重要性系数 γ_0 来进行设计。该规范在砌体结构可靠度设计方面已提高到当时的国际水平,其中多层砌体房屋的空间工作,以及在墙梁中墙和梁的共同工作等专题的研究成果在国际上处于领先地位,使我国砌体结构理论和设计方法更趋完善。

　　近十几年来,随着我国在砌体方面新材料、新技术、新结构的推广应用,以及人民生活水平的提高,对砌体房屋的可靠性、耐久性提出了更高的要求。1998 年起又在总结新的科研成果和工程经验的基础上,在全国范围内组织有关高校、科研和设计单位对砌体结构设计规范进行了全面修订,编写了现行的《砌体结构设计规范》(GB 50003—2001)。这一部新颁布的《规范》集中反映了20 世纪 90 年代以来我国在砌体结构的研究和应用上取得的成绩和发展,它既适用于砌体结构的静力设计,又适用于抗震设计;既适用于无筋砌体结构的设计,又适用于配筋砌体结构设计;既适用于多层房屋的结构设计,又适用于高层房屋的结构设计。新规范使我国建立了较为完整的砌体结构设计的理论体系和应用体系,具体体现在下列方面:

　　1. 适当提高了砌体结构的可靠度,引入了与砌体结构设计密切相关的砌体施工质量控制等级,与国际标准接轨。

　　2. 采用统一模式的砌体强度计算公式,并建立了合理反映砌块材料和灌孔影响的灌孔混凝土砌块砌体强度计算方法。

3. 完善了以剪切变形理论为依据的房屋考虑空间工作的静力分析方法。

4. 采用附加偏心距法建立砌体构件轴心受压、单向偏心受压和双向偏心受压互为衔接的承载力计算方法。

5. 建立了反映不同破坏形态下砌体构件的受剪承载力计算方法。

6. 增加了蒸压灰砂砖、蒸压粉煤灰砖及轻集料混凝土小型砌块等新型砌体材料,有利于推动我国墙体材料的革新。

7. 增加了配筋砌体构件类型,符合我国工程实际,且带面层的组合砌体构件与组合墙的轴心受压承载力的计算方法相协调。

8. 比较大的加强了防止或减轻房屋墙体开裂的措施,提高了房屋的使用质量。

9. 基于带拉杆拱的组合构件的强度理论,建立了包括简支墙梁、连续墙梁和框支墙梁的设计方法。

10. 建立了较为完整且具有我国砌体结构特点的配筋混凝土砌块砌体剪力墙结构体系,极大地扩大了砌体结构的应用范围。

11. 较全面规定了砌体结构构件的抗震计算和构造措施,方便设计。

3.3　以概率理论为基础的极限状态设计法

3.3.1　极限状态

3.3.1.1　结构的功能要求

结构设计的目的是在一定的经济条件下,使结构在预定的使用期限内能满足设计所预期的各种功能要求。结构的功能要求包括安全性、实用性和耐久性。《建筑结构可靠度设计统一标准》规定,结构在规定的设计使用年限内应满足下列功能要求:

1. 在正常施工和正常使用时,能承受可能出现的各种作用;

2. 在正常使用时具有良好的工作性能;

3. 在正常维护下具有足够的耐久性能;

4. 在设计规定的偶然事件发生时及发生后,结构仍能保持必需的整体稳定性。

上述第 1、4 两条是结构安全性的要求,第 2 条是结构适用性的要求,第 3 条是结构耐久性的要求,三者可概括为结构可靠性的要求。

3.3.1.2　结构的极限状态

整个结构或结构的一部分超过某一特定状态就不能满足设计规定的某一功能要求,此特定状态称为该功能的极限状态。结构的极限状态分为承载能力极限状态和正常使用极限状态。

1. 承载能力极限状态

承载能力极限状态是指对应于结构或结构构件达到最大的承载能力或不适于继续承载的变形。当结构或结构构件出现下列状态之一时,应认为超过了承载能力极限状态:

(1) 整个结构或结构的一部分作为刚体失去平衡(如倾覆等);

(2) 结构构件或其连接因超过材料强度而破坏(包括疲劳破坏),或构件因过度变形而不适于继续承载;

(3) 结构转变为机动体系;

(4) 结构或结构构件丧失稳定(如压屈等);

(5) 地基丧失承载能力而破坏(如失稳等)。

2. 正常使用极限状态

正常使用极限状态是指对应于结构或结构构件达到正常使用或耐久性能的某项规定的限值。当结构或结构构件出现下列状态之一时,应认为超过了正常使用极限状态:

(1) 影响正常使用或外观的变形;

(2) 影响正常使用或耐久性能的局部损坏(包括裂缝);

(3) 影响正常使用的振动;

(4) 影响正常使用的其他特定状态。

3.3.1.3 结构的功能函数和极限状态方程

设作用效应为 S,结构抗力为 R,结构和结构构件的工作状态可用 S 和 R 的关系描述:

$$Z = R - S = g(R,S) \tag{3-6}$$

Z 定义为结构的功能函数,当

$Z > 0$,即 $R > S$ 时,结构处于可靠状态;

$Z < 0$,即 $R < S$ 时,结构处于失效状态;

$Z = 0$,即 $R = S$ 时,结构处于极限状态;

$Z = g(R,S) = 0$ 称为极限状态方程,也可表达为:

$$Z = g(x_1, x_2, \cdots, x_n) = 0 \tag{3-7}$$

式中 $g(\cdots)$ 是函数记号,$x_1, x_2, \cdots, x_n$ 为影响结构功能的各种因素,如材料强度、几何参数、荷载等。由于 R、S 均为非确定性的随机变量,因此 $Z = R - S > 0$ 也是非确定性的。

3.3.2 概率极限状态设计法

1. 结构的可靠度

结构在规定的时间内,在规定的条件下,完成预定功能的能力称为可靠性。规定时间是指设计使用年限,规定的条件为正常设计、正常施工、正常使用、正常维护的条件。结构的可靠度是结构可靠性的概率度量,也可表示为结构在规定的时间内,在规定的条件下,完成预定功能的概率。

2. 结构的可靠指标与失效概率

结构能完成预定功能的概率($R > S$ 的概率)为可靠概率 P_s,不能完成预定功能的概率($R < S$ 的概率)为失效概率 P_f。

$$P_f = p(Z < 0) \tag{3-8}$$

考虑到直接应用数值积分方法计算结构失效概率的困难性,工程上多采用近似方法。为此,引入了结构可靠指标 β 的概念。

因 S、R 分别服从正态分布,所以 $Z = R - S$ 也服从正态分布。其

平均值为:$\mu_Z = \mu_R - \mu_S$

标准差为:$\sigma_Z = \sqrt{\sigma_R^2 + \sigma_S^2}$

随机变量 Z 的概率密度曲线如图 3-1 所示,图中 $Z < 0$ 部分(阴影部分)即为失效概率。

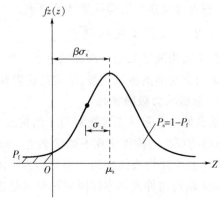

图 3-1 失效概率(P_f)与可靠指标(β)的关系

由图可见,由 0 到平均值 μ_z 这段距离,可以用标准差去度量,即:

$$\mu_z = \beta \sigma_z \qquad (3-9)$$

此时,β 与 P_f 之间存在一一对应关系,β 小,P_f 大;反之 β 大,P_f 小。因此,β 和 P_f 一样,可以作为衡量结构可靠性的指标,称 β 为结构的可靠指标。

$$\beta = \frac{\mu_z}{\sigma_z} = \frac{\mu_R - \mu_S}{\sqrt{\sigma_R^2 + \sigma_S^2}} \qquad (3-10)$$

式中,μ_R、μ_S 和 σ_R、σ_S 分别为结构构件抗力 R 和结构构件作用效应 S 的平均值和标准差。

结构按承载能力极限状态设计时,要保证其完成预定功能的概率不低于某一水平,应要求可靠指标不应小于目标可靠指标,目标可靠指标的大小对结构设计的影响较大。若目标可靠指标定的高,结构可靠度大,造价大。因此,结构目标可靠指标的确定应以达到结构可靠与经济上的最佳平衡为原则。一般要考虑公众心理的因素、结构重要性的因素、结构破坏性质的因素和社会经济的承受能力因素。我国《建筑结构可靠度设计统一标准》(GB 50068—2001)根据结构的安全等级和破坏类型,在对代表性的构件进行可靠度分析的基础上,规定了按承载能力极限状态设计时的目标可靠指标 $[\beta]$ 值,见表 3-2。

表 3-2　结构构件承载能力极限状态的目标可靠指标 $[\beta]$

破坏类型	安全等级		
	一级	二级	三级
延性破坏	3.7	3.2	2.7
脆性破坏	4.2	3.7	3.2

综上所述,以概率理论为基础的极限状态设计方法是以结构失效概率来定义结构可靠度,并以与结构失效概率相对应的可靠指标 β 来度量结构可靠度,从而能较好地反映结构可靠度的实质,使设计概念更为科学和明确。

3.3.3　实用设计表达式

由于设计上直接采用可靠指标来进行设计计算尚有许多困难,使用上也不习惯,因此《建筑结构可靠度设计统一标准》(GB 50068-2001)采用多个分项系数的极限状态设计表达式,即根据各种极限状态的设计要求,采用有关的荷载代表值、材料性能标准值、几何参数标准值以及结构重要性系数 γ_0、作用分项系数(包括荷载分项系数 γ_G、γ_Q)和结构构件抗力分项系数(或材料性能分项系数 γ_f)等表达。

砌体结构按承载能力极限状态设计时,应按下列公式中最不利组合进行计算:

$$\gamma_0 \left(1.2 S_{Gk} + 1.4 S_{Q1k} + \sum_{i=2}^{n} \gamma_{Qi} \psi_{ci} S_{Qik} \right) \leqslant R(f, a_k \cdots \cdots) \qquad (3-11)$$

$$\gamma_0 \left(1.35 S_{Gk} + 1.4 \sum_{i=1}^{n} \psi_{ci} S_{Qik} \right) \leqslant R(f, a_k \cdots \cdots) \qquad (3-12)$$

式中:γ_0——结构重要性系数。对安全等级为一级或设计使用年限为 50 年以上的结构构件,不应小于 1.1;对安全等级为二级或设计使用年限为 50 年的结构构件,不应小于 1.0;对安全等级为三级或设计使用年限为 1～5 年的结构构件,不应小于 0.9;

S_{Gk}——永久荷载标准值的效应;

S_{Q1k}——在基本组合中起控制作用的一个可变荷载标准值的效应;

S_{Qik}—— 第 i 个可变荷载标准值的效应;

$R(\cdot)$—— 结构构件的抗力函数;

γ_{Qi}—— 第 i 个可变荷载的分项系数;

ψ_{ci}—— 第 i 个可变荷载的组合值系数。一般情况下应取 0.7;对书库、档案库、储藏室或通风机房、电梯机房应取 0.9;

f—— 砌体的强度设计值,$f = f_k/\gamma_f$;

    f_k 砌体的强度标准值,$f_k = f_m - 1.645\sigma_f$;

γ_f—— 砌体结构的材料性能分项系数,一般情况下宜按施工质量控制等级为 B 级考虑,取 $\gamma_f = 1.6$;当为 C 级时,取 $\gamma_f = 1.8$;

f_m—— 砌体的强度平均值;

σ_f—— 砌体强度的标准差;

α_k—— 几何参数标准值。

[注] (1)当楼面活荷载标准值大于 $4kN/m^2$ 时,式中系数 1.4 应为 1.3;(2)施工质量控制等级划分要求应符合《砌体工程施工质量验收规范》GB 50203 - 2002 的规定。

式(3-11)系由可变荷载效应控制的组合,式(3-12)是由永久荷载效应控制的组合,这样可以保证在各种可能出现的荷载组合下,通过设计使结构维持在相同的可靠度水平上。如当结构自重占主要时,按公式(3-12)计算能避免可靠度偏低的后果。

当砌体结构作为一个刚体,需验算整体稳定性时,例如倾覆、滑移、漂浮等,此时对结构构件承载能力起有利作用的永久荷载的荷载分项系数取 0.8,因而应按式 3-13 验算:

$$\gamma_0(1.2S_{G2k} + 1.4S_{Q1k} + \sum_{i=2}^{n} S_{Qik}) \leqslant 0.8S_{G1k} \tag{3-13}$$

式中:S_{G1k}—— 起有利作用的永久荷载标准值的效应;

    S_{G2k}—— 起不利作用的永久荷载标准值的效应。

3.4　砌体的强度设计值

3.4.1　情况说明

各类砌体的强度标准值 f_k、设计值 f 的确定方法如下:

$$f_k = f_m - 1.645\sigma_f = (1 - 1.645\delta_f)f_m \tag{3-14}$$

$$f = \frac{f_k}{\gamma_f} \tag{3-15}$$

式中:δ_f—— 砌体强度的变异系数,按表 3-3 的采用。

我国砌体施工质量控制等级分为 A、B、C 三级,在结构设计中通常按 B 级考虑,即取 $\gamma_f = 1.6$;当为 C 级时,取 $\gamma_f = 1.8$,即砌体强度设计值的调整系数 $\gamma_a = 1.6/1.8 = 0.89$;当为 A 级时,取 $\gamma_f = 1.5$,可取 $\gamma_a = 1.05$。工程施工时,施工质量控制等级由设计方和建设方商定,并应明确写在设计文件和施工图纸上。

不同受力状态下各类砌体强度标准值、设计值及与平均值的关系,如表 3-3 所示。

表 3 - 3　f_k、f 与 f_m 的相互关系

类　别	δ_f	f_k	f
各类砌体受压	0.17	$0.72f_m$	$0.45f_m$
毛石砌体受压	0.24	$0.60f_m$	$0.37f_m$
各类砌体受拉、受弯、受剪	0.20	$0.67f_m$	$0.42f_m$
毛石砌体受拉、受弯、受剪	0.26	$0.57f_m$	$0.36f_m$

[注]　表内 f 为施工质量控制等级为 B 级时的取值。

3.4.2　砌体的抗压强度设计值

龄期为 28d 的以毛截面计算的各类砌体抗压强度设计值,当施工质量控制等级为 B 级时,应根据块体和砂浆的强度等级,分别按表 3 - 4 ～ 表 3 - 9 采用。

1. 烧结普通砖和烧结多孔砖砌体

烧结普通砖和烧结多孔砖砌体的抗压强度设计值,应按表 3 - 4 采用。

表 3 - 4　烧结普通砖和烧结多孔砖砌体的抗压强度设计值(MPa)

砖块强度等级	砂浆强度等级					砂浆强度
	M15	M10	M7.5	M5	M2.5	0
MU30	3.94	3.27	2.93	2.59	2.26	1.15
MU25	3.60	2.98	2.68	2.37	2.06	1.05
MU20	3.22	2.67	2.39	2.12	1.84	0.94
MU15	2.79	2.31	2.07	1.83	1.60	0.82
MU10	—	1.89	1.69	1.50	1.30	0.67

2. 蒸压灰砂砖和蒸压粉煤灰砖砌体

蒸压灰砂砖和蒸压粉煤灰砖砌体的抗压强度设计值,应按表 3 - 5 采用。

表 3 - 5　蒸压灰砂砖和蒸压粉煤灰砖砌体的抗压强度设计值(MPa)

砖块强度等级	砂浆强度等级				砂浆强度
	M15	M10	M7.5	M5	0
MU25	3.60	2.98	2.68	2.37	1.05
MU20	3.22	2.67	2.39	2.12	0.94
MU15	2.79	2.31	2.07	1.83	0.82
MU10	—	1.89	1.69	1.50	0.67

3. 单排孔混凝土和轻骨料混凝土空心砌块砌体

单排孔混凝土和轻骨料混凝土空心砌块砌体的抗压强度设计值,应按表 3 - 6 采用。

表 3 - 6　单排孔混凝土和轻骨料混凝土砌块砌体的抗压强度设计值(MPa)

砌块强度等级	砂浆强度等级				砂浆强度
	Mb15	Mb10	Mb7.5	Mb5	0
MU20	5.68	4.95	4.44	3.94	2.33
MU15	4.61	4.02	3.61	3.20	1.89
MU10	—	2.79	2.50	2.22	1.31
MU7.5	—	—	1.93	1.71	1.01
MU5	—	—	—	1.19	0.70

〔注〕 (1)对错孔砌筑的砌体,应按表中数值乘以 0.8;(2)对独立柱或厚度为双排组砌的砌块砌体,应按表中数值乘以 0.7;(3)对 T 形截面砌体,应按表中数值乘以 0.85;(4)表中轻骨料混凝土砌块为煤矸石和水泥煤渣混凝土砌块。

4. 灌孔砌块砌体

单排孔混凝土砌块对孔砌筑时,灌孔砌体的抗压强度设计值 f_g,应按下列公式计算:

$$f_g = f + 0.6\alpha f_c \qquad (3-16)$$
$$\alpha = \delta\rho \qquad (3-17)$$

式中:f_g—— 灌孔砌体的抗压强度设计值,并不应大于未灌孔砌体抗压强度设计值的 2 倍;

f—— 未灌孔砌体的抗压强度设计值,应按表 3 - 6 采用;

f_c—— 灌孔混凝土的轴心抗压强度设计值;

α—— 砌块砌体中灌孔混凝土面积和砌体毛面积的比值;

δ—— 混凝土砌块的孔洞率;

ρ—— 混凝土砌块砌体的灌孔率,系截面灌孔混凝土面积和截面孔洞面积的比值,ρ 不应小于 33%。

砌块砌体的灌孔混凝土强度等级不应低于 Cb20,也不宜低于两倍的块体强度等级。

〔注〕 灌孔混凝土强度等级不应低于 Cb×× 等同于对应的混凝土强度等级 C×× 的强度指标。

5. 双排孔或多排孔轻骨料混凝土砌块砌体

孔洞率不大于 35% 的双排孔或多排孔轻骨料混凝土砌块砌体的抗压强度设计值,应按表 3-7 采用。

表 3 - 7　轻骨料混凝土砌块砌体的抗压强度设计值(MPa)

砌块强度等级	砂浆强度等级			砂浆强度
	Mb10	Mb7.5	Mb5	0
MU10	3.08	2.76	2.45	1.44
MU7.5	—	2.13	1.88	1.12
MU5	—	—	1.31	0.78

〔注〕 (1)表中的砌块为火山渣、浮石和陶粒轻骨料混凝土砌块;(2)对厚度方向为双排组砌的轻骨料混凝土砌块砌体的抗压强度设计值,应按表中数值乘以 0.8。

6. 毛料石砌体

块体高度为 180 ~ 350mm 的毛料石砌体的抗压强度设计值,应按表 3 - 8 采用。

表 3-8　毛料石砌体的抗压强度设计值(MPa)

毛料石强度等级	砂浆强度等级			砂浆强度
	M7.5	M5	M2.5	0
MU100	5.42	4.80	4.18	2.13
MU80	4.85	4.29	3.73	1.91
MU60	4.20	3.71	3.23	1.65
MU50	3.83	3.39	2.95	1.51
MU40	3.43	3.04	2.64	1.35
MU30	2.97	2.63	2.29	1.17
MU20	2.42	2.15	1.87	0.95

〔注〕　对其他类料石砌体的抗压强度设计值,应按表 3-8 中数值分别乘以下列系数而得:细料石砌体 1.5;半细料石砌体 1.3;粗料石砌体 1.2;干砌勾缝石砌体 0.8。

7. 毛石砌体

毛石砌体的抗压强度设计值,应按表 3-9 采用。

表 3-9　毛石砌体的抗压强度设计值(MPa)

毛石强度等级	砂浆强度等级			砂浆强度
	M7.5	M5	M2.5	0
MU100	1.27	1.12	0.98	0.34
MU80	1.13	1.00	0.87	0.30
MU60	0.98	0.87	0.76	0.26
MU50	0.90	0.80	0.69	0.23
MU40	0.80	0.71	0.62	0.21
MU30	0.69	0.61	0.53	0.18
MU20	0.56	0.51	0.44	0.15

3.4.3　轴心抗拉、弯曲抗拉和抗剪强度设计值

1. 砌体的轴心抗拉强度设计值、弯曲抗拉强度设计值和抗剪强度设计值

龄期为 28d 的以毛截面计算的各类砌体的轴心抗拉强度设计值、弯曲抗拉强度设计值和抗剪强度设计值,当施工质量控制等级为 B 级时,应按表 3-10 采用。

在前面中已指出,对于用形状规则的块体砌筑的砌体,其轴心抗拉强度和弯曲抗拉强度受块体搭接长度与块体高度之比值大小的影响。不同砌筑形式时砖的搭接长度 l 与高度 h 如图 3-2 所示。采用一顺一丁、梅花丁或全部丁砌时,$l/h = 1.0$,表 3-10 中的轴心抗拉强度设计值即根据这类情况的试验结果获得。当采用三顺一丁砌筑方式时,$l/h > 1.0$,砌体沿齿缝截面的轴心抗拉强度可提高 20%,但因施工图中一般不规定砌筑方法,故表 3-10 中不考虑其提高。如采用其他砌筑方式且该比值小于 1.0 时,f_t 则应乘以比值予以减小。同理,对于其弯曲抗拉强度设计值也作了表 3-10 中注 1 的规定。

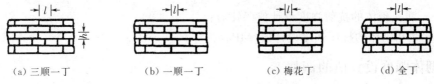

(a) 三顺一丁　　(b) 一顺一丁　　(c) 梅花丁　　(d) 全丁

图 3-2　砖的搭接长度与高度

表 3-10　沿砌体灰缝截面破坏时砌体的轴心抗拉强度、弯曲抗拉强度和抗剪强度设计值(MPa)

强度类别	破坏特征及砌体种类		砂浆强度等级			
			≥ M10	M7.5	M5	M2.5
轴心抗拉	沿齿缝	烧结普通砖、烧结多孔砖	0.19	0.16	0.13	0.09
		蒸压灰砂砖,蒸压粉煤灰砖	0.12	0.10	0.08	0.06
		混凝土砌块	0.09	0.08	0.07	—
		毛石	0.08	0.07	0.06	0.04
弯曲抗拉	沿齿缝	烧结普通砖、烧结多孔砖	0.33	0.29	0.23	0.17
		蒸压灰砂砖,蒸压粉煤灰砖	0.24	0.20	0.16	0.12
		混凝土砌块	0.11	0.09	0.08	—
		毛石	0.13	0.11	0.09	0.07
	沿通缝	烧结普通砖、烧结多孔砖	0.17	0.14	0.11	0.08
		蒸压灰砂砖,蒸压粉煤灰砖	0.12	0.10	0.08	0.06
		混凝土砌块	0.08	0.06	0.05	—
抗剪	烧结普通砖、烧结多孔砖		0.17	0.14	0.11	0.08
	蒸压灰砂砖,蒸压粉煤灰砖		0.12	0.10	0.08	0.06
	混凝土和轻骨料混凝土砌块		0.09	0.08	0.06	—
	毛石		0.21	0.19	0.16	0.11

[注]　(1) 对于用形状规则的块体砌筑的砌体,当搭接长度与块体高度的比值小于 1 时,其轴心抗拉强度设计值 f_t 和弯曲抗拉强度设计值 f_{tm} 应按表中数值乘以搭接长度与块体高度比值后采用;(2) 对孔洞率不大于 35% 的双排孔或多排孔轻骨料混凝土砌块砌体的抗剪强度设计值,可按表中混凝土砌块砌体抗剪强度设计值乘以 1.1;(3) 对蒸压灰砂砖、蒸压粉煤灰砖砌体,当有可靠的试验数据时,表中强度设计值,允许作适当调整;(4) 对烧结页岩砖、烧结煤矸石砖、烧结粉煤灰砖砌体,当有可靠的试验数据时,表中强度设计值,允许作适当调整。

蒸压灰砂砖等材料有较大的地区性,如灰砂砖所用砂的细度和生产工艺不同,且砌体抗拉、抗弯、抗剪的强度较烧结普通砖砌体的强度要低,其中蒸压灰砂砖和蒸压粉煤灰砖砌体的抗剪强度设计值为烧结普通砖砌体抗剪强度设计值的 70%。表 3-10 中还对蒸压灰砂砖、蒸压粉煤灰砖、烧结页岩砖、烧结煤矸石砖和烧结粉煤灰砖砌体,当有可靠的试验数据时,允许其抗拉、抗弯、抗剪的强度设计值作适当调整,有利于这些地方性材料的推广应用。

2. 灌孔砌块砌体抗剪强度设计值

在混凝土结构中,我国规定混凝土构件的受剪承载力以混凝土的抗拉强度 f_t 为主要参数。但对于砌体,其抗拉强度难以通过试验来测定,灌孔混凝土砌块砌体亦是如此。现以灌孔混凝土砌块砌体的抗剪强度 f_{vg} 来表达,既反映了砌体的特点,也是合理且可行的。

单排孔混凝土砌块对孔砌筑时,灌孔砌块砌体抗剪强度设计值 f_{vg},应按下列公式计算:

$$f_{vg} = 0.2 f_g^{0.55} \tag{3-18}$$

式中:f_{vg}——灌孔砌体的抗剪强度设计值(MPa);

f_g——灌孔砌体的抗压强度设计值(MPa)。

3.4.4　砌体强度设计值的调整

考虑到一些不利因素,下列情况的各类砌体,其砌体强度设计值应乘以调整系数 γ_a:

1. 有吊车房屋砌体,跨度不小于 9m 的梁下烧结普通砖砌体、跨度不小于 7.5m 的梁下烧结多孔砖、蒸压灰砂砖、蒸压粉煤灰砖砌体,混凝土和轻骨料混凝土砌块砌体,γ_a 为 0.9;

2. 对无筋砌体构件,其截面面积小于 0.3m² 时,γ_a 为其截面面积加 0.7。对配筋砌体构件,当其中砌体截面面积小于 0.2m² 时,γ_a 为其截面面积加 0.8。构件截面面积以 m² 计;

3. 当砌体用水泥砂浆砌筑时,对表 3-4 至表 3-9 中的数值,γ_a 为 0.9;对表 3-10 中的数值,γ_a 为 0.8;对配筋砌体构件,当其中的砌体采用水泥砂浆砌筑时,仅对砌体的强度设计值乘以调整系数 γ_a;

4. 当施工质量控制等级为 C 级时,γ_a 为 0.89;

5. 当验算施工中房屋的构件时,γ_a 为 1.1。

[注]　配筋砌体不得采用 C 级。

施工阶段砂浆尚未硬化的新砌砌体的强度和稳定性,可按砂浆强度为零进行验算。

对于冬期施工采用掺盐砂浆法施工的砌体,砂浆强度等级按常温施工的强度等级提高一级时,砌体强度和稳定性可不验算。

配筋砌体不得用掺盐砂浆施工。

思考题与习题

3-1　简述我国砌体结构设计方法的发展。

3-2　砌体结构采用以概率理论为基础的极限状态设计方法的主要内容是什么?

3-3　砌体强度的标准值和设计值是如何确定的?

3-4　试述砌体施工质量控制等级对砌体强度设计值的影响。在砌体结构设计中对施工质量控制等级有何规定?

3-5　施工质量控制等级为 B 级时,混凝土小型空心砌块砌体抗压强度设计值、标准值与平均值之间有何关系?

3-6　为何要规定砌体强度设计值的调整系数,如何采用?

第4章 无筋砌体结构构件的承载力计算

4.1 受压构件的承载力计算

4.1.1 受压短柱

试验研究表明:当柱的高厚比 $\beta \leqslant 3$ 时,构件的纵向弯曲对承载力的影响很小,可以不加考虑时,该柱称为受压短柱。

当轴向压力作用在截面重心时,砌体截面的应力是均匀分布的,破坏时截面所能承受的最大压应力也就是砌体的轴心抗压强度。当轴向力具有较小偏心时,截面的压应力为不均匀分布,破坏从压应力较大的一侧开始,该侧的压应变和应力均比轴心受压时大(图 4-1(a))。当偏心距增大,应力较小边可能出现拉应力(图 4-1(b));一旦拉应力超过砌体沿通缝的抗拉强度时,将出现水平裂缝,实际的受压截面将减小,此时,受压区压应力的合力将与所施加的偏心压力保持平衡(图 4-1(c))。

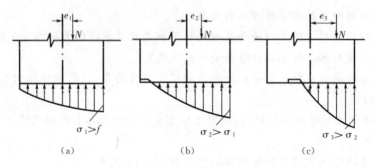

图 4-1　砌体偏心受压构件截面内应力分布

根据以上特性可以看出,随着荷载偏心距的增大,砌体截面的压应力图形呈曲线分布,且该应力图形比按匀质弹性材料力学所假定的较均匀、饱满;随着水平裂缝的发展,受压面积逐渐减小,荷载对实际受压面积的偏心距也逐渐变小,故裂缝不至于无限制发展而导致构件破坏,而是在剩余截面和减小的偏心距的作用下达到新的平衡,此时压应力虽然增大很多,但构件承载力仍未耗尽而可以继续承受荷载。随着荷载的不断增加,裂缝不断展开,旧平衡不断破坏而达到新的平衡,砌体所受的压应力也随着不断增大,当剩余截面减小到一定程度时,砌体受压边出现竖向裂缝,最后导致构件破坏。

大量的砌体构件受压试验表明,按材料力学公式计算,其承载力远低于试验结果,即材料力学公式不能正确地估算砌体承载力。因此,实际上我们用一个总的系数,即砌体的偏心影响系数 α_1 来考虑多种因素对砌体承载力的影响,其定义为偏心受压构件与轴心受压构件承载力的比值。

根据四川省建筑科学研究院等单位,对矩形、T形、十字形截面的砌体,以及圆形截面素混凝土短柱等的大量试验结果,经统计分析,提出了砌体受压短柱的偏心影响系数 α_1 的计算公式:

$$\alpha_1 = \frac{1}{1 + (\frac{e_0}{i})^2} \qquad (4-1)$$

式中：e_0—— 偏心距；

　　　i—— 截面回转半径。

　　对矩形截面砌体：

$$\alpha_1 = \frac{1}{1 + 12(\frac{e_0}{h})^2} \qquad (4-2)$$

式中：h—— 轴向力偏心方向截面的边长。

　　对 T 形和十字形截面，可以按（4-2）式计算，也可以采用折算厚度 $h_T = 3.46i \approx 3.5i$ 按下式计算：

$$\alpha_1 = \frac{1}{1 + 12(\frac{e_0}{h_T})^2} \qquad (4-3)$$

　　偏压短柱的承载力可用下式表达：　　　$N = \alpha_1 A f$ 　　　　　　　（4-4）

　　图 4-2 展示了偏心影响系数 α_1 试验点的分布和回归得到的 α_1 与 e_0/i 的关系曲线。

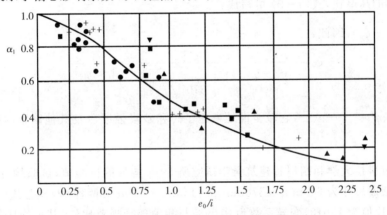

图 4-2　砌体偏心受压构件 α_1—e_0/i 关系曲线

　　从图 4-2 中可以看出，按（4-1）到（4-3）计算的偏心距影响系数与试验结果符合良好。这 3 个公式形式简单，改善了过去按偏心距的大小分别用两个公式计算的不方便和不连续的情况，是我国在砌体结构计算上的一项较大进展。

4.1.2　受压长柱

　　与受压短柱相应，当柱的高厚比 $\beta > 3$ 时，构件的纵向弯曲的影响已不可忽视时，需考虑其对承载力的影响，该柱称为受压长柱。

4.1.2.1　轴心受压长柱

　　细长的柱在轴心受压时，往往由于侧向变形（挠度）的增大而产生纵向弯曲的破坏。对于砖、石或砌块砌筑的构件，由于水平灰缝数量多，砌体的整体性受到影响。它们在受压时，纵向弯曲对构件承载力的影响较素混凝土构件的要大些。试验表明，随着构件高厚比 β 的增大，纵向弯曲现象愈加显著，一般当 $\beta > 12$ 时，构件在临近破坏时，凭肉眼可观察到纵向弯曲。因而，在通常情况下，长柱的受压承载力比短柱要低，所以在受压构件的承载力计算中要考虑稳定系数 φ_0 的影响。

按材料力学,构件产生纵向弯曲破坏时的临界应力为:

$$\sigma_{cr} = \pi^2 E\left(\frac{i}{H_0}\right)^2 \tag{4-5}$$

如果采用湖南大学给出的砖砌体的应力应变关系公式,即:

$$\varepsilon = -\frac{1}{460\sqrt{f_m}}\ln\left(1 - \frac{\sigma}{f_m}\right) \tag{4-6}$$

则:

$$E = \frac{d\sigma}{d\varepsilon} = 460 f_m \sqrt{f_m}\left(1 - \frac{\sigma}{f_m}\right) \tag{4-7}$$

代入式(4-5),可得:

$$\sigma_{cr} = 460\pi^2 f_m \sqrt{f_m}\left(1 - \frac{\sigma_{cr}}{f_m}\right)\left(\frac{i}{H_0}\right)^2 \tag{4-8}$$

稳定系数 φ_0 可看作是临界应力 σ_{cr} 与破坏强度 f_m 的比值:

$$\varphi_0 = \frac{\sigma_{cr}}{f_m} = 460\pi^2 \sqrt{f_m}\left(1 - \frac{\sigma_{cr}}{f_m}\right)\left(\frac{i}{H_0}\right)^2 \tag{4-9}$$

如令 $\varphi_1 = 460\pi^2 \sqrt{f_m}\left(\frac{i}{H_0}\right)^2$,而且对于矩形截面,$i = 0.289h$,可得 $\varphi_1 \approx 370\sqrt{f_m}\frac{1}{\beta^2}$。其中,$\beta = \frac{H_0}{h}$ 为构件的高厚比,式(4-9)可写成:

$\varphi_0 = \varphi_1(1 - \varphi_0)$,因此:

$$\varphi_0 = \frac{1}{1 + \frac{1}{\varphi_1}} = \frac{1}{1 + \frac{1}{370\sqrt{f_m}}\beta^2} = \frac{1}{1 + \eta_1\beta^2} \tag{4-10}$$

式中,系数 $\eta_1 = \frac{1}{370\sqrt{f_m}}$,它较全面地考虑了砖和砂浆强度以及其他因素对构件纵向弯曲的影响。

按西安建筑科技大学和四川省建筑科学研究所 59 个构件的试验值(试验构件的高厚比为 3 ~ 30 共十种,截面尺寸为 240mm×370mm 和 115mm×490mm 两种)与按公式(4-10)的计算值比较,其平均比值为 1.013,变异系数为 0.093;与我国现行规范比较,其平均比值为 1.016,变异系数为 0.115。可见公式(4-10)不仅与试验结果相当符合,且与现行规范值很接近。

《规范》(GB 50003-2001)参照式(4-10)的形式,按式(4-11)计算轴心受压柱的稳定系数。

$$\varphi_0 = \frac{1}{1 + \alpha\beta^2} \tag{4-11}$$

式中,系数 α 为与砂浆强度有关的系数,按砂浆强度 f_2 确定,即:

$f_2 \geqslant 5\text{MPa}$ 时,$\alpha = 0.0015$;

$f_2 = 2.5\text{MPa}$ 时,$\alpha = 0.0020$;

$f_2 = 0$ 时,$\alpha = 0.0090$。

4.1.2.2 偏心受压长柱

对于偏心受压长柱,早在 1932 年,苏联中央工业建筑科学研究院所砖石结构试验室就对砖石结构偏心受压构件的承载力作了探讨,其承载能力与按材料力学所确定的承载能力差别较大。几十年来各国所进行的试验和理论研究也表明,要准确估计偏心受压长柱的承载能力,在于考虑砌体结构的弹塑性性质,进行受力全过程的分析,但这是比较复杂而困难的,至今各国一直采用简化的分析方法。归纳起来,这些方法大体有两种:第一种以截面的极限转动-曲率作为主要参数的附近弯矩近似计算方法,第二种以截面刚度作为主要参数的扩大弯矩(或扩大偏心距)近似计算方法。

我国在 73 规范颁布后,当时的四川省建筑科学研究所进行了几批试验研究工作。试验采用的截面有矩形和 T 形两种,矩形截面的尺寸为 240mm × 370mm,高度分别为 700、1 400、2 100、2 800 和 3 500mm,高厚比为 3、6、9、12 和 15。每种高厚比试件又按不同偏心距分为 5 组,共计 75 个试验。T 形截面肋部尺寸 240mm × 240mm,翼缘宽 615mm,厚 115mm。采用 5 种偏心距,3 种高度($\beta = 3、7.5$ 和 12),共计 45 个试件。

在符合上述试验结果的前提下,国内提出了一些偏压长柱的理论分析和计算公式,主要的有试验统计法、相关公式法和附加偏心距法。其中附加偏心距法计算模式明确,概念清楚,计算不太复杂,所以被 88 规范所采用。

此法认为,细长柱在偏心压力作用下,构件产生纵向弯曲变形,即产生侧向挠度 e_i,侧向挠度将引起附加弯矩 Ne_i,所以,侧向挠度 e_i 称为附加偏心距。当构件高厚比较大时,需要考虑侧向挠曲产生的附加弯矩对构件承载力的影响。如认为长柱和短柱破坏时截面上应力分布图形相同,而仅仅是长柱较短柱增加一个附加偏心距。所以可直接由短柱的计算公式过渡到长柱。

前节已经介绍的四川省建筑科学研究院提出的短柱偏心影响系数 α_1,它是符合各种截面形式试验结果的试验公式,即:

$$\alpha_1 = \frac{1}{1 + \left(\dfrac{e_0}{i}\right)^2}$$

在长柱情况下应以 $(e_o + e_i)$ 代替式中的 e_0,即:

$$\varphi = \frac{1}{1 + \left(\dfrac{e_0 + e_i}{i}\right)^2} \tag{4-12}$$

附加偏心距 e_i 可以根据下列边界条件确定,即 $e_0 = 0$ 时,$\varphi = \varphi_0$,φ_0 为轴心受压的纵向弯曲系数。以 $e_0 = 0$ 代入式(4-12),得:

$$\varphi_0 = \frac{1}{1 + \left(\dfrac{e_i}{i}\right)^2}$$

$$\left(\frac{e_i}{i}\right)^2 = \frac{1}{\varphi_0} - 1$$

由此得:

$$e_i = i\sqrt{\frac{1}{\varphi_0} - 1}$$

对于矩形截面:

$$e_i = \frac{h}{\sqrt{12}}\sqrt{\frac{1}{\varphi_0} - 1} \tag{4-13}$$

将式(4-13)代入式(4-12),则得:

$$\varphi = \frac{1}{1 + 12\left\{\dfrac{e_0}{h} + \sqrt{\dfrac{1}{12}\left(\dfrac{1}{\varphi_0} - 1\right)}\right\}^2} \tag{4-14}$$

式中 φ_0 按式(4-11)式计算。

四川省建筑科学研究所得到的试验值与按公式(4-14)计算值比较,其平均比值为 1.07,变异系数为 0.089，说明按此公式确定的影响系数 φ，与试验结果相吻合。同时当 $\varphi_0 = 1$ 时该影响系数等于砌体（短柱）的偏心影响系数，即 $\varphi = \alpha_1$（公式 4-2）；当 e_0（轴心受压）时，该影响系数等于稳定系数，即 $\varphi = \varphi_0$。因此公式(4-14)为我国现行砌体结构设计规范所采纳，并且规范中已根据不同的砂浆强度等级和不同的偏心距及高厚比计算出值，列于表 4-1、表 4-2 及表 4-3，供计算时查用。

表 4-1　影响系数 φ（砂浆强度等级 $\geqslant$ M5）

β	e/h 或 e/h_T												
	0	0.025	0.05	0.075	0.1	0.125	0.15	0.175	0.2	0.225	0.25	0.275	0.3
$\leqslant 3$	1	0.99	0.97	0.94	0.89	0.84	0.79	0.73	0.68	0.62	0.57	0.52	0.48
4	0.98	0.95	0.90	0.85	0.80	0.74	0.69	0.64	0.58	0.53	0.49	0.45	0.41
6	0.95	0.91	0.86	0.81	0.75	0.69	0.64	0.59	0.54	0.49	0.45	0.42	0.38
8	0.91	0.86	0.81	0.76	0.70	0.64	0.59	0.54	0.50	0.46	0.42	0.39	0.36
10	0.87	0.82	0.76	0.71	0.65	0.60	0.55	0.50	0.46	0.42	0.39	0.36	0.33
12	0.82	0.77	0.71	0.66	0.60	0.55	0.51	0.47	0.43	0.39	0.36	0.33	0.31
14	0.77	0.72	0.66	0.61	0.56	0.51	0.47	0.43	0.40	0.36	0.34	0.31	0.29
16	0.72	0.67	0.61	0.56	0.52	0.47	0.44	0.40	0.37	0.34	0.31	0.29	0.27
18	0.67	0.62	0.57	0.52	0.48	0.44	0.40	0.37	0.34	0.31	0.29	0.27	0.25
20	0.62	0.57	0.53	0.48	0.44	0.40	0.37	0.34	0.32	0.29	0.27	0.25	0.23
22	0.58	0.53	0.49	0.45	0.41	0.38	0.35	0.32	0.30	0.27	0.25	0.24	0.22
24	0.54	0.49	0.45	0.41	0.38	0.35	0.32	0.30	0.28	0.26	0.24	0.22	0.21
26	0.50	0.46	0.42	0.38	0.35	0.33	0.30	0.28	0.26	0.24	0.22	0.21	0.19
28	0.46	0.42	0.39	0.36	0.33	0.30	0.28	0.26	0.24	0.22	0.21	0.19	0.18
30	0.42	0.39	0.36	0.33	0.31	0.28	0.26	0.24	0.22	0.21	0.20	0.18	0.17

表 4-2　影响系数 φ（砂浆强度等级 M2.5）

β	e/h 或 e/h_T												
	0	0.025	0.05	0.075	0.1	0.125	0.15	0.175	0.2	0.225	0.25	0.275	0.3
$\leqslant 3$	1	0.99	0.97	0.94	0.89	0.84	0.79	0.73	0.68	0.62	0.57	0.52	0.48
4	0.97	0.94	0.89	0.84	0.78	0.73	0.67	0.62	0.57	0.52	0.48	0.44	0.40
6	0.93	0.89	0.84	0.78	0.73	0.67	0.62	0.57	0.52	0.48	0.44	0.40	0.37
8	0.89	0.84	0.78	0.72	0.67	0.62	0.57	0.52	0.48	0.44	0.40	0.37	0.34
10	0.83	0.78	0.72	0.67	0.61	0.56	0.52	0.47	0.43	0.40	0.37	0.34	0.31
12	0.78	0.72	0.67	0.61	0.56	0.52	0.47	0.43	0.40	0.37	0.34	0.31	0.29
14	0.72	0.66	0.61	0.56	0.51	0.47	0.43	0.40	0.36	0.34	0.31	0.29	0.27
16	0.66	0.61	0.56	0.51	0.47	0.43	0.40	0.36	0.34	0.31	0.29	0.26	0.25
18	0.61	0.56	0.51	0.47	0.43	0.40	0.36	0.33	0.31	0.29	0.26	0.24	0.23
20	0.56	0.51	0.47	0.43	0.39	0.36	0.33	0.31	0.28	0.26	0.24	0.23	0.21
22	0.51	0.47	0.43	0.39	0.36	0.33	0.31	0.28	0.26	0.24	0.23	0.21	0.20
24	0.46	0.43	0.39	0.36	0.33	0.31	0.28	0.26	0.24	0.23	0.21	0.20	0.18
26	0.42	0.39	0.36	0.33	0.31	0.28	0.26	0.24	0.22	0.21	0.20	0.18	0.17
28	0.39	0.36	0.33	0.30	0.28	0.26	0.24	0.22	0.21	0.20	0.18	0.17	0.16
30	0.36	0.33	0.30	0.28	0.26	0.24	0.22	0.21	0.20	0.18	0.17	0.16	0.15

表 4 - 3　影响系数 φ(砂浆强度 0)

β	e/h 或 e/h_T												
	0	0.025	0.05	0.075	0.1	0.125	0.15	0.175	0.2	0.225	0.25	0.275	0.3
≤3	1	0.99	0.97	0.94	0.89	0.84	0.79	0.73	0.68	0.62	0.57	0.52	0.48
4	0.87	0.82	0.77	0.71	0.66	0.60	0.55	0.51	0.46	0.43	0.39	0.36	0.33
6	0.76	0.70	0.65	0.59	0.54	0.50	0.46	0.42	0.39	0.36	0.33	0.30	0.28
8	0.63	0.58	0.54	0.49	0.45	0.41	0.38	0.35	0.32	0.30	0.28	0.25	0.24
10	0.53	0.48	0.44	0.41	0.37	0.34	0.32	0.29	0.27	0.25	0.23	0.22	0.20
12	0.44	0.40	0.37	0.34	0.31	0.29	0.27	0.25	0.23	0.21	0.20	0.19	0.17
14	0.36	0.33	0.31	0.28	0.26	0.24	0.23	0.21	0.20	0.18	0.17	0.16	0.15
16	0.30	0.28	0.26	0.24	0.22	0.21	0.19	0.18	0.17	0.16	0.15	0.14	0.13
18	0.26	0.24	0.22	0.21	0.19	0.18	0.17	0.16	0.15	0.14	0.13	0.12	0.12
20	0.22	0.20	0.19	0.18	0.17	0.16	0.15	0.14	0.13	0.12	0.12	0.11	0.10
22	0.19	0.18	0.16	0.15	0.14	0.14	0.13	0.12	0.12	0.11	0.11	0.10	0.09
24	0.16	0.15	0.14	0.13	0.13	0.12	0.11	0.11	0.10	0.10	0.09	0.09	0.08
26	0.14	0.13	0.13	0.12	0.11	0.11	0.10	0.10	0.09	0.09	0.08	0.08	0.07
28	0.12	0.12	0.11	0.11	0.10	0.10	0.09	0.09	0.08	0.08	0.08	0.07	0.07
30	0.11	0.10	0.10	0.09	0.09	0.09	0.08	0.08	0.07	0.07	0.07	0.07	0.06

4.1.2.3　受压构件承载力的计算

在以上分析的基础上,规范规定无筋砌体受压构件的承载力应按下式计算:

$$N \leqslant \varphi f A \tag{4-15}$$

式中: N——轴向力设计值;

　　 φ——高厚比 β 和轴向力的偏心距 e_0 对受压构件承载力的影响系数,可按(4-14)式计算也可按表 4-1～表 4-3 查用;

　　 f——砌体的抗压强度设计值;

　　 A——截面面积,对各类砌体均应按毛截面计算。

[注]　对矩形截面构件当轴向力偏心方向的截面边长大于另一方向的边长时,有可能 $\varphi_0 < \varphi$,因此除按偏心受压计算外,还应对较小边长方向按轴心受压进行验算。为了准确应用公式(4-15),下面进一步说明几个问题。

1. 计算影响系数 φ 或查 φ 表时,构件高厚比 β 应按下列公式确定

对矩形截面:　　　　　　　　　　 $$\beta = \gamma_\beta \frac{H_0}{h} \tag{4-16}$$

对 T 形截面:　　　　　　　　　　 $$\beta = \gamma_\beta \frac{H_0}{h_T} \tag{4-17}$$

式中: γ_β——不同砌体材料的高厚比修正系数,烧结普通砖、烧结多孔砖砌体, $\gamma_\beta = 1.0$;混凝土及轻骨料混凝土砌块砌体, $\gamma_\beta = 1.1$;蒸压灰砂砖、蒸压粉煤灰砖、细料石和半细料石砌体 $\gamma_\beta = 1.2$;粗料石和毛石砌体, $\gamma_\beta = 1.5$(灌孔混凝土砌块 γ_β 取 1.0)。

　　 H_0——受压构件的计算高度;

　　 h——矩形截面轴向力偏心方向的边长,当轴心受压时为截面较小边长;

　　 h_T——T 形截面的折算厚度,可近似按 $3.5i$ 计算;

　　 i——截面回转半径。

2. 受压构件计算高度的确定

受压构件的计算高度 H_0，应根据房屋类别和构件支承条件等按表4-4采用。表中的构件高度 H 应按下列规定采用：

表 4-4 受压构件的计算高度 H_0

房屋类别			柱		带壁柱墙或周边拉结的墙		
			排架方向	垂直排架方向	$s > 2H$	$2H \geqslant s > H$	$s \leqslant H$
有吊车的单层房屋	变截面柱上段	弹性方案	$2.5H_u$	$1.25H_u$	$2.5H_u$		
		刚性、刚弹性方案	$2.0H_u$	$1.25H_u$	$2.0H_u$		
	变截面柱下段		$1.0H_l$	$0.8H_l$	$1.0H_l$		
无吊车的单层和多层房屋	单跨	弹性方案	$1.5H$	$1.0H$	$1.5H$		
		刚弹性方案	$1.2H$	$1.0H$	$1.2H$		
	多跨	弹性方案	$1.25H$	$1.0H$	$1.25H$		
		刚弹性方案	$1.10H$	$1.0H$	$1.10H$		
	刚性方案		$1.0H$	$1.0H$	$1.0H$	$0.4s+0.2H$	$0.6s$

〔注〕（1）表中 H_u 为变截面柱的上段高度；H_l 为变截面柱的下段高度；（2）对于上端为自由端的构件，$H_0 = 2H$；（3）独立砖柱，当无柱间支撑时，柱在垂直排架方向的 H_0 应按表中数值乘以1.25后采用；（4）s 为房屋横墙间距；（5）自承重墙的计算高度应根据周边支承或拉接条件确定。

（1）在房屋底层，为楼板顶面到构件下端支点的距离。下端支点的位置，可取在基础顶面。当埋置较深且有刚性地坪时，可取室外地面下500mm处；

（2）在房屋其他层次，为楼板或其他水平支点间的距离；

（3）对于无壁柱的山墙，可取层高加山墙尖高度的1/2；对于带壁柱的山墙可取壁柱处的山墙高度。

对有吊车的房屋，当荷载组合不考虑吊车作用时，变截面柱上段的计算高度可按表4-4规定采用；变截面柱下段的计算高度可按下列规定采用：

（1）当 $H_u/H \leqslant 1/3$ 时，取无吊车房屋的 H_0；

（2）当 $1/3 < H_u/H < 1/2$ 时，取无吊车房屋的 H_0 乘以修正系数 μ，$\mu = 1.3 - 0.3 I_u/I_l$（I_u 为变截面柱上段的惯性矩，I_l 为变截面柱下段的惯性矩）。

（3）当 $H_u/H \leqslant 1/2$ 时，取无吊车房屋的 H_0。但在确定 β 值时，应采用上柱截面。

3. 轴向力的偏心距及其限值

轴向力的偏心距按内力设计值计算。原《砌体结构设计规范》（GBJ 3—88）的偏心距规定按内力标准值计算，与建筑结构可靠度设计统一标准的规定不完全相符，计算上亦不方便。为此现行《砌体结构设计规范》（GB 50003-2001）改为按内力设计值计算。计算所得轴向力的偏心距较原规范的要大些，引起构件承载力有所下降，但这对于适当提高构件的安全度是有利的。经计算分析，在常遇荷载情况下，由于偏心距的计算结果的变化，与原《规范》（GBJ 3—88）相比，构件承载力的降低将不超过6%。

偏心构件的偏心距过大，构件的承载力明显下降，从经济性和合理性的角度看都不宜采用，此外，偏心距过大可能使构件截面受拉边出现过大的水平裂缝。因此，新规范规定轴向力的偏心距按内力设计值计算并不应超过 $0.6y$，y 为截面重心到轴向力所在偏心方向截面边缘的距离。如图4-3所示。

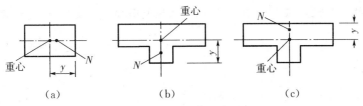

图 4 - 3　y 取值示意图

当情况特殊,受压构件的偏心距计算值超过规范规定的允许值时,可采取适当措施,减小偏心距,如:

(1) 当梁或屋架端部支承反力的偏心距较大时,可在其端部下的砌体上设置具有中心装置的垫块或缺口垫块(见图 4 - 4)。

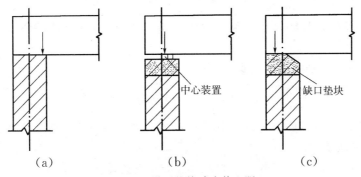

图 4 - 4　设置垫块减小偏心距

(2) 可采取修改构件截面形式或截面尺寸的方法调整偏心距。

如果采取措施还不能满足要求时,就要考虑改变结构的方案。

此外,新规范中还补充了砌体双向偏心受压的计算方法,给出了其承载力计算公式及偏心距限值,此处从略。

[例 4 - 1]　已知有一轴心受压横墙,取墙长 $b = 1000\text{mm}$,采用单孔混凝土砌块,墙厚 $h = 190\text{mm}$,计算高度 $H_0 = 2800\text{mm}$,砌块强度等级 MU10、M5 混合砂浆砌筑。承受轴向力 $N = 300\text{kN}$,计算该墙是否满足承载力要求。

[解]　求高厚比,由公式(4 - 16),得 $\beta = \gamma_\beta \dfrac{H_0}{h}$,修正系数 γ_β 取为 1.1。

$$\beta = 1.1 \times \frac{2800}{190} = 16.21$$

由公式(4 - 11)计算得,$\varphi_0 = \dfrac{1}{1 + \alpha \beta^2}$,其中 $\alpha = 0.0015$。

$$\varphi_0 = \frac{1}{1 + 0.0015(16.21)^2} = 0.717$$

应用计算用表计算:查表 4 - 1 得 $\varphi_0 = 0.717$ 与公式(4 - 11)计算结果相同。砌块为 MU10、M5 混合砂浆,查表得其抗压强度设计值 $f = 2.22\text{MPa}$。

横墙截面面积:$A = bh = 1000 \times 190\text{mm}^2 = 190 \times 10^3\text{mm}^2 = 0.19\text{m}^2$

验算横墙承载力,由公式(4 - 15)得:

$N_u = \varphi f A = 0.717 \times 2.22 \times 1.0 \times 190 \times 10^3\text{kN} = 302.43\text{kN} > 300\text{kN}$,满足要求。

[例 4 - 2]　截面为 $b \times h = 490\text{mm} \times 620\text{mm}$ 的砖柱,采用砖 MU10 及混合砂浆 M5 砌筑,施工质量控制等级为 B 级,柱的计算长度 $H_0 = 7\text{m}$;柱顶截面承受轴向压力设计值 $N = 270\text{kN}$,

沿截面长边方向的弯矩设计值 $M = 8.4 \text{kN} \cdot \text{m}$；柱底截面按轴心受压计算。试验算该砖柱的承载力是否满足要求？

[解]

（1）柱顶截面验算

查表得其抗压强度设计值 $f = 1.50 \text{MPa}$，

$A = 0.49 \times 0.62 = 0.3038 \text{m}^2 > 0.3 \text{m}^2$，取 $\gamma_a = 1.0$。

沿截面长边方向按偏心受压验算：

$e_0 = \dfrac{M}{N} = \dfrac{8.4}{270} = 0.031 \text{m} = 31 \text{mm} < 0.6y = 0.6 \times 620/2 = 186 \text{mm}，\dfrac{e_0}{h} = \dfrac{31}{620} = 0.05$

$\beta = \gamma_\beta \dfrac{H_0}{h} = 1.0 \times \dfrac{7000}{620} = 11.29$，查表 4-1 得 $\varphi = 0.728$。

则 $\varphi f A = 0.728 \times 1.50 \times 0.3038 \times 10^6 = 331.7 \times 10^3 \text{N} = 331.7 \text{kN} > N = 270 \text{kN}$，

满足要求。

沿截面短边方向按轴心受压验算：

$\beta = \gamma_\beta \dfrac{H_0}{b} = 1.0 \times \dfrac{7000}{490} = 14.29$，查表 4-1 得 $\varphi = 0.763$。

则 $\varphi f A = 0.763 \times 1.50 \times 0.3038 \times 10^6 = 347.7 \times 10^3 \text{N} = 347.7 \text{kN} > N = 270 \text{kN}$，满足要求。

（2）柱底截面验算

砖砌体的重力密度 $\rho = 18 \text{kN/m}^3$，则柱底轴心压力设计值：

$N = 270 + 1.35 \times 18 \times 0.49 \times 0.62 \times 7 = 321.7 \text{kN}$（采用以承受自重为主的内力组合）

$\beta = \gamma_\beta \dfrac{H_0}{b} = 1.0 \times \dfrac{7000}{490} = 14.29$，查表 4-1 得 $\varphi = 0.763$。

$\varphi f A = 347.7 \text{kN} > N = 321.7 \text{kN}$，所以，柱底截面承载力满足要求。

[例 4-3] 一截面尺寸为 $100 \text{mm} \times 190 \text{mm}$ 的窗间墙，计算高度 $H_0 = 3.6 \text{m}$，采用 MU10 单排孔混凝土小型空心砌块对孔砌筑，Mb5 混合砂浆，承受轴向力设计值 $N = 125 \text{kN}$，偏心距 $e_0 = 30 \text{mm}$，施工质量控制等级为 B 级，试验算该窗间墙的承载力。若施工质量控制等级降为 C 级，该窗间墙的承载力是否还能满足要求？

[解] （1）施工质量控制等级为 B 级

$A = 1.0 \times 0.19 = 0.19 \text{m}^2，\gamma_a = 0.7 + 0.19 = 0.89$

查表得 $f = 0.89 \times 2.22 = 1.98 \text{N/mm}^2$，

$\beta = \gamma_\beta \dfrac{H_0}{h} = 1.1 \times \dfrac{3600}{190} = 20.84，\dfrac{e_0}{h} = \dfrac{30}{190} = 0.158$

且 $e_0 = 30 \text{mm} < 0.6y = 0.6 \times \dfrac{190}{2} = 57 \text{mm}$，查表 4-1 得 $\varphi = 0.352$。

$\varphi f A = 0.352 \times 1.98 \times 0.19 \times 10^6 = 132.4 \times 10^3 \text{N} = 132.4 \text{kN} > N = 125 \text{kN}$，满足要求。

（2）施工质量控制等级为 C 级

当施工质量控制等级降为 C 级时，砌体抗压强度设计值应予以降低，此时

$f = 1.98 \times \dfrac{1.6}{1.8} = 1.98 \times 0.89 = 1.76 \text{N/mm}^2$

$\varphi f A = 0.352 \times 1.76 \times 0.19 \times 10^6 = 117.7 \times 10^3 \text{N} = 117.7 \text{kN} < N = 125 \text{kN}$，不满足要求。

[例 4-4] 某带壁柱砖墙，截面尺寸如图 4-5 所示，用砖 MU10、M5 水泥混合砂浆砌筑，柱的

计算高度5m,施工质量控制等级为B级。计算当轴向力作用在截面重心、A点及B点的承载力。

[解]　先计算截面几何特征

截面面积 $A = 1.0 \times 0.24 + 0.24 \times 0.25 = 0.3\text{m}^2$

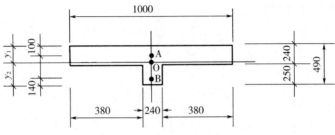

图 4-5　带壁柱砖墙截面

截面重心位置 $y_1 = \dfrac{1 \times 0.24 \times 0.12 + 0.24 \times 0.25 \times 0.365}{0.3} = 0.169\text{m}$

$$y_2 = 0.49 - 0.169 = 0.321\text{m}$$

截面惯性矩

$$I = \frac{1}{3} \times 1 \times (0.169)^3 + \frac{1}{3} \times (1 - 0.24)(0.24 - 0.169)^3 + \frac{1}{3} \times 0.24 \times (0.321)^3$$

$$= 0.00161 + 0.000091 + 0.0026 = 0.0043\text{m}^4$$

回转半径　　　　　　$i = \sqrt{\dfrac{I}{A}} = \sqrt{\dfrac{0.0043}{0.3}} = 0.12\text{m}$

折算厚度　　　　　　$h_T = 3.5i = 3.5 \times 0.12 = 0.42\text{m}$

(1) 轴向力作用在截面重心(轴心受压)

$$\beta = \gamma_\beta \frac{H_0}{h_T} = \frac{5}{0.42} = 11.9$$

按公式(4-11)计算(也可查表4-1)稳定系数:

$$\varphi_0 = \frac{1}{1 + \alpha \beta^2} = \frac{1}{1 + 0.0015 \times (11.9)^2} = 0.825$$

查表得其抗压强度设计值 $f = 1.50\text{MPa}$

该墙的承载力为:

$$N = \varphi f A = 0.825 \times 1.50 \times 0.3 \times 10^3 = 371.2\text{kN}$$

(2) 轴向力作用在A点(偏心受压)

已知轴向力的偏心距　　　$e_0 = 0.169 - 0.1 = 0.069\text{m}$

$$\frac{e_0}{h_T} = \frac{0.069}{0.42} = 0.164$$

$$\frac{e_0}{y_1} = \frac{0.069}{0.169} = 0.408 < 0.6$$

按公式(4-14)计算(也可查表4-1)影响系数:

$$\varphi = \frac{1}{1 + 12\left[\dfrac{e_0}{h_T} + \sqrt{\dfrac{1}{12}\left(\dfrac{1}{\varphi_0} - 1\right)}\right]^2}$$

$$= \frac{1}{1 + 12\left[0.164 + \sqrt{\dfrac{1}{12}\left(\dfrac{1}{0.825} - 1\right)}\right]^2}$$

$$= 0.486$$

该墙的承载力为：

$$N = \varphi f A = 0.486 \times 1.50 \times 0.3 \times 10^3 = 218.7 \text{kN}$$

（3）轴向力作用在 B 点（偏心受压）

已知轴向力的偏心距 $e_0 = 0.321 - 0.14 = 0.181 \text{m}$

$$\frac{e_0}{h_{\text{T}}} = \frac{0.181}{0.42} = 0.43$$

$$\frac{e_0}{y_2} = \frac{0.181}{0.321} = 0.56 < 0.6$$

因在表 4-1 中查不到 φ 值，现按公式（4-14）计算

$$\varphi = \frac{1}{1 + 12\left[\dfrac{e_0}{h_{\text{T}}} + \sqrt{\dfrac{1}{12}\left(\dfrac{1}{\varphi_0} - 1\right)}\right]^2}$$

$$= \frac{1}{1 + 12\left[0.43 + \sqrt{\dfrac{1}{12}\left(\dfrac{1}{0.825} - 1\right)}\right]^2}$$

$$= 0.208$$

该墙的承载力为：$N = \varphi f A = 0.208 \times 1.50 \times 0.3 \times 10^3 = 93.6 \text{kN}$

上述计算表明，随 e_0/h 的增大，该墙的受压承载力有较大幅度的降低。

[例 4-5] 截面尺寸 190mm×800mm 混凝土小型空心砌块墙段，砌块的强度等级 MU10，混合砂浆强度等级 Mb5，墙高 2.8m，两端为不动铰支座。墙顶承受轴向压力标准值 $N_{\text{k}} = 100\text{kN}$（其中永久荷载 80kN，已包括柱自重），沿墙段长边方向荷载偏心距 $e_0 = 200\text{mm}$。要求验算墙段的承载力。

[解] $A = 190\text{mm} \times 800\text{mm} = 152000\text{mm}^2 < 0.3\text{m}^2$

调整系数 $\gamma_{\text{a}} = 0.152 + 0.7 = 0.852$

查表得砌块砌体的抗压强度设计值 $f = 2.22\text{N/mm}^2$

$$N = (1.2 \times 80 + 1.4 \times 20)\text{kN} = 124\text{kN}$$

$$M = Ne_0 = 124 \times 0.2 \text{ kN} \cdot \text{m} = 24.8\text{kN} \cdot \text{m}$$

$$e_0 = 0.2\text{m}$$

$$\frac{e}{h} = \frac{200}{800} = 0.25$$

对于砌块砌体，$\gamma_\beta = 1.1$

$$\beta = \gamma_\beta \frac{H_0}{h} = 1.1 \times \frac{2800}{800} = 3.85$$

查表 4-1 得 $\varphi = 0.5$

$\varphi f A = 0.5 \times 2.22 \times 152000 \times 0.852 = 143.7 \times 10^3 \text{N} = 143.7\text{kN} > 124\text{kN}$，满足要求。

由于可变荷载效应与永久荷载效应之比 $\rho = \dfrac{20}{80} = 0.25$，应属于以自重为主的构件，所以再以荷载分项系数 1.35 和 1.0 重新进行计算。

$$N = (1.35 \times 80 + 1.0 \times 20)\text{kN} = 128\text{kN} < 143.7\text{kN}，仍为安全。$$

根据《规范》规定还应在截面短边方向按轴心受压进行验算。

$$\beta = \gamma_\beta \frac{H_0}{h} = 1.1 \times \frac{2800}{190} = 16.2$$

$$\varphi = 0.73$$

$\varphi f A = 0.73 \times 2.22 \times 152000 \times 0.852 = 209.8 \times 10^3 N = 209.8kN > 128kN$,满足要求。

从以上几个例题可以看出，受压构件计算公式简单又有系数表可供直接查用，但是应考虑的调整系数 γ_a、修正系数 γ_β 以及强度指标表中的注释都有具体规定，不容忽视。此外，构件承载力计算应考虑两种荷载效应组合。

4.2　局部受压构件的承载力计算

局部受压（以下简称局压）是砌体结构中常见的受力形式。如基础顶面的墙、柱支承处，梁或屋架端部的支承处，均产生局部受压。

砌体结构中局部受压的特点，在于轴向力仅作用于砌体的部分截面上。作用在局部受压面积上的应力可能均匀分布，也可能不均匀分布。当砌体截面上作用局部均匀压力（如承受上部柱或墙传来压力的基础顶面），称为局部均匀受压。当砌体截面上作用局部非均匀压力（如支承梁或屋架的墙柱在梁或屋架端部支承处的砌体顶面），称为局部不均匀受压。

砌体局部受压时，有两个重要的物理现象。一个是直接受压的局部范围内的砌体抗压强度有一定程度的提高，这是有利的。另一个是因直接受压的局部受压面积往往很小，导致局部范围内有应力集中现象，这是很不利的，故设计时应予以注意。

1975 年开始，哈尔滨建筑工程学院针对砌体均匀局压，梁端有效支承长度、梁端砌体局压以及垫块、垫梁下局压等项目进行了较为系统的试验研究，提出了相应的计算方法，并为 1988 年的《规范》所采用。1990 年以后哈尔滨建筑大学继续就垫块上有效支承长度、柔性垫梁三维受力分析以及梁端约束等问题作了试验和分析，对局压计算内容进行了补充并列入新规范。

4.2.1　砌体局部均匀受压

均匀局压按其相对位置不同又可分为下列几种受荷情况：中心局压、中部或边缘局压、角部局压和端部局压等（图 4-6）。

试验表明，局压相对位置是影响局压承载力很重要的因素之一。均匀局压是研究局压强度的最基本情况。

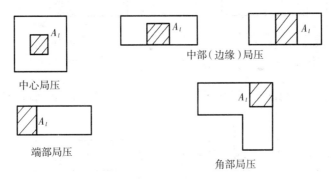

图 4-6　局部受压相对位置

1. 局部抗压强度提高系数
砌体在局部受压情况下的强度大于砌体本身的抗压强度，即"套箍强化"作用，一般可用局部抗压强度提高系数 γ 来表示。当砌体的抗压强度为 f 时,砌体局部抗压强度可取为 γf。γ 值的大小与周边约束局部受压面积的砌体截面面积的大小以及局部受压砌体所处的位置有关。我国规范中局部抗压强度提高系数按下式计算:

$$\gamma = 1 + 0.35\sqrt{\frac{A_0}{A_l} - 1} \tag{4-18}$$

式中:A_0—— 影响砌体局部抗压强度的计算面积,可从下列图示(图 4-10)中得到:

式(4-18)的物理意义:第一项为局部受压面积本身砌体的抗压强度;第二项是非局部受压面积 $A_0 - A_l$ 所提供的侧向压力的"套箍强化"作用和"应力扩散"作用的综合影响。

不同的局压位置对局压的承载力有不同的影响,但是按图 4-7 规定的 A_0 取值方法后基本上都得到了反映,为了简化计算,规范一律按式(4-18)计算。为了避免出现危险的劈裂破坏,规范还提出了局压强度提高系数的限值。

(1) 在图 4-7(a) 的情况下,$\gamma \leqslant 2.5$;

(2) 在图 4-7(b) 的情况下,$\gamma \leqslant 2.0$;

(3) 在图 4-7(c) 的情况下,$\gamma \leqslant 1.5$;

(4) 在图 4-7(d) 的情况下,$\gamma \leqslant 1.25$;

(5) 对多孔砖砌体和混凝土砌块灌孔砌体,在(1)、(2)、(3) 款的情况下,尚应符合 $\gamma \leqslant 1.5$。未灌孔混凝土砌块砌体,$\gamma \leqslant 1.0$。

2. 影响局部抗压强度的计算面积

(1) 在图 4-7(a) 的情况下,$A_0 = (a + c + h)h$;

(2) 在图 4-7(b) 的情况下,$A_0 = (b + 2h)h$;

(3) 在图 4-7(c) 的情况下,$A_0 = (a + h)h + (b + h_1 - h)h_1$;

(4) 在图 4-7(d) 的情况下,$A_0 = (a + h)h$。

式中:a、b—— 矩形局部受压面积 A_l 的边长;

h、h_1—— 墙厚或柱的较小边长,墙厚;

c—— 矩形局部受压面积的外边缘至构件边缘的较小距离,当大于 h 时,应取为 h。

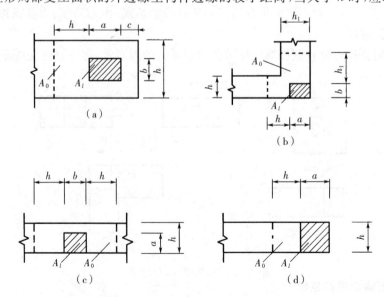

图 4-7　影响局部抗压强度的面积 A_0

3. 砌体截面中受局部均匀压力时的承载力计算

根据以上分析,砌体截面中受局部均匀压力时的承载力按下式计算:

$$N_l \leqslant \gamma f A_l \tag{4-19}$$

式中:N_l—— 局部受压面积上的轴向力设计值;

γ—— 砌体局部抗压强度提高系数,按公式(4-18)计算;

f—— 砌体的抗压强度设计值,可不考虑强度调整系 γ_a 的影响;

A_l—— 局部受压面积。

4.2.2　梁端支承处砌体的局部受压

梁端支承处砌体局压是砌体结构中主要的局部受压情况。梁端底面的压应力分布与梁的刚度和支座构造有关。对于墙梁和钢筋混凝土过梁,由于梁上砌体共同工作,其刚度很大挠曲很小,可以认为梁底面压应力为均匀分布(图4-8)。对于桁架或大跨度梁的支座,往往采用中心传力构造装置(图4-9),则其压应力亦均匀分布。对于普通的梁,由于刚度较小,容易挠曲,梁下应力呈三角形的不均匀分布,也可能为梯形分布,如果考虑砌体的塑性,一般认为呈丰满的抛物线图形(图4-10)。且作用在梁端砌体上的轴向力除梁端支承压力 N_l 外,还有由上部荷载产生的轴向力 N_0,所以,梁端支承处砌体的局压属局部不均匀受压,较上节砌体局部均匀受压要复杂得多。

1. 梁端有效支承长度

当梁直接支承在砌体上时,由于梁的弯曲,使梁的末端有脱开砌体的趋势(如图4-11所示)。我们把梁端底面没有离开砌体的长度称为有效支承长度 a_0,因此,a_0 并不一定都等于实际支承长度 a,梁端局部受压面积 A_l 由 a_0 与梁宽 b 相乘而得,所以,a_0 的取值直接影响砌体局部受压承载力。它主要取决于局部受压荷载、梁的刚度、砌体的刚度等。

新的《规范》采用了如下简化公式来计算 a_0:

$$a_0 = 10 \sqrt{\frac{h_c}{f}} \tag{4-20}$$

式中:h_c—— 梁的截面高度。

此式虽然简单但仍然反映了梁的刚度和砌体刚度的影响。在计算荷载传至砌体下部时,N_l 的作用点距墙的内表面可取 $0.4a_0$。

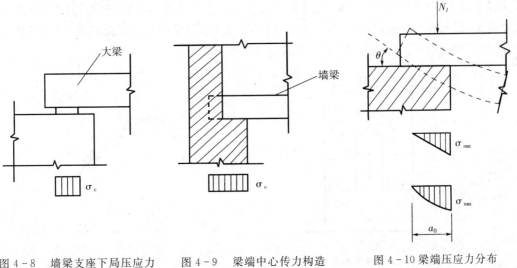

图 4-8　墙梁支座下局压应力　　　图 4-9　梁端中心传力构造　　　图 4-10 梁端压应力分布

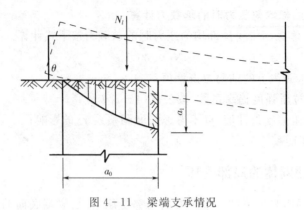

图 4-11 梁端支承情况

2. 梁端支承处砌体的局部受压承载力计算

(1) 无上部荷载时梁端局压

由于梁受力后弯曲变形,梁端底面处砌体的局压应力是不均匀的。规范对没有上部荷载时(例如顶层屋盖梁支承处)的梁端局部受压计算式取为

$$N_l \leqslant \eta \gamma A_l f \tag{4-21}$$

式中:η—— 压应力图形完整系数,一般可取 $\eta = 0.7$;对于过梁、墙梁 $\eta = 1$。

γ—— 局部受压强度提高系数,仍按式(4-18)确定。

(2) 上部荷载对梁端局压强度的影响

当有上部荷载时(例如多层砖房楼盖梁支承处),梁端底面处不但有梁端传来的局压荷载 N_l 产生的局压应力,而且还有上部墙体传来的竖向压应力。但试验表明,砌体局压破坏时这两种应力并不是简单的叠加。当梁上荷载增加时,由于梁端底部砌体局部变形增大,砌体内部产生应力重分布,使梁端顶面附近砌体由于上部荷载产生的应力逐渐减小,墙体逐渐以内拱作用(图 4-12)传递荷载。

图 4-13 展示了不同的 σ_0 / f_m 情况下测试得到的 $\eta \gamma$ 值。可以看出,上部荷载对梁端局压强度是有影响的,但在 $\sigma_0 = (0 \sim 0.5) f_m$ 范围内,其承载力均高于没有 σ_0 时梁端局压承载力。在 $\sigma_0 = 0.2 f_m$ 附近,曲线中 $\eta \gamma$ 达到峰值,它高于 $\sigma_0 = 0$ 时的 $\eta \gamma$,这是因为砌体局压破坏首先是由于砌体横向抗拉不足产生竖向裂缝开始的。σ_0 的存在和其扩散可以增强砌体横向抗拉能力,从而提高局压承载力。随着 σ_0 的增加,内拱作用(图 4-12)逐渐削弱,这种有利的效应也就逐渐减小。σ_0 更大时实际上局压面积以下的砌体已接近于轴心受压的应力状态了。内拱的卸荷作用还与 A_0 / A_l 的大小有关,根据试验结果,当 $A_0 / A_l > 2$ 时,可不考虑上部荷载对砌体局部抗压强度的影响。偏与安全,规范规定当 $A_0 / A_l \geqslant 3$ 时,可不考虑上部荷载的影响。

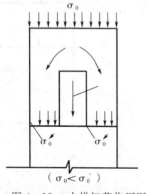

图 4-12 内拱卸荷作用图

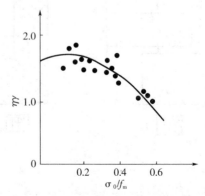

图 4-13 上部荷载对局压的影响

梁端支承处砌体的局部受压承载力应按下列公式计算：

$$\psi N_0 + N_l \leqslant \eta \gamma A_l f \tag{4-22}$$

$$\psi = 1.5 - 0.5 \frac{A_0}{A_l} \tag{4-23}$$

$$N_0 = \sigma_0 A_l \tag{4-24}$$

$$A_l = a_0 b \tag{4-25}$$

式中：ψ—— 上部荷载的折减系数，当 $A_0/A_l \geqslant 3$ 时，应取 $\psi = 0$；

N_0—— 局部受压面积内上部轴向力设计值（N）；

N_l—— 梁端支承压力设计值（N）；

σ_0—— 上部平均压应力设计值（N/mm²）；

η—— 梁端底面压应力图形的完整系数，取 0.7，对于过梁和墙梁可取 1.0；

a_0—— 梁端有效支承长度（mm），按公式（4-20）计算，当 $a_0 > a$ 时应取 $a_0 = a$；

a—— 梁端实际支承长度（mm）；

b—— 梁的截面宽度（mm）；

f—— 砌体的抗压强度设计值（MPa）。

4.2.3　梁端下设有刚性垫块时砌体的局部受压

如果梁端支承处砌体的局部受压承载力不能满足要求时，一个有效措施是在屋架或大梁下设置预制或现浇混凝土垫块或柔性混凝土垫梁，以增大砌体的局部受压面积。

1. 刚性垫块下砌体局压强度

当垫块的高度 $t_b \geqslant 180$mm，且垫块自梁边缘起挑出的长度不大于垫块的高度时（如图 4-14），称为刚性垫块。刚性垫块不但可以增大局部受压面积，还可以使梁端压力能较好地传至砌体表面。试验表明，垫块底面积以外的砌体对局部抗压强度仍能提供有利的影响，我们将以垫块外砌体面积的有利影响系数 γ_1 来考虑此影响。试验还表明，垫块下的应力分布与一般偏心受压的构件相接近。

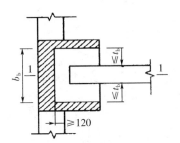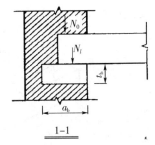

图 4-14　壁柱上设垫块时梁端局部受压

因此，刚性垫块下砌体局压承载力也可采用偏压的计算公式计算：

$$N \leqslant \alpha A_b f_m \tag{4-26}$$

式中：$N = N_l + N_0$ —— 垫块上的轴向力（图 4-14）；

α—— 轴向力对垫块面积重心的偏心影响系数；

$A_b = a_b b_b$ —— 垫块面积（图 4-14）。

式（4-26）即按垫块范围内偏心受压计算，这对于壁柱处可能比较合适，而对于一般墙段不考虑垫块以外面积的有利作用，计算结果是偏于保守的。

为了利用垫块外砌体对局压的有利作用,将式(4-26)改成下式:

$$N_0 + N_l \leqslant \varphi \gamma_1 A_b f_m \qquad (4-27)$$

式中:γ_1—— 垫块外砌体面积的有利影响系数,$\gamma_1 = 0.8\gamma$,但不小于 1。γ 为局压强度提高系数,可按前述式(4-18)得出。之所以采用 0.8γ 是考虑到垫块下局压应力分布的不均匀性并使之偏于安全。

试验表明,壁柱内设垫块时,其局压承载力偏低,所以规定 A_0 只取壁柱截面积而不计翼缘挑出部分,同时壁柱上垫块伸入翼墙内的长度不应小于 120mm。

考虑到垫块面积比梁的端部要大得多,墙体内拱卸荷作用不大显著,所以上部荷载 N_0 不考虑折减。这样,规范表达式写成:

$$N_0 + N_l \leqslant \varphi \gamma_1 A_b f \qquad (4-28)$$

式中:N_0—— 垫块面积 A_b 内上部荷载设计值产生的轴向力,$N_0 = \sigma_0 A_b$;

φ—— 垫块上轴向力 N_0 及 N_l 的影响系数,按高厚比 $\beta \leqslant 3$ 时的 φ 表查;

γ_1—— 同上,为垫块外砌体面积的有利影响系数,$\gamma_1 = 0.8\gamma$,但不小于 1。γ 为局压强度提高系数,可按前述式(4-18)以 A_b 代替 A_l 计算得出;

A_b—— 垫块面积;

a_b—— 垫块伸入墙内的长度;

b_b—— 垫块的宽度。

为了改善垫块下的应力状况,提高其局压承载力,可以采用缺角垫块(如图4-15),使 N_l 对垫块的偏心减小,垫块下的应力分布趋于均匀。

在现浇梁板结构中,有时把垫块与梁端浇成整体,如图4-16所示。垫块的底面与梁底面平齐(或将垫块设于梁高范围内),用增大梁底面积的方法增加局压承载力。此时,这种现浇垫块将与梁共同挠曲,垫块与砌体接触面处的应力分布与梁底相同。因此,其局压强度提高系数 γ 仍应用式(4-18),不过此时 A_l 应以垫块宽度 b_b 乘以 a_0,近似按刚性垫块计算。

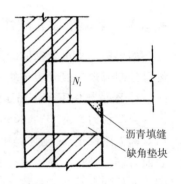

图 4-15 缺角垫块

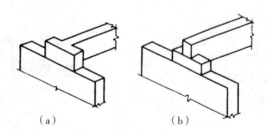

图 4-16 与梁浇成整体的刚性垫块

2. 垫块上的有效支承长度

按以上的计算方法,在计算 γ_1 时,要确定刚性垫块上表面梁端有效支承长度 a_0。而1988规范修订时因未做这方面的工作,所以没有明确规定,一般均以梁与砌体接触时的 a_0 值代替,这显然有不合理之处。

哈尔滨建筑大学通过试验和有限元分析表明,垫块上、下表面的梁端有效支承长度并不相等,前者小于后者,如图4-17所示。这对于垫块下砌体局部受压承载力虽然影响不大,但对于其下墙体由于偏心距的增大,将导致墙体的受压承载力降低。为此有必要研究刚性垫块上表面(即梁与垫块的接触面)的梁端有效支承长度的方法。

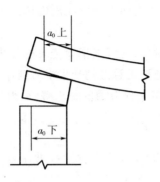

图 4 - 17　垫块局压示意

试验表明,梁端设垫块时砌体的局压应力大为降低。在现有试验条件下很难达到砌体局压破坏,只能在弹性工作阶段测得梁端和垫块的转角以及各自的 a_0 值。根据 44 个实测数据归纳得出垫块下表面有效支承长度 a'_0 的表达式:

$$a'_0 = \sqrt{\frac{1000N_l}{1.93f_m b_b \tan\theta'}} \qquad (4-29)$$

式中:b_b—— 垫块垂直于梁跨方向的宽度;

$\tan\theta'$—— 垫块转角的正切。

加荷过程中发现垫块一定程度上随梁端转动(图 4 - 17),两者存在如下线性关系:

$$\tan\theta' = 0.000508 + 1.119\tan\theta'$$

试验发现垫块上下表面的 a_0 值存在稳定关系:

$$a_0 = 0.93a'_0$$

这样,垫块上表面的有效支承长度 a_0 就可以通过梁端转角 $\tan\theta'$ 来表达。即

$$a_0 = k\sqrt{\frac{N_l}{b_h \tan\theta'}}$$

式中,系数 k 还反映了上部荷载 σ_0 对 a_0 的影响。

选取钢筋混凝土进深梁图集中常用跨度,按荷载长期效应组合计算梁端实际转角,选取六种常用砖砌体抗压强度进行垫块上表面 a_0 的计算,为方便应用也归纳成 a_0 简化计算模式,还考虑到与现浇垫块及无垫块局压承载力的衔接协调,新规范采用了如下的垫块 a_0 计算公式:

$$a_0 = \delta_1 \sqrt{\frac{h}{f}} \qquad (4-30)$$

式中:δ_1—— 刚性垫块 a_0 计算公式的系数,可按表 4 - 5 采用。

垫块上 N_l 作用点位置可取距墙的内表面 $0.4a_0$ 处。

表 4 - 5　系数 δ_1 值表

σ_0/f	0	0.2	0.4	0.6	0.8
δ_1	5.4	5.7	6.0	6.9	7.8

[注]　表中其间的数值可采用插入法求得。

当垫块与梁端浇成整体时,梁端支承处砌体的局压,为简化计算亦可近似按式(4-28)、式(4-30)计算。

4.2.4 梁端下设有柔性垫块时砌体的局部受压

混合结构房屋中,往往在屋面或楼面大梁梁底沿砌体墙设置垫梁,如设钢筋混凝土圈梁,该圈梁也是楼、屋面梁的垫梁。

当梁下设有钢筋混凝土垫梁时,垫梁可以把梁传来的集中荷载分散到一定宽度范围的墙上去。由于垫梁是柔性的,所以可以把垫梁看做是受集中荷载作用的弹性地基梁。此时,"弹性地基"的宽度即为墙厚 h,按照弹性力学的平面应力问题求解,可得到梁下最大压应力为:

$$\sigma_{ymax} = 0.306 \frac{N_l}{b_b} \sqrt[3]{\frac{Eh}{E_b h_b}} \qquad (4-31)$$

试验表明,垫梁下竖向压应力的分布范围较大,《砌体结构设计规范》参照弹性地基梁理论规定垫梁下可提供压应力的范围为 πh_0,其应力分布可按三角形来考虑(图 4-18),则有:

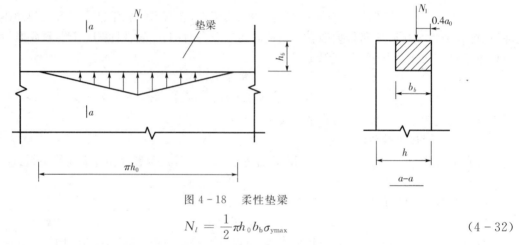

图 4-18 柔性垫梁

$$N_l = \frac{1}{2} \pi h_0 b_b \sigma_{ymax} \qquad (4-32)$$

将(4-32)式代入(4-31)式,则得到垫梁的折算高度 h_0 为:

$$h_0 = 2.08 \sqrt[3]{\frac{E_b h_b}{Eh}} \approx 2 \sqrt[3]{\frac{E_b h_b}{Eh}}$$

由于垫梁下应力不均匀,最大应力发生在局部范围内。根据试验,当为钢筋混凝土垫梁时,最大压应力 σ_{ymax} 与砌体抗压强度 f_m 之比为 $1.5 \sim 1.6$,当梁出现裂缝,刚度降低,应力更为集中。规范建议取下式验算:

$$\sigma_{ymax} \leqslant 1.5f$$

考虑垫梁 $\dfrac{\pi b_b h_0}{2}$ 范围内上部荷载设计值产生的轴力 N_0 时,则有:

$$N_0 + N_l \leqslant \frac{\pi b_b h_0}{2} \times 1.5f = 2.356 h_0 b_b f \approx 2.4 h_0 b_b f$$

规范中考虑荷载沿墙方向分布不均匀的影响后,规定梁下设有长度大于 πh_0 的垫梁下的砌体局部受压承载力应按下列公式计算:

$$N_0 + N_l \leqslant 2.4 \delta_2 f b_b h_0 \qquad (4-33)$$

$$h_0 = 2 \sqrt[3]{\frac{E_b I_b}{Eh}} \qquad (4-34)$$

式中:N_0 —— 垫梁在 $\dfrac{1}{2} \pi h_0 b_b$ 范围内上部荷载产生的纵向力,$N_0 = \dfrac{1}{2} \pi h_0 b_b \sigma_0$;

h_0——将垫梁高度 h_b 折算成砌体时的折算高度（mm）；

δ_2——当荷载沿墙厚方向均匀分布时 δ_2 取 1.0，不均匀时 δ_2 可取 0.8；

E_b、I_b——分别为垫梁的混凝土弹性模量和截面惯性矩；

E——砌体的弹性模量；

b_b、h_b——垫梁的宽度和高度（mm）；

h——墙厚（mm）。

垫梁上梁端有效支承长度可按公式（4 - 30）计算。

[例 4 - 6]　有一截面尺寸为 240mm×240mm 的钢筋混凝土柱，支承在厚240mm 的混凝土砌块墙上，作用位置如图 4 - 19所示。墙采用强度等级为 MU10 砌块和 Mb5 的混合砂浆砌筑，柱作用到砌块砌体的荷载设计值为 N = 150kN，试验算局部受压承载力是否满足要求。

[解]　计算局部受压面积 A_l：$A_l = ab = 240 \times 240 \text{mm}^2$ $= 57600 \text{mm}^2$

计算局部受压计算面积 A_0（属于图 4 - 7d 情况的局部受压）：

$$A_0 = (a + h)h = (240 + 240) \times 240 \text{mm}^2 = 115200 \text{mm}^2$$

计算砌体局部抗压强度提高系数 γ，代入公式（4 - 18）计算，

$$\gamma = 1 + 0.35 \sqrt{\frac{A_0}{A_l} - 1} = 1 + 0.35 \sqrt{\frac{115200}{57600} - 1} = 1.35$$

> 1.25

因属于图 4 - 10(d) 情况，取 γ = 1.25。

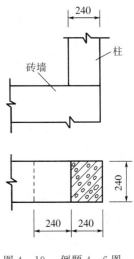

图 4 - 19　例题 4 - 6 图

确定砌块砌体的抗压强度设计值 f：由采用砌块 MU10 和混合砂浆 Mb5，查表得，f = 2.22MPa。

计算局部受压承载力设计值：由公式（4 - 19）得：

$\gamma f A_l$ = 1.25 × 2.22 × 57600N = 159.84kN > 150kN，故满足承载力要求。

[例 4 - 7]　试验算外墙上梁端砌体局部受压承载力。已知梁截面尺寸 $b \times h$ = 200mm×400mm，梁支承长度 a = 240mm，荷载设计值产生的支座反力 N_l = 60kN，墙体的上部荷载 N_u = 260kN，窗间墙截面 1200mm×370mm（图 4 - 20），采用 MU10 砖、M2.5 混合砂浆砌筑。

[解]　确定砌块砌体的抗压强度设计值 f：由采用砌块 MU10 和混合砂浆 M2.5，

查表得，f = 1.30MPa。

$$a_0 = 10 \sqrt{\frac{h_c}{f}} = 10 \sqrt{\frac{400}{1.30}} \text{mm} = 176 \text{mm}$$

$$A_l = a_0 b = 176 \text{mm} \times 200 \text{mm} = 35200 \text{mm}^2$$

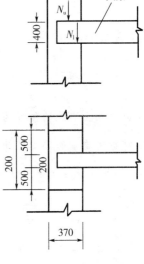

图 4 - 20　例题 4 - 7 图

$$\gamma = 1 + 0.35 \sqrt{\frac{A_0}{A_l} - 1} = 2.04, \text{取} \gamma = 2.0$$

由于上部荷载 N_u 作用在整个窗间墙上，则

$$\sigma_0 = \frac{260000}{370 \times 1200} \text{N/mm}^2 = 0.58 \text{N/mm}^2$$

$$N_0 = \sigma_0 A_l = 0.58 \times 35200 \text{N} = 20.42 \text{kN}$$

按 $\psi N_0 + N_l \leqslant \eta \gamma A_l f$ 计算：

由于 $A_0/A_l = 9.8 > 3$，所以 $\psi = 0$

$\eta \gamma A_l f = 0.7 \times 2 \times 35200 \times 1.30 \text{N} = 64064 \text{N} > N_l = 60000 \text{N}$，满足要求。

本题砌体局压面积 $A_l = 35200 \text{mm}^2 < 0.3 \text{m}^2$，但没有必要考虑 γ_a，因为 A_l 不是砌体构件的全部面积，而且局压试验的 A_l 都是在 $< 0.3 \text{m}^2$ 情况下做的。就是支承局压荷载的墙垛面积小于 0.3m^2 情况下，局压计算所用的强度值也不用考虑 γ_a，因为那是对墙垛构件受压承载力计算时才是必须的。

不过，当采用纯水泥砂浆时，则应乘以 γ_a，因为此时已涉及砌体本身强度取值了。

[例 4-8] 已知条件如上题，若 $N_l = 80 \text{kN}$，其他条件不变，试验算外墙上梁端砌体局部受压承载力。

[解] 很明显，梁端不设垫块，梁下砌体的局部受压强度是不能满足要求的。

现在梁端底部设刚性垫块，其尺寸为 $b_b = 240 \text{mm}$, $a_b = 500$, 厚 $t_b = 180 \text{mm}$

$$A_b = 240 \text{mm} \times 500 \text{mm} = 120000 \text{mm}^2$$

$$N_0 = \sigma_0 A_b = 0.58 \times 120000 \text{N} = 69600 \text{N}$$

垫块下砌体局压承载力应按式 (4-27) 计算，即

$$N_0 + N_l \leqslant \varphi \gamma_1 A_b f$$

计算垫块上纵向力的偏心距，取 N_l 作用点位于距墙内表面 $0.4 a_0$ 处，此处 a_0 应为垫块上表面梁端的有效支承长度。

$$\frac{\sigma_0}{f} = \frac{0.58}{1.30} = 0.446$$

查表 4-5，$\delta_1 = 6.21$

按式 (4-30) 算得

$$a_0 = \delta_1 \sqrt{\frac{h}{f}} = 6.21 \sqrt{\frac{400}{1.3}} \text{mm} = 109 \text{mm}$$

N_l 合力点至墙边的位置为：$0.4 a_0$

N_l 对垫块重心的偏心距为：$\frac{b_b}{2} - 0.4 a_0$

轴向力对垫块重心的偏心距：

$$e = \frac{N_l(\frac{b_b}{2} - 0.4 a_0)}{N_l + N_0} = \frac{80(\frac{240}{2} - 0.4 \times 109)}{80 + 69.6} \text{mm} = 40.9 \text{mm}$$

查表 4-2 当 $\beta \leqslant 3$ 情况，$\varphi = 0.73$

求局压强度提高系数 γ 时应以 A_b 代替 A_l

$$A_0 = 370(370 \times 2 + 500) \text{mm}^2 = 458\,800 \text{mm}^2$$

但 A_0 边长 1240mm 已超过窗间墙实际宽度，所以取：

$$A_0 = 370\text{mm} \times 1200\text{mm} = 444\,000\text{mm}^2$$

$$\gamma = 1 + 0.35 \sqrt{\frac{A_0}{A_l} - 1} = 1.7$$

$$\gamma_1 = 0.8\gamma = 1.26$$

$$\varphi\gamma_1 A_b f = 0.73 \times 1.26 \times 120000 \times 1.3\text{N} = 143.49\text{kN}$$

$$\approx N_0 + N_l = 149.6\text{kN} \quad \text{安全。}$$

超过不足 4% 可认为满足安全要求。

解决砌体局压承载力问题还可以采用其他方法。如果差值不大,提高砌筑砂浆的强度等级也是一个途径。不过应看为满足局压而提高整个楼层墙体的抗压强度是否值得。如果结合墙体抗裂能力需要又会变成合理的了。

在本题的条件下,设置刚性垫块解决局压问题是简单合理的。如果墙厚较大(北方寒冷地区外墙厚)或截面较大的砖柱,还可以采用缺角垫块(如图 4-15)或梁端中心传力构造(如图 4-9)的办法改变局压应力分布,从而提高抗力,措施并不复杂,效果却好得多。采用梁端中心传力构造的办法时可按中心局压计算。

[例 4-9] 如图 4-21 所示窗间墙截面为 1600mm × 370mm,采用烧结普通砖强度等级为 MU10 和砂浆强度等级为 M5 的混合砂浆砌筑,承受截面为 200mm × 500mm 的钢筋混凝土梁,梁端的支承压力设计值为 $N_l = 80\text{kN}$,支承长度 $a = 240\text{mm}$。上层传来的轴向力设计值为 $N_0 = 250\text{kN}$,取梁端底面压应力图形的完整系数为 $\eta = 0.7$,试验算梁端的砌体的局部受压承载力。

[解] 确定砖砌体抗压强度设计值 f:

因采用 MU10 砖和 M5 混合砂浆,查表得 $f = 1.50\text{MPa}$。

计算梁端有效支承长度 a_0,应用公式(4-20)计算,得:

$$a_0 = 10 \sqrt{\frac{h_c}{f}} = 10 \sqrt{\frac{500}{1.5}}\text{mm} = 183\text{mm}$$

计算局部受压面积 A_l,$A_l = a_0 b = 183 \times 200\text{mm}^2 = 36\,600\text{mm}^2$

计算局部受压计算面积 A_0:

本题属于图 4-7(b) 情况的局部受压:

$$A_0 = (b + 2h)h = (200 + 2 \times 370) \times 370\text{mm}^2 = 347\,800\text{mm}^2$$

$$\frac{A_0}{A_l} = \frac{347\,800}{36\,600} = 9.5 > 3,\text{故取} \phi = 0,\text{即不考虑上部荷载作用。}$$

计算砖砌体局部抗压强度提高系数 γ:

应用公式(4-18)计算,得:

$$\gamma = 1 + 0.35 \sqrt{\frac{A_0}{A_l} - 1} = 1 + 0.35 \sqrt{\frac{347\,800}{36\,600} - 1} = 2.02 > 2,\text{取} \gamma = 2.0$$

计算梁端支承处砖墙砌体的受压承载力:

应用公式(4-22)计算,得:

$$\phi N_0 + N_l = 80\text{kN}$$

$\eta f A_l = 0.7 \times 2 \times 1.5 \times 36\,600\text{N} = 76.86\text{kN} < 80\text{kN}$,不满足承载力要求,则需设置刚性垫块,确定预制垫块的尺寸为 $a_b = 240\text{mm}$,$b_b = 500\text{mm}$。

求垫块外砌体面积的有利影响系数 γ_1:

$$A_b = a_b b_b = 240\text{mm} \times 500\text{mm} = 120\,000\text{mm}^2$$

$$A_0 = 370 \times (500 + 2 \times 370)\text{mm}^2 = 458\,800\text{mm}^2$$

$$\gamma = 1 + 0.35\sqrt{\frac{A_0}{A_b} - 1} = 1 + 0.35\sqrt{\frac{458800}{120000} - 1} = 1.27 \leqslant 2.0,满足要求。$$

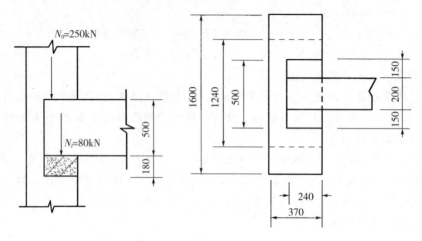

图 4 - 21　例题 4 - 9 图

求窗间墙部分上部荷载设计值产生的平均压应力：

$$\sigma_0 = \frac{N_0}{A} = \frac{250 \times 10^3}{1600 \times 370}\text{MPa} = 0.42\text{MPa}$$

求垫块面积 A_b 内上部轴向力的设计值：

$$N_0 = \sigma_0 A_b = 0.42 \times 120 \times 10^3\text{N} = 50.4 \times 10^3\text{N} = 50.4\text{kN}$$

求全部轴向力的设计值：

$$N_0 + N_l = (50.4 + 80)\text{kN} = 130.4\text{kN}$$

求垫块上表面梁端有效支承长度 a_0：

按公式(4 - 30) 计算，得：

$$a_0 = \delta_1\sqrt{\frac{h}{f}}, 当 \frac{\sigma_0}{f} = \frac{0.42}{1.5} = 0.28 时，查表 4 - 5，得 \delta_1 = 5.82，则$$

$$a_0 = 5.82\sqrt{\frac{500}{1.5}}\text{mm} = 106\text{mm}$$

求支承压力对垫块重心的偏心距 e_l：

$$e_l = \frac{a_b}{2} - 0.4a_0 = \left(\frac{240}{2} - 0.4 \times 106\right)\text{mm} = 77.6\text{mm}$$

求轴向力对垫块重心的偏心距 e：

$$e = \frac{N_l e_l}{N_0 + N_l} = \frac{80 \times 10^3 \times 77.6}{130.4 \times 10^3}\text{mm} = 47.6\text{mm}$$

查表 4 - 1 求承载力影响系数 φ，由 $\beta \leqslant 3, e/a_b = 47.6/240 = 0.198$ 得 $\varphi = 0.676$

计算垫块下的砌体局部承受的受压承载力：

应用公式(4 - 28) 计算，得：

$$N_0 + N_l \leqslant \varphi\gamma_1 A_b f$$

$\varphi\gamma_1 f A_b = 0.676 \times 1.27 \times 1.5 \times 120000\text{N} = 154.53\text{kN} > N_0 + N_l = 130.4\text{kN}$，故承载力满足要求。

[**例 4-10**]　某房屋中墙体,采用孔洞率为 45% 的混凝土小型空心砌块 MU7.5 和水泥混合砂浆 Mb5 砌筑,施工质量控制等级为 B 级。墙截面尺寸为 1 000mm×190mm,支承截面尺寸为 200mm×400mm 的钢筋混凝土梁,梁端支承压力设计值 50kN,上部轴向力设计值 90kN。验算梁端支承处砌体局部受压承载力。

[**解**]　本题属于图 4-7(b) 情况的局部受压。

查表得砖砌体抗压强度设计值 f,f=1.71MPa(对于局部受压,γ_a=1.0)

$A_0 = (b+2h)h = (200+2\times190)\times190\text{mm}^2 = 110200\text{mm}^2$

由公式(4-20)得

$$a_0 = 10\sqrt{\frac{h_c}{f}} = 10\sqrt{\frac{400}{1.71}}\text{mm} = 153\text{mm} < a$$

$A_l = a_0 b = 153\text{mm}\times200\text{mm} = 30600\text{mm}^2$

$\dfrac{A_0}{A_l} = \dfrac{110200}{30600} = 3.6 > 3$,取 $\psi = 0$

对于未灌孔的混凝土砌块砌体,$\gamma = 1.0$,按公式(4-22)并取 $\eta = 0.7$,得:

$$\eta\gamma f A_l = 0.7\times1.0\times1.71\times0.0306\times10^3 = 36.6\text{kN} < 50\text{kN}$$

此时梁端支承处砌体局部受压不安全。

现按构造要求,在梁支承面下 3 皮砌块高度和 2 块砌块长度部位的砌体用 Cb20 混凝土将孔洞灌实,按公式(4-18)

$$\gamma = 1 + 0.35\sqrt{\frac{A_0}{A_l}-1} = 1 + 0.35\sqrt{3.6-1} = 1.56 > 1.5\text{(对多孔砖砌体)},取 \gamma = 1.5.$$

按公式(4-22),得:

$$\eta\gamma f A_l = 0.7\times1.5\times1.71\times0.0306\times10^3 = 54.9\text{kN} > 50\text{kN}$$

混凝土小型空心砌块砌体按构造要求灌孔后,由于砌体局部抗压强度提高系数 γ 的增大(未灌孔时 $\gamma = 1.0$),有利于砌体的局部受压。

混凝土小型空心砌块的肋宽一般都很小,在局压荷载作用下容易出现内肋被压溃而提前破坏。所以,构造上规定应填实一部分孔洞,当有进深梁或跨度较大的梁作用下还应填实 3 皮砌块,并且应在 A_0 范围内填实。此时,填实了的砌块墙体的抗压强度理应可以取填实砌块的强度,但为偏于安全考虑,新规范规定还是按空心砌块砌体的强度取用。所以此处砌体强度还是采用的空心砌块砌体的强度。

如该窗间墙按 $\rho = 33\%$ 的灌孔率(每隔 2 孔灌 1 孔),则由公式得:

$\alpha = \delta\rho = 0.45\times0.33 = 0.15$

$f_g = f + 0.6\alpha f_c = 1.71 + 0.6\times0.15\times9.6 = 2.57\text{MPa} < 2f$

由公式(4-20)得:

$$a_0 = 10\sqrt{\frac{h_c}{f}} = 10\sqrt{\frac{400}{2.75}}\text{mm} = 120.6\text{mm}$$

$A_l = a_0 b = 120.6\text{mm}\times200\text{mm} = 24000\text{mm}^2$

$\dfrac{A_0}{A_l} = \dfrac{110200}{24000} = 4.59 > 3$,取 $\psi = 0$

按公式(4-18)

$$\gamma = 1 + 0.35\sqrt{\frac{A_0}{A_l}-1} = 1 + 0.35\sqrt{4.59-1} = 1.66 > 1.5,取 \gamma = 1.5$$

按公式(4-22),得:

$\eta \gamma f_g A_l = 0.7 \times 1.5 \times 2.57 \times 0.0204 \times 10^3 N = 55.0kN > 50.0kN$

本例题说明,采用灌孔混凝土砌块砌体,虽梁端有效支承长度 a_0 和局部受压面积 A_l 均有所减小,但由于 f_g 远大于 f,仍能提高砌体的局部受压承载力,且随着灌孔率的增大,其提高幅度更大。

[例4-11] 某窗间墙截面尺寸为1200mm×240mm,采用混凝土砌块的强度等级为 MU10 及砂浆强度等级为 M5 的混合砂浆砌筑,墙上支承的钢筋混凝土梁,梁端荷载设计值产生的支承压力为 $N_l = 200kN$,上部荷载设计值产生的轴向力为 $N_0 = 50kN$,梁下设置截面尺寸为240mm×240mm 的钢筋混凝土垫梁。混凝土强度等级为C20,试验算梁端支承处砌体的局部受压承载力是否满足要求。

[解] 确定砌体的抗压强度设计值 f:

因采用 MU10 砌块和 M5 混合砂浆,查表得 $f = 2.22MPa$。砌体的弹性模量
$E = 1500f = 1500 \times 2.22MPa = 3330MPa$。

垫梁采用 C20 强度等级的混凝土,弹性模量 $E_b = 2.55 \times 10^4 MPa$

截面惯性矩 I_b: $I_b = \dfrac{b_b h_b^3}{12} = \dfrac{240 \times 240^3}{12} mm^4 = 276480 \times 10^4 mm^4$

代入公式(4-34)计算,得:

$$h_0 = 2\sqrt[3]{\dfrac{E_b I_b}{Eh}} = 2\sqrt[3]{\dfrac{7.55 \times 10^4 \times 27648 \times 10^4}{3330 \times 240}} = 413mm$$

上部荷载在窗间墙截面面积上产生的平均压应力:

$$\sigma_0 = \dfrac{50 \times 10^3}{1200 \times 240} MPa = 0.17MPa$$

因垫梁沿墙设置其长度大于 $\pi h_0 = 1.297mm$

垫块上部荷载轴向力设计值

$$N_0 = \dfrac{\pi b_b h_0 \sigma_0}{2} = \dfrac{\pi \times 240 \times 413 \times 0.17}{2} = 26.47kN$$

$N_0 + N_l = (26.47 + 200)kN = 226.47kN$

由公式(4-33)计算,得:

$2.4\delta_2 f b_b h_0 = 2.4 \times 0.5 \times 2.22 \times 240 \times 413N = 264.06kN > N_0 + N_l = 226.47kN$

故此垫梁下的砌体局部受压安全。

4.3 轴心受拉、受弯和受剪构件的承载力计算

4.3.1 轴心受拉构件

1. 概述

由于砌体的抗拉强度较低,工程上很少采用砌体轴心受拉构件,一般只用于容积较小的圆形水池或料仓(图4-22)。

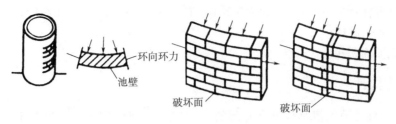

图 4 - 22　圆形水池池壁受拉

2. 轴心受拉构件的承载力应按下式计算

$$N_t \leqslant f_t A \qquad (4-35)$$

式中:N_t—— 轴心拉力设计值;

　　　f_t—— 砌体的轴心抗拉强度设计值。

4.3.2　受弯构件

图 4 - 23(a) 所示过梁在竖向荷载作用下,截面内产生弯矩,它属于受弯构件。图 4 - 23(b)、(c) 所示带壁柱的挡土墙,在土压力作用下竖向截面内将产生沿齿缝或沿砖和竖向灰缝的弯曲受拉。图 4 - 23(d) 所示悬臂式挡土墙,在土压力作用下,墙的内边(靠土层的一边)将产生沿通缝截面的弯曲受拉。由于受弯构件的截面内还产生剪力,因此对受弯构件除作抗弯承载力计算外,还应作受弯时的抗剪承载力计算。

(a) 过梁沿齿缝破坏

(b) 挡土墙沿齿缝破坏

(c) 挡土墙沿砖和竖向灰缝截面破坏

(d) 沿通缝破坏

图 4 - 23　受弯构件示例

受弯构件的受弯承载力应按公式(4 - 36)计算:

$$M \leqslant f_{tm} W \qquad (4-36)$$

式中:M—— 弯矩设计值;

　　　f_{tm}—— 砌体弯曲抗拉强度设计值;

　　　W—— 截面抵抗矩。

受弯构件的受剪承载力应按公式(4 - 37)计算:

$$V \leqslant f_v b z \qquad (4-37)$$

式中:V—— 剪力设计值;

　　　f_v—— 砌体的抗剪强度设计值;

　　　b—— 截面宽度;

z—— 内力臂，$z = I/S$，当截面为矩形时，取 z 等于 $2h/3$，h 为截面高度；

I—— 截面惯性矩；

S—— 截面面积矩。

4.3.3 受剪构件

砌体结构单纯受剪的情况是很难遇到的，一般是在受弯构件中（如砖砌体过梁、挡土墙等）存在受剪情况，再者，墙体在水平地震力或风荷载作用下或无拉杆的拱支座处在水平截面砌体受剪。试验研究表明，当构件水平截面上作用有压应力时，由于灰缝粘结强度和摩擦力的共同作用，砌体抗剪承载力有明显的提高，因此计算时应考虑剪、压的复合作用。图 4-24 所示为拱在推力作用下承受剪力，同时上部墙体对支座水平截面产生垂直压力，而使墙体处于复合受力状态。

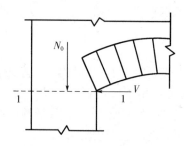

图 4-24 拱支座水平截面受剪

无筋砌体沿水平通缝截面或沿阶梯形截面破坏时的受剪承载力，与砌体的抗剪强度 f_v 和作用在截面上的正应力 σ_0 的大小有关。试验结果表明，σ_0 增大，内摩阻力也增大，这对抵抗剪切滑移是有利的，但摩擦系数并非定值，而是随着 σ_0 的增大而逐渐减小。现行规范根据重庆建筑大学的试验采用变系数剪摩理论的计算模式，较好地反映了在不同轴压比下的剪压相关性和相应阶段的受力工作机理，即沿通缝或沿阶梯形截面破坏时受剪构件的承载力应按下列公式计算：

$$V \leqslant (f_v + \alpha\mu\sigma_0)A \tag{4-38}$$

当 $\gamma_G = 1.2$ 时， $\qquad \mu = 0.26 - 0.082\dfrac{\sigma_0}{f} \tag{4-39}$

当 $\gamma_G = 1.35$ 时， $\qquad \mu = 0.23 - 0.065\dfrac{\sigma_0}{f} \tag{4-40}$

式中：V—— 截面剪力设计值；

A—— 构件水平截面面积，当有孔洞时，取砌体净截面面积；

f_v—— 砌体的抗剪强度设计值，对灌孔混凝土砌块砌体取 f_{vg}；

α—— 修正系数，当 $\gamma_G = 1.2$ 时，砖砌体取 0.6，混凝土砌块砌体取 0.64；当 $\gamma_G = 1.35$ 时，砖砌体取 0.64，混凝土砌块砌体取 0.66；

μ—— 剪压复合受力影响系数，按公式（4-39）或（4-40）计算，α 与 μ 的乘积可查表 4-6；

σ_0—— 永久荷载标准值产生的水平截面平均压应力；

f—— 砌体的抗压强度设计值

σ_0/f—— 轴压比，为防止墙体发生斜压破坏，要求其值不大于 0.8。

表 4 - 6　$\alpha\mu$ **值**

γ_G	σ_0/f	0.1	0.2	0.3	0.4	0.5	0.6	0.7	0.8
1.2	砖砌体	0.15	0.15	0.14	0.14	0.13	0.13	0.12	0.12
	砌块砌体	0.16	0.16	0.15	0.15	0.14	0.13	0.13	0.12
1.35	砖砌体	0.14	0.14	0.13	0.13	0.13	0.12	0.12	0.11
	砌块砌体	0.15	0.14	0.14	0.13	0.13	0.12	0.12	0.12

[**例 4 - 12**]　某圆形水池,采用烧结普通砖强度等级 MU15 和砂浆强度等级为 M10 的水泥砂浆砌筑,水池壁厚 490mm,水池壁承受 $N_t = 70kN/m$ 的环向拉力设计值,试验算水池壁砌体的受拉承载力。

[**解**]　(1)确定砌体的轴心抗拉强度设计值 f

因采用 MU15 砖和 M10 水泥砂浆砌筑,查表得 $f_t = 0.19MPa$,因采用水泥砂浆 f_t 应乘以 0.8 系数。

(2)构件截面 A,取 1000mm 宽进行计算,得:

$A = 1000 \times 490mm^2 = 490 \times 10^3 mm^2$

(3)计算水池壁的受拉承载力

由公式(4 - 35)计算,得:

$f_t A = 0.19 \times 0.8 \times 490 \times 10^3 N = 74.48kN > N_t = 70kN$,满足要求。

[**例 4 - 13**]　某圆形水池,采用砖 MU15、水泥砂浆 M7.5 按三顺一丁砌筑,施工质量控制等级为 B 级。其中某 1 米高的池壁内作用环向拉力 $N_t = 62kN$,试选择该段池壁的厚度。

[**解**]　查表得该池壁沿齿缝截面的轴心抗拉强度设计值: $f_t = 0.16 \times 0.8 = 0.128MPa$ 按公式(4 - 35),有:

$$h = \frac{N_t}{l \times f_t} = \frac{62}{1 \times 0.128} = 484mm,选取池壁厚度为 490mm。$$

[**例 4 - 14**]　砖砌水池如图 4 - 25 所示,池壁高 $H = 1500mm$,采用烧结普通砖强度等级 MU10 及砂浆强度等级 M10 的水泥砂浆砌筑,池壁厚为 620mm,当不计池壁自重时,试验算池壁砌体弯曲抗拉承载力。

[**解**]　(1)计算池壁内力设计值

池壁沿竖向取 1000mm 宽的砌体进行计算,其受力情况相当于一个上端自由,下端固定的悬臂受弯构件。

(2)池壁底端的弯矩设计值为:

$$M = \frac{1}{6}\gamma_G \gamma_w H^3$$

γ_w 为水的重度取 $10kN/m^3$,荷载分项系数取 $\gamma_G = 1.1$,

$$M = \frac{1}{6} \times 1.1 \times 10 \times 1.5^3 = 6.19kN \cdot m$$

池壁底部的剪力设计值为:

$$V = \frac{1}{2}\gamma_G \gamma_w H^2$$

$$V = \frac{1}{2} \times 1.1 \times 10 \times 1.5^2 = 12.38kN$$

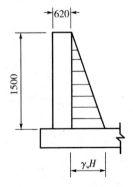

图 4 - 25　池壁计算简图

（3）确定砌体沿通缝的弯曲抗拉强度设计值 f_{tm} 和抗剪强度设计值 f_v：

由于采用 M10 砂浆，查表得，

$$f_{tm} = 0.17\text{MPa}, f_v = 0.17\text{MPa}$$

因为是水泥砂浆，所以应将 f_{tm}、f_v 乘以 0.8 系数。

（4）计算截面抵抗矩 W 及内力壁 Z：

因为是矩形截面，故 $W = \dfrac{bh^2}{6} = \dfrac{1000 \times 620^2}{6}\text{mm}^3$

$$z = \frac{2}{3}h = \frac{2}{3} \times 620\text{mm}$$

（5）验算砌体受弯承载力，应用公式（4-36）计算，得：

$$f_{tm}W = 0.17 \times 0.8 \times \frac{1000 \times 620^2}{6} = 8.71\text{kN} \cdot \text{m} > 6.19\text{kNm}，故砌体满足受弯承载力要求。$$

（6）验算砌体受剪承载力，应用公式（4-37）计算，得：

$$f_v bz = 0.17 \times 0.8 \times 1000 \times \frac{2}{3} \times 620\text{N} = 56.21\text{kN} > 12.38\text{kN}，故砌体满足受剪承载力$$

要求。

[**例** 4-15]　某砖砌筒拱（图 4-26），用砖 MU10 和水泥砂浆 M10 砌筑，沿纵向取 1 米宽的筒拱计算，拱支座处由荷载设计值产生的水平力为 50kN/m，由荷载设计值产生的平均压力为 63kN/m，试验算拱支座处的抗剪承载力。（$\gamma_G = 1.2$）

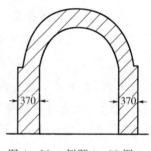

图 4-26　例题 4-15 图

[**解**]　（1）确定抗剪强度设计值 f_v

由 M10，查表得 $f_v = 0.17\text{MPa}$，因采用水泥砂浆砌筑，所以 f_v 还应乘以调整系数 0.8 后采用，得：

$$f_v = 0.17 \times 0.8\text{MPa} = 0.136\text{MPa}$$

（2）确定抗压强度设计值 f

由砖 MU10 和水泥砂浆 M10 查表得，$f = 1.89\text{MPa}$，因采用水泥砂浆砌筑，所以 f 还应乘以 0.9 调整系数后采用，得 $f = 1.89 \times 0.9\text{MPa} = 1.7\text{MPa}$

（3）计算设计荷载产生的平均压应力 σ_0

$$\sigma_0 = \frac{N}{A} = \frac{63 \times 10^3}{1000 \times 370} = 0.17\text{MPa}$$

由 $\sigma_0/f = \dfrac{0.17}{1.70} = 0.1$，查表 4-6 中 γ_G 得，$\alpha\mu = 0.15$

（4）确定砌体抗剪承载力 V_u 值

$$V_u = (f_v + \alpha\mu\sigma_0)A = (0.136 + 0.15 \times 0.17) \times 1000 \times 370\text{N} = 59.76\text{kN} > 50\text{kN}，满足抗$$

剪承载力要求。

[**例** 4-16]　混凝土小型空心砌块砌体墙长 1.6m，厚 190mm，其上作用正压力标准值 $N_k = 50\text{kN}$（其中永久荷载包括自重产生的压力 35kN），在水平推力标准值 $P_k = 20\text{kN}$（其中可变荷载产生的推力 15kN）作用下，试验算该墙段的抗剪承载力。砌块墙采用 MU10 砌块、Mb5 混合砂浆砌筑。

[**解**]　在可变荷载起控制作用的情况下，取 $\gamma_G = 1.2$，$\gamma_Q = 1.4$ 的荷载分项系数组合时该墙段的正应力

$$\sigma_0 = \frac{N}{A} = \frac{1.2 \times 35\,000 + 1.4 \times 15\,000}{1\,600 \times 190}\text{MPa} = 0.2\text{MPa}$$

由 MU10 砌块,砂浆 M5 查表得,$f = 2.22\text{MPa}$,$f_v = 0.06\text{MPa}$。

取 $\alpha = 0.64$,$\mu = 0.26 - 0.082\dfrac{\sigma_0}{f} = 0.253$,则

$(f_v + \alpha\mu\sigma_0)A = (0.06 + 0.64 \times 0.253 \times 0.2) \times 1600 \times 190\text{N} = 28\,085\text{N}$

$V = (1.2 \times 5\,000 + 1.4 \times 15\,000)\text{N} = 27\,000\text{N} < 28\,085\text{N}$,满足要求。

在永久荷载起控制作用的情况下,取 $\gamma_G = 1.35$,$\gamma_Q = 1.0$ 的荷载分项系数组合时该墙段的正应力

$$\sigma_0 = \frac{N}{A} = \frac{1.2 \times 35000 + 1.0 \times 15000}{1600 \times 190}\text{MPa} = 0.205\text{MPa}$$

取 $\alpha = 0.66$,$\mu = 0.23 - 0.065\dfrac{\sigma_0}{f} = 0.224$,则

$(f_v + \alpha\mu\sigma_0)A = (0.06 + 0.66 \times 0.224 \times 0.205) \times 1600 \times 190\text{N} = 27\,453\text{N}$

$V = (1.35 \times 5\,000 + 1.0 \times 15\,000)\text{N} = 21\,750\text{N} < 27\,453\text{N}$,满足要求。

[例 4-17]　某房屋中的横墙(图 4-27),截面尺寸为 5 200mm × 190mm,采用混凝土小型空心砌块 MU7.5 和水泥混合砂浆 Mb5 砌筑,施工质量控制等级为 B 级。由恒荷载标准值作用于墙顶水平截面上的平均压应力为 0.82N/mm²,作用于墙顶的水平剪力设计值:按可变荷载效应控制的组合为 230kN,按永久荷载效应控制的组合为 250kN。验算该横墙的受剪承载力。

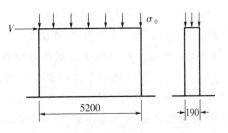

图 4-27　例题 4-17 图

[解]　查表得:$f_v = 0.06\text{MPa}$,$f = 1.71\text{MPa}$。

(1) 取 $\gamma_G = 1.2$,得 $\sigma_0 = 1.2 \times 0.82 = 0.98\text{MPa}$

$$\frac{\sigma_0}{f} = \frac{0.98}{1.71} = 0.57 < 0.8$$

$$\mu = 0.26 - 0.082\frac{\sigma_0}{f} = 0.26 - 0.082 \times 0.57 = 0.21$$

取 $\alpha = 0.64$,$\alpha\mu = 0.64 \times 0.21 = 0.13$(也可以查表 4-6)

按公式(4-38):

$(f_v + \alpha\mu\sigma_0)A = (0.06 + 0.13 \times 0.98) \times 5200 \times 190 \times 10^{-3}\text{kN} = 185.1\text{kN} < 230\text{kN}$,此时该横墙受剪承载力不满足要求。

(2) 取 $\gamma_G = 1.35$,得 $\sigma_0 = 1.35 \times 0.82 = 1.11\text{MPa}$

$$\frac{\sigma_0}{f} = \frac{1.11}{1.71} = 0.65 < 0.8$$

$$\mu = 0.23 - 0.065\frac{\sigma_0}{f} = 0.23 - 0.065 \times 0.65 = 0.19$$

取 $\alpha = 0.66$,$\alpha\mu = 0.66 \times 0.91 = 0.13$(或直接查表 4-6)

按公式(4-38):

$(f_v + \alpha\mu\sigma_0)A = (0.06 + 0.13 \times 1.11) \times 5200 \times 190 \times 10^{-3}\text{kN} = 201.8\text{kN} < 250\text{kN}$,此时该横墙受剪承载力不满足要求。

（3）为确保该横墙的受剪承载力，现采用 Cb20 混凝土灌孔，砌块的孔洞率为 45%，每隔 2 孔灌 1 孔，即 $\rho = 33\%$，则有

$$\alpha = \delta\rho = 0.45 \times 0.33 = 0.15$$

$$f_g = f + 0.6\alpha f_c = 1.71 + 0.6 \times 0.15 \times 9.6 = 2.57\text{MPa} < 2f$$

$$f_{vg} = 0.2 f_g^{0.55} = 0.2 \times 2.57^{0.55} = 0.336\text{MPa}$$

当 $\gamma_G = 1.2$ 时：

$$(f_{vg} + \alpha\mu\sigma_0)A = (0.336 + 0.13 \times 0.98) \times 5200 \times 190 \times 10^3 \text{kN} = 457.8\text{kN} > 230\text{kN}$$

当 $\gamma_G = 1.35$ 时：

$$(f_{vg} + \alpha\mu\sigma_0)A = (0.336 + 0.13 \times 1.11) \times 5200 \times 190 \times 10^3 \text{kN} = 474.5\text{kN} > 250\text{kN}$$，即采用灌孔砌块墙体后，受剪承载力满足要求。

思考题与习题

4-1 截面尺寸为 370mm×490mm 的砖柱，砖的强度等级为 MU10，混合砂浆强度等级为 M5，柱高 3.2m，两端为不动铰支座。柱顶承受轴向压力标准值 $N_k = 160\text{kN}$（其中永久荷载 130kN，已包括砖柱自重），试验算该柱的承载力。

4-2 有一轴心受压承重内横墙，取墙长 $b = 1000\text{mm}$，采用一砖厚（$h = 240\text{mm}$），烧结普通砖，其强度等级为 MU10，砂浆为混合砂浆，其强度等级为 M5，砖墙的计算高度 $H_0 = 3300\text{mm}$，作用在墙底轴向力设计值 $N = 200\text{kN}$，试计算该墙是否满足承载力要求。

4-3 某砖柱，计算高度为 3.8m，承受轴心压力 $N = 184\text{kN}$，截面尺寸为 370mm×490mm，采用烧结普通砖 MU10 和水泥砂浆 M5，施工质量控制等级为 B 级。试核算该砖柱的受压承载力，如果施工质量控制等级为 C 级呢？

4-4 某食堂带壁柱的窗间墙，截面尺寸见图 4-28，壁柱高 5.4m，计算高度 1.2×5.4m＝6.48m，用 MU10 粘土砖及 M2.5 混合砂浆砌筑，承受竖向力设计值 N＝320kN，弯矩设计值 M＝41kNm（弯矩方向是墙体外侧受压，壁柱受拉）。试验算该墙体的承载力。

4-5 某窗间墙，墙的计算高度 4.2m，截面尺寸为 1200mm×190mm，采用孔洞率为 46% 的混凝土小型空心砌块 MU7.5 和水泥混合砂浆 Mb5，施工质量控制等级为 B 级。作用于墙上的轴向力 $N = 180\text{kN}$，其偏心距为 40mm。试核算该窗间墙的受压承载力。

4-6 已知 T 形截面单排孔混凝土砌块墙，截面尺寸见图 4-29，用 MU10 砌块、M7.5 混合砂浆砌筑，计算高度 $H_0 = 6000\text{mm}$，承受轴向力 $N = 440\text{kN}$，弯矩设计值 $M = 10\text{kNm}$，轴向力作用点偏向翼缘，试验算墙体承载力。

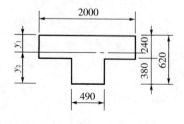

图 4-28 习题 4-4 图

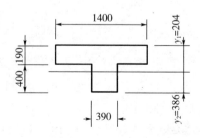

图 4-29 习题 4-6 图

4-7　某窗间墙，截面尺寸为 1200mm × 240mm，采用砖 MU10、水泥混合砂浆 M2.5 砌筑，施工质量控制等 B 级。墙上支承钢筋混凝土楼面梁，梁截面尺寸为 200mm×550mm，梁端支承压力设计值 $N_l = 65$kN，上部轴向力设计值 $N_u = 160$kN。验算梁端支承处砌体的局部受压承载力。

4-8　混凝土小型空心砌块砌体外墙，支承着钢筋混凝土楼盖梁。已知梁截面尺寸 200mm×400，梁支承长度 $a = 190$mm，荷载设计值产生的支座反力 $N_l = 60$kN，墙体的上部荷载 $N_u = 260$kN，窗间墙截面 1200mm×190mm，采用 MU10 砌块、M5 混合砂浆砌筑。试验算砌体的局部受压承载力。

4-9　某窗间墙截面尺寸为 1000mm×240mm，采用烧结普通砖 MU10、M5 混合砂浆砌筑，墙上支承钢筋混凝土梁，其截面尺寸为 300mm×700mm，梁端荷载设计值产生的支承压力 180kN，上部荷载设计值产生的轴向力为 50kN，如图 4-30，试验算梁端支承处砌体的局部受压承载力。

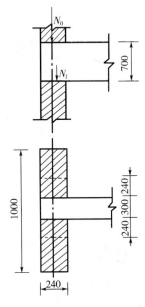

图 4-30　习题 4-9 图

第5章 混合结构房屋墙、柱设计

5.1 混合结构房屋的组成及结构布置方案

5.1.1 混合结构房屋组成

混合结构房屋,是指竖向承重构件墙、柱和基础采用砌体结构,而屋盖、楼盖采用钢筋混凝土结构所组成的房屋承重结构体系。

混合结构房屋一般由墙、柱、楼屋盖组成。墙一般采用砌体;柱为砌体或钢筋混凝土;楼(屋)盖一般为钢筋混凝土,也可用配筋砌体或木材。钢筋混凝土楼(屋)盖的设计可参阅混凝土结构教材。由砌体墙和钢筋混凝土楼(屋)盖组成的房屋常称为"混合结构"房屋。由钢筋混凝土内柱和楼(屋)面大梁组成框架,而外墙仍为砌体的,称为"内框架结构"房屋。底层为实现大空间而采用钢筋混凝土框架,2层以上仍为混合结构的,称为"底层框架"砌体房屋。

如前所述,砌体的主要特点是其抗拉强度很低。因此,组成砌体房屋结构的基本原则就是选取合理的结构形式以减小砌体中的拉应力。

在砌体结构中,砌体墙是主要的抗侧力构件。由于砌体的抗拉强度很低,墙体在侧向力作用的方向必须有足够的厚度以减小弯矩引起的拉应力并保持稳定。从经济和适用的角度考虑,一般宜采用较薄的墙体。采用较薄的墙体时,墙体在其平面内有较大的刚度,而平面外的刚度则较小。

对由薄墙体组成的结构,为合理利用墙体的特性,应使主要侧向力作用在墙体的平面内。因此,这种由薄墙和楼(屋)盖组成房屋的基本形式是使其形成内部有足够分隔的"盒子"状结构。在盒子结构中,墙和楼(屋)盖这些板块互为依托和支撑,使墙体平面外受力产生的拉应力保持在容许的范围内。横墙承重体系,就可使这种拉应力足够小。但这种分隔的缺点是难以在房屋内部形成大空间,好在一般住宅并不需要太大的空间,故砌体结构很适合用于建造住宅类房屋。

为了减小砌体内的拉应力,最有效的方法是采用弧线或拱式的结构。我国古代用砌体建造的塔楼,以及西方用砌体建造的教堂,其大范围的墙体常为弧线形的。

然而,采用钢筋混凝土楼(屋)盖是"现代"砌体结构房屋的标志。由于钢筋混凝土楼(屋)盖能有效地抵抗弯矩,故房屋可以有较大的窗户和较大的内部空间,这种空间的尺度主要受楼(屋)盖所能达到的跨度的限制。

墙和楼(屋)盖可统称为"板块"。在一定的比例范围内,板块的平面内变形是小到可以不计的,可以认为其平面内是刚性的。

5.1.2 混合结构房屋的结构布置

混合结构房屋的形式可以是千变万化的。由于社会和经济等原因,平面以矩形为主的结构形式得到了较广泛的应用。称此矩形的短边方向为横向,称矩形的长边方向为纵向;相应方向的墙则分别称为横墙和纵墙。在这种布置下,按竖向荷载传递方式的不同,可分为:横墙承重体系,纵墙承重体系,纵横墙承重体系,底层框架或内框架承重体系。

1. 横墙承重体系

当楼、屋盖的荷载主要传递到房屋横墙时,即房屋承重墙是横墙时,相应的承重体系称为横墙承重体系。对于这种体系,当楼(屋)盖仅由单向板组成时,单向板就直接搁置在横墙上;当楼屋盖为单向板肋梁结构时,则其主梁搁置在横墙上。

图 5-1 为一横墙承重体系。房屋的每个开间都设置横墙,楼板和屋面板沿房屋的纵向搁置在横墙上,绝大部分楼面荷载由预制板直接传给横墙。房屋承重墙主要是横墙。横墙承重体系的楼(屋)面荷载传力途径为:

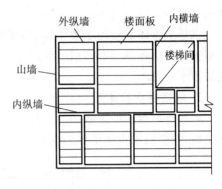

图 5-1 横墙承重体系

楼(屋)面荷载→板→横墙→横墙基础→地基

横墙承重体系与其他承重体系比较,具有如下特点:

①该体系中纵墙的作用主要是围护、隔断以及与横墙拉结在一起,保证横墙的侧向稳定;对纵墙上设置门窗洞口的限制较少,外纵墙的立面处理比较灵活。②横墙间距较小,一般为 3～4.5m,纵、横墙及楼屋盖一起形成刚度很大的空间受力体系,整体性好。对抵抗沿横墙方向的水平作用(风、地震)较为有利,也有利于调整地基的不均匀沉降。③结构简单,施工方便,楼(屋)盖的材料用量较少,但墙体的用料较多。

横墙承重体系开间较小,适用于宿舍、住宅、旅馆等居住建筑和由小房间组成的办公楼等。横墙承重体系的承载力和刚度比较容易满足要求,且由于墙体材料承载力的利用程度较低(潜力较大),故可用于建造较高的房屋。在我国,这类房屋已建到 11～12 层。

2. 纵墙承重体系

当楼(屋)盖的荷载主要传递到房屋纵墙时,即房屋承重墙是纵墙时,相应的承重体系称为纵墙承重体系。对于这种体系,当楼(屋)盖仅由单向板组成时,单向板就直接搁置在纵墙上;当楼(屋)盖为单向板肋梁结构时,则其主梁搁置在纵墙上。下图给出了纵墙承重体系的两个例子:图 5-2(a)所示的房间进深相对较小宽度相对较大,故把楼板沿横向布置,直接搁置在纵墙上;图 5-2(b)则是把楼板沿纵向铺设在大梁上,大梁再搁置在纵墙上。

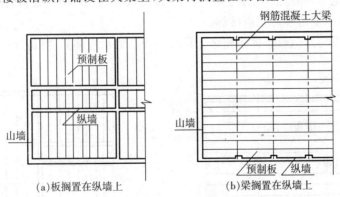

(a)板搁置在纵墙上　　　　(b)梁搁置在纵墙上

图 5-2 纵墙承重体系

纵墙承重体系的特点是:①该体系横墙的设置主要是满足房间的使用要求,保证纵墙的侧向稳定和房屋的整体刚度。这使得房屋的划分比较灵活。②由于纵墙承受的荷载较大,在纵墙上设置的门窗洞口的大小和位置都受到一定的限制。③纵墙间距一般较大,横墙数量相对较少,房屋的空间刚度比横墙承重体系小。④与横墙承重体系相比,楼(屋)盖的材料用量较多,墙体的材料用量较少。

纵墙承重体系适用于教学楼、图书馆等使用上要求有较大空间的房屋,以及食堂、俱乐部、中小型工业厂房等单层和多层空旷房屋。纵墙承重的房屋,其墙体材料承载力被利用的程度较高,故层数不宜过多。

3. 纵横墙承重体系

当楼(屋)盖上的荷载一部分传给房屋横墙,另一部分传给纵墙,即房屋的承重墙既有横墙又有纵墙,相应的承重体系称为纵横墙承重体系。如图 5-3 所示。

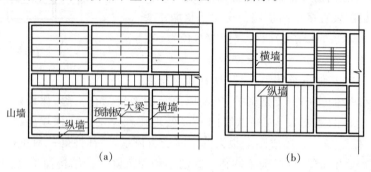

图 5-3 纵横墙承重体系

纵横墙承重体系的平面布置比较灵活,既可使房间有较大的空间,也可有较好的空间刚度,适用于教学楼、办公楼及医院等建筑。

4. 内框架承重体系

仅外墙采用砌体承重,内部设柱与楼(屋)盖主梁构成钢筋混凝土框架时,就成为内框架承重体系,如图 5-4。内框架承重体系可用于层数不多的工业厂房、仓库和商店等需要有较大空间的房屋。

内框架承重体系的特点为:①该体系可以有较大的空间,且梁的跨度并不需要增大;②由于横墙少,房屋的空间刚度和整体性较差;③由于钢筋混凝土柱与砖墙的压缩性能不同,且柱基础和墙基础的沉降量也不一致,故该结构易产生不均匀的竖向变形;④框架和墙的变形性能相差较大,在地震时往往由于变形不协调而破坏。

内框架承重体系与其他承重体系相结合称为混合结构承重体系,如图 5-5。

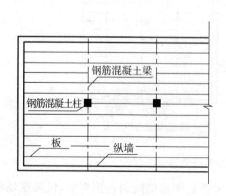

图 5-4 内框架承重体系

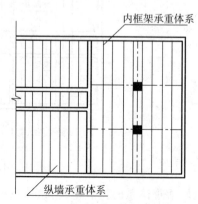

图 5-5 混合结构承重体系

5. 底层框架承重体系

由于商住楼等建筑,使用上要求底层采用大空间的框架结构,上部则要求采用砌体结构,故下部往往采用一层或两层钢筋混凝土框架承托上部多层砌体结构,这样的承重体系称为底层框架承重体系。这种体系的下部刚度小,结构薄弱,在抗震、抗风地区应布置适当数量的纵、横向墙体。

5.2　房屋的空间受力性能

混合结构房屋由屋(楼)盖、墙、柱、基础等主要承重构件组成空间受力体系,共同承担作用在房屋上的各种作用。混合结构房屋中仅墙、柱为砌体结构,因此墙、柱设计是本章的主要内容。要计算墙、柱的内力,必须首先确定其计算简图,混合结构房屋计算简图既要符合结构的实际受力情况,又要尽可能使计算简单。因此必须研究结构的受力情况,抓住影响结构受力的主要因素,忽略次要因素,这是确定计算简图的原则。以下以单层房屋为例分析其受力性能。

先以图 5-6 所示的单层房屋说明计算简图的确定方法。为了说明问题,假设图中的单层房屋两端没有山墙,中间也不设横墙。

考察房屋在风荷载作用下的顶点横向水平位移(顶点侧移)可知,由于房屋承受纵向均布荷载,房屋的横向刚度沿纵向没有变化,顶点侧移沿房屋纵向处处相等,都等于 u_p。显然,这样的房屋,其纵墙计算可简化为平面问题来处理。一般取一个开间作为计算单元,计算单元按平面排架计算。之所以假定梁柱铰接,是考虑到屋盖搁置在纵墙上,对纵墙无转动约束。

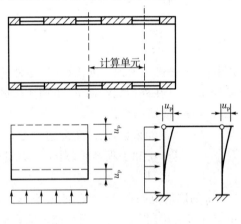

图 5-6　两端无山墙单层房屋

两端无山墙的房屋,其风荷载的传力途径是:

风荷载→纵墙→纵墙基础→地基

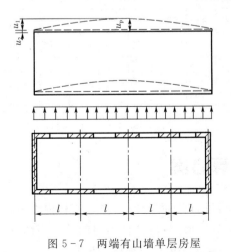

图 5-7　两端有山墙单层房屋

如果在上例中两端设有山墙,由于两端山墙的约束,其传力路径发生了变化。例如,在风荷载作用下,整个房屋墙顶的水平位移不再相同,且沿房屋纵向变化,如图 5-7 所示。其原因是水平风荷载不仅仅是在纵墙和屋盖组成的平面排架内传递,而且还通过屋盖平面和山墙平面进行传递,即组成了空间受力体系。事实上,纵墙底部支承在基础上,顶部支承在屋盖上,屋盖两端看做是支承在山墙顶的一根水平放置的梁,山墙是支承在地基上的悬臂柱。此时风荷载的传力途径变成这样:

$$风荷载 \rightarrow 纵墙 \left\{ \begin{array}{l} 屋(楼)盖 \\ 纵墙基础 \end{array} \right\} \rightarrow 横墙 \rightarrow 横墙基础 \rightarrow 地基$$

此时,纵墙顶部的水平位移 u_s 不仅与纵墙本身刚度有关,而且与屋盖结构水平刚度有很大的关系。因此纵墙顶部水平位移 u_s 可表示为:

$$u_s = u_1 + u_2 \leqslant u_p$$

式中：u_1——山墙顶端水平位移，其大小取决于山墙刚度，刚度愈大，u_1愈小；

u_2——屋盖平面内产生的弯曲变形，其大小取决于屋盖刚度及横（山）墙间距，屋盖刚度愈大，横（山）墙间距间距，u_2愈小。

通过以上分析可知，由于山墙（或横墙）的存在，改变了水平荷载的传递路径，使得房屋有了空间作用。并且，两端山墙（或横墙）的距离越近，屋盖的刚度越大，则房屋的空间作用就越大，即空间性能就越好。

房屋的空间刚度，是指房屋产生单位侧移所需要的水平力，即房屋在水平荷载作用下抵抗侧移的能力。水平荷载传力路线主要取决于两种传力系统的相对刚度的大小。当横墙相距很远，则空间刚度小，大部分荷载将通过平面排架传力系统传给基础，此时水平位移较大；当横墙间距较小，则空间刚度很大，荷载主要由空间传力系统来传递。影响结构空间刚度的主要因素有：屋（楼）盖的水平刚度、横墙间距 s 以及横墙在自身平面内的抗侧刚度，通常用"空间性能系数 η"来反映房屋空间作用的大小。

$$\eta = \frac{u_s}{u_p} = 1 - \frac{1}{\text{ch}ks} \tag{5-1}$$

式中：u_s——房屋考虑空间工作时，在外荷载作用下，房屋排架的最大侧移；

u_p——在外荷载作用下，平面排架的侧移；

s——横墙间距；

k——弹性系数，取决于屋盖刚度，与楼盖类别有关（楼盖类别分类见表 5-2）。根据理论分析和工程经验，对于 1 类屋盖，取 $k=0.03$；对于 2 类屋盖，取 $k=0.05$；对于 3 类屋盖，取 $k=0.065$。

η 的取值范围在 0—1 之间，η 值越大，房屋空间刚度越小；反之，η 越小，房屋空间刚度越大。单层和多层房屋各层的空间性能影响系数 η 可按表 5-1 选用。

表 5-1　房屋各层的空间性能影响系数 η_i

屋或楼盖 类　　别	横墙间距 s(m)														
	16	20	24	28	32	36	40	44	48	52	56	60	64	68	72
1					0.33	0.39	0.45	0.50	0.55	0.60	0.64	0.68	0.71	0.74	0.77
2		0.35	0.45	0.54	0.61	0.68	0.73	0.78	0.82						
3	0.37	0.49	0.60	0.68	0.75	0.81									

［注］ i 取 1~n，n 为房屋的层数。

5.3　房屋的静力计算方案

砌体结构房屋的墙、柱设计就是要确定墙、柱内力，然后进行截面设计。确定墙、柱内力时，首先要确定荷载作用下的墙、柱计算简图，以便按力学方法计算墙、柱内力。不同的计算简图取决于房屋的静力计算方案。也就是说，房屋静力计算方案是确定房屋计算简图的依据。

房屋的静力计算方案，根据房屋的空间工作性能的不同分成 3 种：

1. 刚性方案房屋

当房屋的横墙间距较小,屋(楼)盖的水平刚度较大时,则房屋的空间刚度也较大。因而在水平荷载作用下,房屋的水平位移很小,可假定为零。在确定墙柱的计算简图时,可以忽略房屋的水平位移,屋盖和楼盖均可视作墙柱的不动铰支承,墙柱内力可按不动铰支承的竖向构件计算。这种房屋属于刚性方案房屋。工程设计上,当 $\eta < 0.33 \sim 0.37$,即侧移很小时,均可按刚性方案进行计算。

2. 弹性方案房屋

房屋的空间刚度较差,虽然荷载传递仍是空间结构体系,但在荷载作用下,墙顶的最大水平位移接近于平面结构体系,其墙柱内力计算应按不考虑空间作用的平面排架或框架计算。这类房屋称为弹性方案房屋。工程设计上,当 $\eta > 0.77 \sim 0.82$,即侧移很大时,均可按弹性方案计算。

设计多层混合结构房屋时,不宜采用弹性方案。因为弹性方案房屋水平位移较大,因过大位移导致房屋的倒塌,或需要过度增加纵墙截面面积。

3. 刚弹性方案房屋

房屋的空间刚度介于上述两种方案之间,在荷载作用下,纵墙顶端水平位移比弹性方案要小,但又不可忽略不计,这类房屋称为刚弹性方案。静力计算时,可根据房屋空间刚度的大小,将其水平荷载作用下的反力进行折减,然后按平面排架或框架进行计算,即计算简图相当于在屋(楼)盖处加一弹性支座。工程设计上,当 $0.33 < \eta < 0.82$,侧移介于刚性方案和弹性方案之间时,均可按刚弹性方案计算。

由于 η 值不易计算,按 η 值确定房屋的静力计算方案不便于设计。考察影响 η 值的主要因素有:屋(楼)盖刚度(它主要取决于屋、楼盖类型),横墙间距。因此,《规范》根据屋(楼)盖的类别和房屋的横墙间距来确定房屋的静力计算方案,见表 5-2。

表 5-2　房屋的静力计算方案

屋盖或楼盖类别	刚性方案	刚弹性方案	弹性方案
整体式、装配整体和装配式无檩体系钢筋混凝土屋盖或钢筋混凝土楼盖	$s < 32$	$32 \leqslant s \leqslant 72$	$s > 72$
装配式有檩条体系钢筋混凝土屋盖、轻钢屋盖和有密铺望板的木屋盖或木楼盖	$s < 20$	$20 \leqslant s \leqslant 48$	$s > 48$
瓦材屋面的木屋盖和轻钢屋盖	$s < 16$	$16 \leqslant s \leqslant 36$	$s > 36$

[注]　(1)表中 s 为房屋横墙间距,其长度单位为 m;(2)对无山墙或伸缩缝处无横墙的房屋,应按弹性方案考虑。

必须指出,按表 5-2 划分房屋的静力计算方案,是以横墙自身具有足够的抗侧刚度为前提。为了保证横墙具有一定的刚度,在荷载作用下不致变形过大。《规范》规定了作为刚性和刚弹性方案房屋的横墙应符合下列要求:

(1)横墙中开有洞口时,洞口的水平截面面积不应超过横墙截面面积的 50%;

(2)横墙的厚度不宜小于 180mm;

(3)单层房屋的横墙长度不宜小于其高度,多层房屋的横墙长度不宜小于 $H/2$(H 为横墙总高度)。

当横墙不能符合上述要求时,应对横墙的刚度进行验算。如其最大水平位移值 $u_{max} \leqslant H/$

4000 时,仍可视作刚性或刚弹性方案房屋的横墙。

5.4 房屋墙、柱的设计计算

在混合结构房屋墙柱设计时,首先要确定它是属于哪一种静力计算方案,不同的静力计算方案,反映了房屋不同的构造特点,因而内力分析方法也有所不同。

5.4.1 刚性方案房屋墙、柱的计算

5.4.1.1 单层刚性方案房屋承重纵墙的计算

单层刚性方案房屋计算单元应取荷载较大、截面削弱较多的有代表性的墙段。一般取一个开间作为计算单元,每片纵墙可以按上端不动铰支承在屋(楼)盖、下端嵌固于基础的竖向构件单独进行计算,高度一般为基础顶面至梁底(或屋架底)之间的距离。其计算简图如图 5-8 所示。

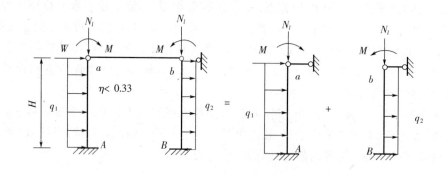

图 5-8 单层刚性房屋墙柱计算简图

1. 屋面荷载作用

屋面荷载包括屋盖构件自重,屋面活荷载或雪荷载。屋面荷载通过屋架或屋面梁作用于墙、柱顶端,用 N_l 表示,其作用位置如图 5-9 所示,由于 N_l 的作用位置对于墙、柱截面形心线往往有一个偏心距 e_l,所以作用于墙、柱顶端的屋面荷载可视为由轴心压力 N_l 和弯矩 $M = N_l e_l$ 组成。墙、柱自重可视为作用于墙、柱截面的重心。

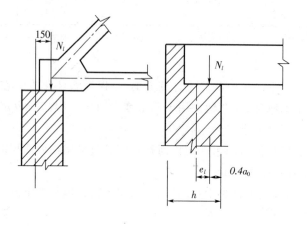

图 5-9 N_l 的作用位置

屋面荷载作用下，墙、柱内力如图 5-10 所示。

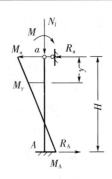

$$\begin{cases} R_a = -R_A = -\dfrac{3M}{2H} \\[2mm] M_a = M \\[2mm] M_A = -M/2 \\[2mm] M_y = \dfrac{M}{2H}\left(2 - 3\dfrac{y}{H}\right) \end{cases} \qquad (5-2)$$

图 5-10　竖向屋面荷载作用下的内力

2. 墙、柱自重荷载作用

墙、柱自重按砌体的实际自重（包括墙面粉刷和门窗重）计算，作用于墙、柱截面形心线上（假定重力密度均匀，截面形心即为重心）。当墙、柱为等截面时，自重不会产生弯矩；但当墙、柱为变截面且上、下截面形心线距离为 e_1 时，上阶墙、柱自重 G_1 对下阶墙、柱截面将产生弯矩 $M_1 = G_1 e_1$。考虑到自重是在屋架就位之前就已经存在，故在施工阶段，M_1 在墙、柱产生的内力应按悬臂构件计算。

3. 风荷载作用

风荷载由作用于屋面和墙面两部分组成，如图 5-8 所示。屋面上（包括女儿墙上）的风荷载可简化为作用于墙、柱顶端的集中力 W，对于刚性方案单层房屋，W 直接通过屋盖传至横墙，再传给基础和地基，在纵墙内不产生内力。墙面风荷载按均布荷载 q 考虑。墙、柱内力如图 5-11 所示。

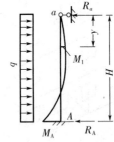

图 5-11　水平风荷载荷载作用下的内力

$$\begin{cases} R_a = \dfrac{3qH}{8} \\[2mm] R_A = \dfrac{5qH}{8} \\[2mm] M_A = \dfrac{1}{8}qH^2 \\[2mm] M_y = -\dfrac{qH}{8}y\left(3 - 4\dfrac{y}{H}\right) \end{cases} \qquad (5-3)$$

当 $y = 3H/8$ 时，$M_{max} = -9qH^2/128$。

迎风面 $q = q_1$；背风面 $q = q_2$。

4. 控制截面及内力组合

根据已求出的各种荷载单独作用下的内力，然后根据荷载规范，按照可能且最不利原则进行各控制截面的内力组合，确定其最不利内力。选取控制截面可以基于承载力计算公式去考虑，原则上轴力大、弯矩大、偏心距大、截面面积小的作为控制截面。单层房屋墙、柱控制截面一般有三个，即墙、柱的顶端Ⅰ—Ⅰ截面、下端（基础顶面）Ⅲ—Ⅲ截面和风荷载作用下的最大弯矩对应的Ⅱ—Ⅱ截面（图 5-12）。对于变截面墙、柱，还应视情况在变截面处增加两个控制截面，分别在变截面上、下位置。

5. 截面承载力验算

Ⅰ—Ⅰ截面受到的内力有轴力 N 和弯矩 M,按偏心受压承载力验算,同时还应验算梁下砌体局部受压承载力;Ⅱ—Ⅱ、Ⅲ—Ⅲ截面,按偏心受压承载力验算。

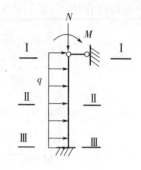

图 5-12　墙、柱控制截面

5.4.1.2　多层刚性方案房屋承重纵墙计算

在实际工程中,对于多层房屋由于刚度的要求,以及在地震区抗震的要求,一般都设计成刚性方案,即按墙间距受到限制,对楼面和屋面刚度具有一定要求。例如住宅、宿舍、教学楼、办公楼等多层民用混合结构房屋,由于其横墙间距较小,一般均属于刚性方案房屋。

1. 计算单元

与单层房屋一样,计算单元应取荷载较大、截面削弱较多的墙段。一般取一个开间作为计算单元。一般情况下,计算单元的受荷宽度为 $s=(s_1+s_2)/2$ (图 5-13)。

计算简图中的墙体计算截面宽度可按下列规定采用:

(1)对于带壁柱墙,有门窗洞口时,可取门(窗)间墙宽度;无门窗洞口时,取壁柱宽加 2/3 墙、柱高(层高),但不超过开间宽 $(s_1+s_2)/2$。

(2)对于无壁柱墙,有门窗洞口时,可取门(窗)间墙宽度;无门窗洞口时,取 2/3 层高,但不超过开间宽 $(s_1+s_2)/2$。

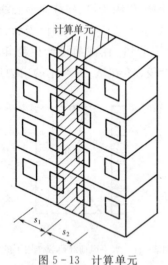

图 5-13　计算单元

2. 竖向荷载作用

竖向荷载作用下,多层房屋的墙、柱如同一根竖向放置的连续梁,而各层楼盖及基础则是连续梁的支点。考虑到屋(楼)盖的梁或板嵌砌在墙内,从而墙、柱截面的连续性被削弱,被削弱的截面所能传递的弯矩相对有限。因此为简化计算,多层刚性方案房屋在竖向荷载作用下,墙、柱在每层高度范围内,均可近似地视作两端铰支的竖向构件(图 5-14b)。在基础顶面处也按铰接考虑是因为多层房屋基础顶面处墙、柱轴力远比弯矩要大,偏心距相对较小,按铰接计算墙、柱承载力的误差较小。底层高度一般取二层楼板顶面至基础顶面之间距离(当基础埋置较深且有刚性地坪时,可取室外地面下 500mm 处),其余各层高度取层高。

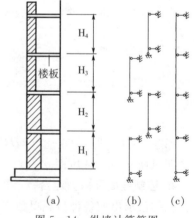

图 5-14　纵墙计算简图

这样每层墙、柱可以取出来进行分别计算(图 5-15)。墙、柱承受的竖向荷载包括上面楼层传来的荷载 N_u、本层墙顶楼盖的梁或楼板传来的荷载(支承力)N_l、本层墙、柱自重 G。N_u 作用于上一层的墙、柱的截面形心处;当梁支承于墙上时,梁端支承压力 N_l 到墙内边的距离取

$0.4a_0$，其中 a_0 为有效支承长度；G 作用于本层墙、柱的截面形心处。需要注意的是，当下层墙向一侧加厚时，上层墙的截面形心对下层墙的截面形心将有一个偏心距 e_0，计算下层墙、柱时，注意 N_u 的加载位置（图 5-15(b)）。

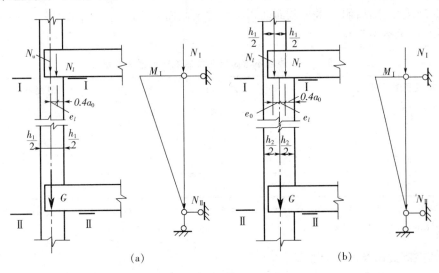

(a)   (b)

图 5-15 竖向荷载作用下墙体计算简图

当上、下层墙厚度相同时，由图 5-15(a)可算得上端截面 I—I 的内力：

$$\begin{cases} N_I = N_u + N_l \\ M_I = N_l e_l \end{cases} \tag{5-4}$$

当上、下层墙厚度不同时，N_u 对下层墙产生弯矩，此时，由图 5-15(b)可得

$$M_I = N_l e_l - N_u e_0 \tag{5-5}$$

式中：N_l——本层墙顶楼盖的梁或楼板传来的荷载（即支承力）；

N_u——由上面楼层通过上层墙传来的荷载；

G——本层墙、柱自重；

e_l——N_l 对本层墙体截面形心线的偏心距；

e_0——N_u 对本层墙截面形心的偏心距，e_l 和 e_0 的

正方向如图 5-15(b)所示。

下端截面 II—II 的内力为：

$$\begin{cases} N_{II} = N_I + G = N_u + N_l + G \\ M_{II} = 0 \end{cases} \tag{5-6}$$

3. 水平荷载作用

水平荷载作用下，墙、柱可视作竖向连续梁，屋（楼）盖为连续梁的支承（见图 5-14(c)和图 5-16）。

为简化计算，每层墙、柱可近似按两端固定的单跨竖向梁计算，故在风荷载作用下，支承处的墙、柱弯矩为：

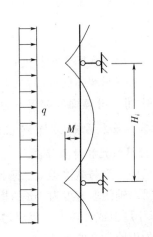

图 5-16 水平荷载作用下墙体计算简图

$$M = \frac{1}{12} q H_i^2 \tag{5-7}$$

式中:q——计算单元每1m墙高上的风荷载;

H_i——层高。

《规范》规定,刚性方案多层房屋的外墙符合下列要求时,静力计算可不考虑风荷载的影响,仅按竖向荷载进行计算:洞口水平截面面积不超过全截面面积的2/3;层高和总高不超过表5-3的规定;屋面自重不小于0.8 kN/m²。

表5-3 外墙不考虑风荷载影响时的最大高度

基本风压值/kN/m²	层高/m	总高/m
0.4	4.0	28
0.5	4.0	24
0.6	4.0	18
0.7	3.5	18

[注] 对于多层砌块房屋190mm厚的外墙,当层高不大于2.8m,总高不大于19.6m,基本风压不大于0.7 kN/m²时,可不考虑风荷载的影响。

4. 纵墙控制截面及承载力验算

如图5-14(a)及图5-15所示,考虑到Ⅰ-Ⅰ截面弯矩较大,Ⅱ-Ⅱ截面轴力较大,故每层墙取上下两个控制截面。上截面Ⅰ-Ⅰ取该层墙体顶部位于大梁底(或板底)的砌体截面,按偏心受压计算和局部受压验算;下截面Ⅱ-Ⅱ取该层墙体下部位于大梁底(或板底)稍上砌体截面,仅考虑竖向荷载时,弯矩为零,按轴心受压计算;对于底层墙,Ⅱ-Ⅱ截面取基础顶面。

若多层墙体的截面及材料强度等相同,则只需验算最下一层即可。

当楼面梁支承于墙上时,梁端上下的墙体对梁端转动有一定的约束作用,因而梁端也有一定的约束弯矩。当梁的跨度较小时,约束弯矩可以忽略;但当梁的跨度较大时,约束弯矩不可忽略,约束弯矩将在梁端上下墙体内产生弯短,使墙体偏心距增大(曾出现过因梁端约束弯矩较大引起的事故),为防止这种情况,对于梁跨度大干9m的墙承重的多层房屋,除按上述方法计算墙体承载力外,宜再按梁两端固结计算梁端弯矩,再将其乘以修正系数γ后,按墙体线性刚度分到上层墙底部和下层墙顶部,修正系数γ可按下列公式计算:

$$\gamma = 0.2\sqrt{a/h} \tag{5-8}$$

式中:a——梁端实际支承长度;

h——支承墙体的墙厚,当上、下墙厚不同时,取下部墙厚;当有壁柱时,取h_T。

此时,Ⅱ-Ⅱ截面的弯矩不为零,不考虑风荷载时,也应按偏心受压计算。

5.4.1.3 多层刚性方案房屋承重横墙计算

1. 计算单元和计算简图

横墙的计算与纵墙类似。刚性方案房屋的横墙一般承受屋(楼)盖直接传来的均布线荷载,通常可沿墙轴线取宽度为1m的横墙作为计算单元(图5-17),每层横墙视为两端铰支的竖向构件,支承于屋盖或楼盖上。每层构件的高度 H 的取值与纵墙相同;但当顶层为坡顶时,其层高取为层高加山墙尖高的1/2。

横墙承受的荷载也和纵墙类似。除山墙外,横墙承受本层两边屋(楼)盖传来的竖向荷载N_l,作用于距墙边$0.4a_0$处;所计算截面以上各层传来的荷载N_u,作用于墙截面重心处;本层墙

自重 G。据此即可计算其内力。

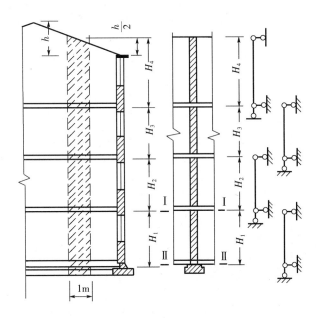

图 5-17　横墙计算简图

2. 控制截面及承载力验算

承重横墙的控制截面一般取本层墙体的底部截面Ⅱ-Ⅱ,此处轴力最大。若左右开间不等或楼面荷载不相等时,顶部截面Ⅰ-Ⅰ将产生弯矩,则须验算此截面的偏心受压承载力。当支承梁时,还须验算砌体的局部受压承载力。

多层房屋中,当横墙的砌体材料及墙厚上下相同时,可只验算底层下部截面;如有改变则还要对材料或截面改变处进行验算。

当横墙上有洞口时,应考虑洞口削弱的影响,取洞口中心线之间的墙体作为计算单元。

当有楼面大梁支承于横墙时,应取大梁间距作为计算单元,此外,尚应进行梁端砌体局部受压验算。对于支承楼板的墙体,则不需进行局部受压验算。

对直接承受风荷载的山墙,其计算方法与纵墙计算相同。

5.4.2　弹性方案房屋墙、柱的计算

民用房屋中的仓库、食堂以及单层工业厂房等,横墙设置很少,间距 s 很大,甚至无横墙(山墙),当单层房屋楼盖类型和横墙间距符合表 5-1 中的弹性方案房屋时,应按弹性方案房屋进行计算。墙、柱内力按竖向荷载和水平荷载分别计算,然后进行内力组合,取不利内力进行截面承载力计算。

1. 计算单元与计算简图

弹性方案单层房屋在荷载作用下,纵墙内力应按有侧移的平面排架计算,不考虑房屋的空间工作,其计算简图为铰接平面排架,计算单元取一个开间,按有侧移的平面排架计算。

2. 竖向荷载作用

对于单跨单层房屋,如房屋对称,即两边墙(柱)的刚度相等,当屋盖传来的竖向荷载对称时,排架柱顶将不产生侧移,因此内力计算与刚性方案相同,如图 5-18 所示。其弯矩计算公式见式(5-9)。

$$\begin{cases} M_a = M_b = M = N_0 e_0 \\[2mm] M_A = M_B = -\dfrac{M}{2} \\[2mm] M_y = \dfrac{M}{2}\left(2 - 3\,\dfrac{y}{H}\right) \end{cases} \tag{5-9}$$

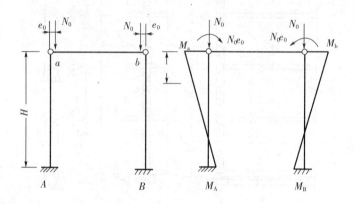

图 5-18　弹性方案房屋竖向荷载作用下计算简图

当荷载或结构不对称时,可按下述水平风荷载作用下的方法计算。

3. 水平荷载作用

在水平荷载作用下的单层房屋的墙、柱,可按平面排架进行内力分析,采用叠加原理,如图 5-19 所示。其计算步骤如下:

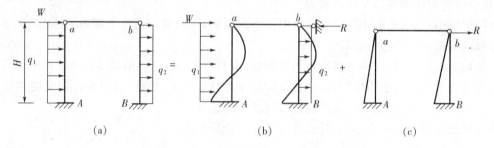

图 5-19　弹性方案房屋水平风荷载作用下计算简图

第一步:先在排架上端加上一个假设的不动铰支座,成为无侧移的平面排架。求出在已知荷载作用下,不动铰支座反力 R 和结构内力(图 5-19(b)),方法同刚性方案。

第二步:为了消除假设的不动铰支座的影响,将已求出的不动铰支座反力 R 反方向作用在排架顶端,求结构内力(图 5-19(c)),可按剪力分配法计算。

第三步:将以上两步内力进行叠加,即可求出各柱的内力,画内力图。

4. 控制截面及承载力验算

单层弹性方案房屋墙、柱的控制截面为柱顶和柱底截面,其承载力验算与刚性方案相同。

对于等高多跨单层弹性方案房屋,其内力计算与单跨房屋相似。

由于弹性方案房屋不考虑房屋的空间作用,按排架(或框架)计算时,通常多层房屋墙、柱不易满足承载力要求,故建议此方案不用于多层房屋。

5.4.3 刚弹性方案房屋墙、柱的计算

5.4.3.1 单层刚弹性方案房屋墙、柱计算

1. 计算单元与计算简图

单层刚弹性方案房屋的顶点侧移介于刚性方案和弹性方案房屋之间,纵墙内力按有侧移的平面排架计算,应考虑房屋的空间工作。其计算简图为铰接平面排架,并在柱顶增加一弹性支座,以反映结构的空间作用。计算单元取一个开间。如图 5-20 所示。

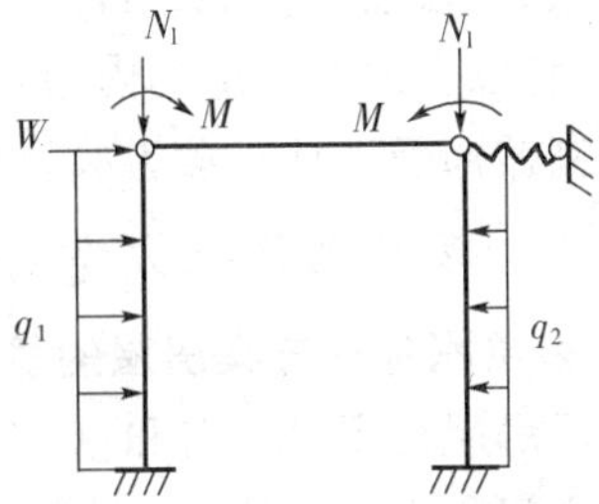

2. 竖向荷载作用

屋盖竖向荷载作用下的单层刚弹性方案房屋计算方法与弹性方案房屋完全相同。

图 5-20 单层刚弹性方案房屋计算简图

3. 水平荷载作用

先来阐述此种排架在顶点水平集中力 R 作用下的内力计算方法。

在顶点水平集中力 R 的作用下,设弹簧反力为 x,根据空间性能影响系数 η 的定义,柱顶水平位移 $u_s = \eta u_p$(图 5-21)。由结构力学知,排架顶点位移与顶点荷载成正比例关系可以求出 x,即:

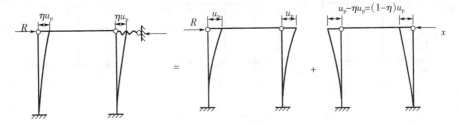

图 5-21 单层刚弹性方案房屋计算原理

$$\frac{u_p}{(1-\eta)u_p} = \frac{R}{x}$$

得:

$$x = (1-\eta)R \qquad\qquad (5-10)$$

式(5-10)表明,弹性支座反力 x 的大小与柱顶水平集中力 R、房屋空间性能影响系数 η 有关。屋盖处的作用力可视为:

$$R - x = R - (1-\eta)R = \eta R \qquad\qquad (5-11)$$

基于以上分析,刚弹性方案房屋墙柱内力可按下列步骤进行计算(图 5-22)。

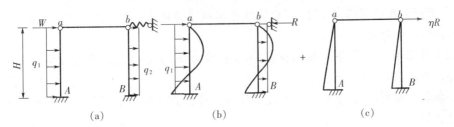

图 5-22 单层刚弹性方案房屋内力计算简图

（1）先在排架的顶端附加一个不动铰支座（图 5-22(b)），计算出支座反力 R 及相应结构内力，同弹性方案计算；

（2）把 ηR 反向作用于排架顶端（图 5-22(c)），然后按剪力分配法计算墙柱内力，η 为空间性能影响系数，按表 5-1 采用；

（3）将以上两种情况的内力叠加，即可得到刚弹性方案房屋墙柱最终内力。

控制截面及墙柱承载力验算与弹性方案房屋相同。

5.4.3.2 多层刚弹性方案房屋墙、柱计算

1. 多层刚弹性方案房屋的静力计算方法

多层房屋由屋（楼）盖和纵、横墙组成空间承重体系，不仅在纵向各开间之间有相互作用，而且各层之间亦有相互约束的空间作用。

在水平风荷载作用下，刚弹性多层房屋墙、柱的内力分析，可仿照单层刚弹性方案房屋，考虑空间性能影响系数 η，取一个开间的多层房屋为计算单元，作为平面排架的计算简图（图 5-23(a)），按下述方法进行：

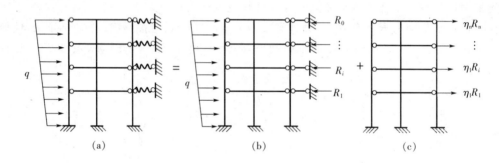

图 5-23 多层刚弹性方案房屋计算简图

（1）在各层横梁与柱联结处分别加一水平不动铰支座，计算其在水平荷载作用下各支座反力 R_i 和结构内力（图 5-23(b)）；

（2）考虑房屋的空间作用，把 $\eta_i R_i$ 反向施加于相应各层，计算出排架内力（图 5-23(c)）；

（3）将以上两种情况的内力叠加，即可得到所求内力。

2. 上柔下刚多层房屋墙柱计算

在多层房屋中，由于建筑功能需要，房屋下部各层横墙间距较小（如办公室、宿舍、住宅等），房屋的空间刚度较大，符合刚性方案房屋要求；而房屋顶层的使用空间大，横墙少（如会议室、俱乐部等），不符合刚性方案房屋要求，此类房屋称之为上柔下刚多层房屋。

理论分析表明，不考虑上下楼层之间的空间作用是偏于安全的。另外，通过现场测试显示多层房屋各层的空间性能影响系数 η_i 与单层房屋时的相同。因此，对上柔下刚多层房屋的内力分析时，顶层可近似按单层房屋计算，其空间性能影响系数仍按单层房屋考虑（查表 5-1）。下部各层则按刚性方案计算。

竖向荷载作用时，因为各层侧移较小，为了计算方便，上柔下刚多层房屋墙柱内力可按刚性方案房屋的方法进行分析计算。

水平荷载作用时，上柔下刚多层房屋墙柱内力分析方法与单层刚弹性方案房屋墙柱的内力分析方法相似。

5.4.4　地下室墙的计算

混合结构房屋有时设有地下室,地下室墙体一般砌筑在钢筋混凝土基础底板上,顶部为首层楼面,室外有回填土,由于外墙尚需承受土及水的侧压力,墙体比首层墙体要厚,并且为了保证房屋上部有较好的刚度,要求地下室横墙布置较密,纵横墙之间应很好地砌合。因此地下室墙体计算方法与上部结构相同,但有以下特点:

(1)地下室墙体静力计算一般为刚性方案;

(2)由于墙体较厚,一般可不进行高厚比验算;

(3)地下室墙体计算时,作用于外墙上的荷载较多,主要有上部墙体传来的荷载、顶板传来的荷载、地下室墙自重、土侧压力、水压力等,有时还有室外地面荷载。

1. 地下室砌体的计算简图

当地下室墙体基础的宽度较小时,其计算简图和刚性方案上部的墙体一样,按两端铰支的竖向构件计算。上端铰支于地下室顶盖梁底处,下部铰支于底板顶面,计算高度取地下室层高(图5－24(b))。但当施工期间未进行捣固,或基顶面未达到足够强度就回填土时,墙体底端铰支承应取基础底板的底面处。

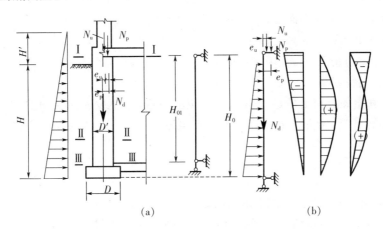

图 5 - 24　地下室墙计算简图

2. 地下室墙体的荷载

某地下室外墙剖面如图 5 - 25 所示,作用的荷载有:

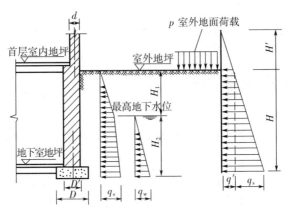

图 5 - 25　地下室墙体受到的荷载

(1)上部砌体传来的荷载 N_u,作用于第一层墙体截面的形心上;

(2)第一层梁、板传来的轴心力 N_l,作用于距墙体内侧 $0.4a_0$ 处;

(3)土的侧压力 q_s,其大小与有无地下水有关。

当无地下水时,可按(5-12)式计算:

$$q_s = k_0 \gamma B H \tag{5-12}$$

式中:k_0——土压力系数,$k_0 = \tan^2(45° - \dfrac{\varphi}{2})$;

γ——回填土的重力密度,可取 20 kN/m³;

B——计算单元宽度(m);

H——地表面以下产生土侧压力的深度(m);

φ——土的内摩擦角。

当有地下水时,可按(5-13)式计算:

$$q_s = k_0 \gamma B H_1 + k_0 \gamma' B H_2 + \gamma_w H_2 \tag{5-13}$$

式中:γ'——地下水位以下土的重力密度,即土地浮重度(kN/m³),$\gamma' = \gamma - \gamma_w$;

H_1——地下水位至地表面的距离(m);

H_2——受地下水影响的高度(m);

γ_w——水的重力密度,可取 10 kN/m³。

(4)室外地面活荷载 p

p 是指堆积在室外地面上的建筑材料等产生的荷载,可根据实际情况确定,一般不应小于 10kN/m²。为简化计算,通常将 p 换算成当量土层厚度 $H'(m)$,$H' = p/\gamma$,并按土压力 q' 计算,从地面到基础底面为均匀分布。

$$q' = k_0 \gamma B H' \tag{5-14}$$

3. 地下室墙体的内力计算与截面承载力验算

如图 5-24 所示,地下室墙的控制截面为Ⅰ-Ⅰ(地下室墙体上部截面),Ⅱ-Ⅱ(地下室墙体跨中最大弯矩截面),Ⅲ-Ⅲ(地下室墙体下部截面)。首先按结构力学方法计算地下室墙体在各种荷载单独作用下的内力(图 5-24),然后进行控制截面的内力组合,最后对各个控制截面进行承载力验算。

对截面Ⅰ-Ⅰ进行偏心受压和局部受压承载力验算;

对截面Ⅱ-Ⅱ进行偏心受压承载力验算;

对截面Ⅲ-Ⅲ进行轴心受压承载力验算。

5.4.5 墙、柱计算高度及计算截面

1. 墙、柱计算高度

混合结构房屋墙柱内力计算、承载力计算以及高厚比验算等均需要用到计算高度 H_0,H_0 的大小与房屋的静力计算方案和墙柱周边支承条件等有关。墙柱的实际支承情况较为复杂,不可能是完全铰支,也不可能是完全固定,同时,各类砌体由于水平灰缝数量多,其整体性也受到削弱。因而,确定计算高度时,既要考虑构件上、下端的支承条件(对于墙来说,还要考虑墙两侧的支承条件),又要考虑砌体结构的构造特点。

为此,墙柱计算高度 H_0 应根据房屋类别和墙柱支承条件等因素按表 5-4 采用。

表 5-4　受压构件的计算高度 H_0

房屋类别			柱		带壁柱墙或周边拉结墙		
			排架方向	垂直排架方向	$s>2H$	$2H \geqslant s>H$	$s \leqslant H$
有吊车的单层房屋	变截面柱上段	弹性方案	$2.5H_u$	$1.25H_u$	$2.5H_u$		
		刚性、刚弹性方案	$2.0H_u$	$1.25H_u$	$2.0H_u$		
	变截面柱下段		$1.0H_l$	$0.8H_l$	$1.0H_l$		
无吊车的单层或多层房屋	单跨	弹性方案	$1.5H$	$1.0H$	$1.5H$		
		刚弹性方案	$1.2H$	$1.0H$	$1.2H$		
	多跨	弹性方案	$1.25H$	$1.0H$	$1.25H$		
		刚弹性方案	$1.10H$	$1.0H$	$1.1H$		
	刚性方案		$1.0H$	$1.0H$	$1.0H$	$0.4s+0.2H$	$0.6s$

[注]　(1)表中 H_u 为变截面柱的上段高度,H_l 为变截面柱的下段高度;(2)对于上端为自由端的构件,$H_0=2H$;(3)独立砖柱,当无柱间支撑时,柱在垂直排架方向的 H_0 应按表中数值乘以 1.25 后采用;(4)s 为房屋横墙间距;(5)自承重墙的计算高度应根据周边支承或拉接条件确定。

表 5-4 中构件高度 H 按下列规定采用:

(1)在房屋底层,为楼板顶面到构件下端支点的距离。下端支点的位置,可取在基础顶面。当埋置较深且有刚性地坪时,可取室外地面下 500mm 处;

(2)在房屋其他层次,为楼板或其他水平支点间的距离;

(3)对于无壁柱的山墙,可取层高加山墙尖高度的 1/2;对于带壁柱的山墙可取壁柱处的山墙高度。

对有吊车的房屋,当荷载组合不考虑吊车作用时,变截面柱上段的计算高度可按表 5-4 规定采用;变截面柱下段的计算高度可按下列规定采用:

(1)当 $H_u/H \leqslant 1/3$ 时,取无吊车房屋的 H_0;

(2)当 $1/3 < H_u/H < 1/2$ 时,取无吊车房屋的 H_0 乘以修正系数 μ;

$$\mu = 1.3 - 0.3 I_u/I_l \tag{5-15}$$

式中:I_u——变截面柱上段的惯性矩;

I_l——变截面柱下段的惯性矩。

(3)当 $H_u/H \geqslant 1/2$ 时,取无吊车房屋的 H_0。但在确定 β 值时,应采用上柱截面。

2. 墙、柱计算截面

混合结构房屋墙柱计算截面的确定,主要是如何选取截面翼缘宽度 b_f。

(1)多层房屋中,当有门窗洞口时,带壁柱墙的计算截面翼缘宽度可取窗间墙宽度;当无门窗洞口时,每侧翼缘宽度可取壁柱高度的 1/3。

(2)单层房屋中,带壁柱墙的计算截面翼缘宽度可取壁柱宽加 2/3 墙高,但不大于窗间墙宽度和相邻壁柱间距离。

(3)计算带壁柱墙的条形基础时,计算截面翼缘宽度可取相邻壁柱间的距离。

(4)当转角墙段角部受竖向集中荷载时,计算截面的长度可从角点算起,每侧宜取层高的

1/3。当上述墙体范围内有门窗洞口时,则计算截面取至洞边,但不宜大于层高的 1/3。

5.5 房屋墙、柱的构造措施

混合结构房屋设计时,不仅要求墙柱截面具有足够的承载力,而且要求房屋具有良好的工作性能和足够的耐久性。然而当前砌体结构和构件的承载力计算尚不能完全反映结构和构件的实际抵抗能力,同时在计算中均未考虑温度变化、砌体收缩变形等因素的影响。为此,要保证砌体结构的安全可靠,必须应用必要的构造措施。混合房屋墙柱构造措施主要包括如下三个方面:墙柱高厚比验算;墙柱一般构造要求;防止或减轻墙体开裂的主要措施。

5.5.1 墙、柱的高厚比验算

墙、柱高厚比是指墙柱的计算高度与墙厚或矩形柱较小边长的比值,用 β 表示。

无论是承重墙还是自承重墙,在其使用或砌筑过程中,当其计算高度越大、墙厚越小(即高厚比越大)时,稳定性越差,越易造成倒塌。可见,墙、柱高厚比不仅是墙柱截面承载力计算的重要因素,也是影响墙、柱稳定性的重要因素。因此,《规范》用验算墙、柱高厚比的方法来保证在施工和使用阶段墙、柱的稳定性,即要求墙、柱高厚比不超过允许高厚比,这是保证砌体结构稳定、满足正常使用极限状态要求的重要构造措施之一。

事实上,影响墙、柱计算高度的因素更为复杂。除墙、柱高度外,它还与墙、柱的周边(上下、左右)约束、横墙间距、房屋刚度等有关。因此,墙、柱高厚比验算应考虑这些因素。

墙、柱高厚比验算包括两方面问题:一是允许高厚比 $[\beta]$;二是墙、柱高厚比的确定。

5.5.1.1 允许高厚比 $[\beta]$

允许高厚比 $[\beta]$ 主要取决于一定时期内材料的质量和施工水平,其取值是根据实践经验确定的。砂浆的强度等级直接影响砌体的弹性模量,进而影响墙、柱稳定性验算;毛石砌体的稳定性稍差;柱的稳定性较墙要小。将这些因素计入允许高厚比 $[\beta]$ 中。则《规范》给出了墙、柱允许高厚比 $[\beta]$ 值,见表 5-5。

表 5-5 墙、柱允许高厚比 $[\beta]$ 值

砂浆强度等级	墙	柱
M2.5	22	15
M5.0	24	16
≥M7.5	26	17

[注] (1)毛石墙、柱允许高厚比应按表中数值降低 20%;(2)组合砖砌体构件的允许高厚比,可按表中数值提高 20%,但不得大于 28;(3)验算施工阶段砂浆尚未硬化的新砌砌体高厚比时,允许高厚比对墙取 14,对柱取 11。

5.5.1.2 墙、柱高厚比及其验算

理论分析和工程经验指出,与墙体可靠连接的横墙间距愈小,墙体的稳定性愈好;带壁柱墙和带构造柱墙的局部稳定性随壁柱间距、构造柱间距、圈梁间距的减小而提高;刚性方案房屋的墙、柱在屋、楼盖支承处侧移小,其稳定性好。这些因素计入墙、柱计算高度 H_0 中。

1. 一般墙、柱的高厚比验算

$$\beta = \frac{H_0}{h} \leqslant \mu_1 \mu_2 [\beta] \tag{5-16}$$

式中：H_0——墙、柱的计算高度，按表 5-4 取用；

    h——墙厚或矩形柱与 H_0 相对应的边长；

    $[\beta]$——墙、柱允许高厚比，按表 5-5 取用。

    μ_1——自承重墙允许高厚比的修正系数；厚度 $h \leqslant 240\text{mm}$ 的自承重墙，允许高厚比修正系数 μ_1 按下列规定采用：

      当 $h = 240\text{ mm}$ 时，$\mu_1 = 1.2$；

      当 $h = 90\text{ mm}$ 时，$\mu_1 = 1.5$；

      当 $240\text{ mm} > h > 90\text{ mm}$ 时，μ_1 可按线性插入法取值。

      当自承重墙的上端为自由时，$[\beta]$ 值还可再提高 30%；

      对厚度小于 90mm 的墙，当双面用不低于 M10 的水泥砂浆抹面，包括抹面层的墙厚不小于 90mm 时，可按墙厚等于 90mm 验算高厚比。

    μ_2——有门窗洞口墙允许高厚比的修正系数，应按式（5-17）计算：

$$\mu_2 = 1 - 0.4 \frac{b_s}{s} \tag{5-17}$$

式中：b_s——在宽度 s 范围内的门窗洞口总宽度（图 5-26）；

    s——相邻窗间墙或壁柱之间的距离。

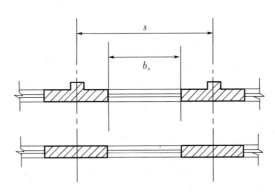

图 5-26 门窗洞口宽度及壁柱间距

    当 μ_2 的计算值小于 0.7 时，应采用 0.7；当洞口高度等于或小于墙高的 1/5 时，可取 μ_2 等于 1.0。

    当与墙连接的相邻两横墙间的距离 $s \leqslant \mu_1 \mu_2 [\beta] h$ 时，墙的高度可不受高厚比的限制。

    变截面柱的高厚比可按上、下截面分别验算，其计算高度可按 5.4.5.1 规定采用。验算上柱的高厚比时，墙、柱的允许高厚比可按表 5-5 的数值乘以 1.3 后采用。

2. 带壁柱墙的高厚比验算

带壁柱墙的高厚比验算应分别对整片墙和壁柱间墙的高厚比进行验算。

（1）整片墙的高厚比验算

带壁柱整片墙的截面为 T 形，因此按公式（5-16）验算时，墙厚 h 应改用带壁柱墙截面的折算厚度 h_T，即：

$$\beta=\frac{H_0}{h_T}\leqslant\mu_1\mu_2[\beta] \qquad\qquad (5-18)$$

式中：h_T——带壁柱整片墙截面的折算厚度，$h_T=3.5i$；

$\quad i$——带壁柱整片墙截面的回转半径，$i=\sqrt{\dfrac{I}{A}}$；

$\quad I$、A——分别为带壁柱整片墙截面的惯性矩和面积。

计算 H_0 时，s 取相邻横墙间的距离。在确定回转半径 i 时，带壁柱墙的计算截面的翼缘宽度 b_f，应按 5.4.5.2 规定采用。

（2）壁柱间墙的高厚比验算

验算壁柱间墙的高厚比时，可将壁柱视为壁柱间墙的不动铰支座，按矩形截面墙验算。因此，可按式（5-16）进行验算，计算 H_0 时，s 取相邻壁柱间距离。

3. 带构造柱墙的高厚比验算

带构造柱墙的高厚比验算应分别对整片墙和构造柱间墙的高厚比进行验算。

（1）整片墙的高厚比验算

当构造柱截面宽度不小于墙厚时，可按公式（5-19）验算带构造柱墙的高厚比。

$$\beta=\frac{H_0}{h}\leqslant\mu_1\mu_2\mu_c[\beta] \qquad\qquad (5-19)$$

由于钢筋混凝土构造柱可以提高墙体在使用阶段的稳定性和刚度，因此墙的允许高厚比 $[\beta]$ 可以乘以提高系数 μ_c：

$$\mu_c=1+\gamma\frac{b_c}{l} \qquad\qquad (5-20)$$

式中：γ——系数。对细石料、半细料石砌体，$\gamma=0$；对混凝土砌块、粗料石、毛料石及毛石砌体，$\gamma=1.0$；其他砌体，$\gamma=1.5$；

$\quad b_c$——构造柱沿墙长方向的宽度；

$\quad l$——构造柱的间距。

当 $b_c/l>0.25$ 时，取 $b_c/l=0.25$；当 $b_c/l<0.25$ 时，取 $b_c/l=0$。

应当指出，考虑构造柱有利作用的高厚比验算不适用于施工阶段。

公式（5-20）中，当求墙的计算高度 H_0 时，s 取相邻横墙间的距离，h 取墙厚。

（2）构造柱间墙的高厚比验算

验算构造柱间墙的高厚比时，可将构造柱视为构造柱间墙的不动铰支座，按矩形截面墙验算。因此，可按式（5-16）进行验算，计算 H_0 时，s 取相邻构造柱间距离。

按公式（5-16）验算壁柱间墙或构造柱间墙的高厚比时，s 应取相邻壁柱间或相邻构造柱间的距离。设有钢筋混凝土圈梁的带壁柱墙或带构造柱墙，当 $b/s\geqslant1/30$ 时，圈梁可视作壁柱间墙或构造柱间墙的不动铰支点（b 为圈梁宽度）。如不允许增加圈梁宽度，可按墙体平面外等刚度原则增加圈梁高度，以满足壁柱间墙或构造柱间墙不动铰支点的要求。

[例 5-1] 某混合结构房屋的顶层山墙高为 4.1m（取山墙顶和檐口的平均高度），山墙为用 M7.5 砂浆砌筑的单排孔混凝土小型空心砌块墙，墙厚 190mm，长 8.4m。试验算其高厚比：（1）不开门洞口时；（2）开有三个 1.2m 宽的窗洞口时。

[解] $\qquad\qquad s=8400>2H=2\times4100=8200\text{mm}$

查表 5-4　　$H_0 = 1.0H = 4100mm$

查表 5-5　　$[\beta] = 26$

(1)不开门窗洞口时：$\beta = \dfrac{H_0}{h} = \dfrac{4100}{190} = 21.6 < [\beta]$满足要求。

(2)有门窗洞口时：$\mu_2 = 1 - 0.4\dfrac{b_s}{s} = 1 - 0.4 \times \dfrac{1200 \times 3}{8400} = 0.83$

$$\mu_2[\beta] = 0.83 \times 26 = 21.6$$

$$\beta = \frac{H_0}{h} = \frac{4100}{190} = 21.6 = \mu_2[\beta]，满足要求。$$

5.5.2　墙、柱的一般构造要求

砌体房屋结构设计时，除了对墙、柱进行承载力计算和高厚比验算外，尚需满足墙、柱的一般构造要求，使房屋中的墙柱和屋(楼)盖之间互相拉结可靠，以确保房屋的整体性和一定的空间刚度。砌体房屋墙、柱的一般构造要求如下：

(1)5 层及 5 层以上房屋的墙，以及受振动或层高大于 6m 的墙、柱所用材料的最低强度等级，应符合下列要求：砖 MU10，砌块 MU7.5，石材 MU30，砂浆 M5。对于安全等级为一级或设计使用年限大于 50 年的房屋，墙、柱所用材料的最低强度等级应至少提高一级。

(2)地面以下或防潮层以下的砌体，潮湿房间的墙，所用材料的最低强度等级应符合表 5-6 的要求。

表 5-6　地面以下或防潮层以下的砌体，潮湿房间墙所用材料的最低强度等级

基土的潮湿程度	烧结普通转、蒸压灰砂砖		混凝土砌块	石材	水泥砂浆
	严寒地区	一般地区			
稍潮湿的	MU10	MU10	MU7.5	MU30	M5
很潮湿的	MU15	MU10	MU7.5	MU30	M7.5
含水饱和的	MU20	MU15	MU10	MU40	M10

[注]　(1)在冻胀地区，地面以下或防潮层以下的砌体，不宜采用多孔砖，如采用时，其孔洞应用水泥砂浆灌实。当采用混凝土砌块砌体时，其孔洞应采用强度等级不低于 Cb20 的混凝土灌实；(2)对安全等级为一级或设计使用年限大于 50 年的房屋，表中材料强度等级应至少提高一级。

(3)承重的独立砖柱截面尺寸不应小于 240mm×370mm。毛石墙的厚度不宜小于 350mm，毛料石柱较小边长不宜小于 400mm。当有振动荷载时，墙、柱不宜采用毛石砌体。

(4)跨度大于 6m 的屋架或梁跨度大于 4.8m(支承于砖砌体)、4.2m(支承于砌块或料石砌体)、3.9m(支承于毛石砌体)时，应在支承处砌体上设置混凝土或钢筋混凝土垫块；当墙中设有圈梁时，垫块与圈梁宜浇成整体。

(5)当梁跨度大于或等于 6m(对 240mm 厚的砖墙)、4.8m(对 180mm 厚的砖墙或对砌块、料石墙)时，其支承处宜加设壁柱，或采取其他加强措施。

(6)预制钢筋混凝土板的支承长度，在墙上不宜小于 100mm；在钢筋混凝土圈梁上不宜小于 80mm；当利用板端伸出钢筋拉结和混凝土灌缝时，其支承长度可为 40mm，但板端缝宽不小于 80mm，灌缝混凝土不宜低于 C20。

(7)支承在墙、柱上的吊车梁、屋架及跨度大于或等于 9m(支承于砖砌体)、7.2m(支承于砌

块和料石砌体)的预制梁的端部,应采用锚固件与墙、柱上的垫块锚固。

(8)填充墙、隔墙应分别采取措施与周边构件可靠连接。

(9)山墙处的壁柱宜砌至山墙顶部,屋面构件应与山墙可靠拉结。

(10)砌块砌体应分皮错缝搭砌,上下皮搭砌长度不得小于 90mm。当搭砌长度不满足上述要求时,应在水平灰缝内设置不少于 2φ4 的焊接钢筋网片(横向钢筋的间距不宜大于 200 mm),网片每端均应超过该垂直缝,其长度不得小于 300mm。

(11)砌块墙与后砌隔墙交接处,应沿墙高每 400mm 在水平灰缝内设置不少于 2φ4、横筋间距不应大于 200mm 的焊接钢筋网片(图 5-27)。

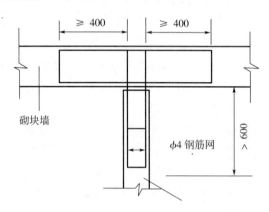

图 5-27 砌块墙与后砌隔墙交接处的钢筋网片

(12)混凝土砌块房屋,宜将纵横墙交接处、距墙中心线每边不小于 300mm 范围内的孔洞,采用不低于 Cb20 灌孔混凝土灌实,灌实高度应为墙身全高。

(13)混凝土砌块墙体的下列部位,如未设圈梁或混凝土垫块,应采用不低于 Cb20 灌孔混凝土将孔洞灌实:

搁栅、檩条和钢筋混凝土楼板的支承面下,高度不应小于 200 mm 的砌体;

屋架、梁等构件的支承面下,高度不应小于 600mm,长度不应小于 600mm 的砌体;

挑梁支承面下,距墙中心线每边不应小于 300mm,高度不应小于 600mm 的砌体。

(14)在砌体中留槽洞及埋设管道时,应遵守下列规定:

不应在截面长边小于 500mm 的承重墙体、独立柱内埋设管线;

不宜在墙体中穿行暗线或预留、开凿沟槽,无法避免时应采取必要的措施或按削弱后的截面验算墙体的承载力;

对受力较小或未灌孔的砌块砌体允许在墙体的竖向孔洞中设置管线。

(15)夹心墙应符合下列规定:

混凝土砌块的强度等级不应低于 MU10;

夹心墙的夹层厚度不宜大于 100mm;

夹心墙外叶墙的最大横向支承间距不宜大于 9m。

(16)夹心墙叶墙间的连接应符合下列规定:

叶墙应用经防腐处理的拉结件或钢筋网片连接;

当采用环形拉结件时,钢筋直径不应小于 4mm,当为 Z 形拉结件时,钢筋直径不应小于 6mm。拉结件应沿竖向梅花型布置,拉结件的水平和竖向最大间距分别不宜大于 800mm 和 600mm;对有振动或有抗震设防要求时,其水平和竖向最大间距分别不宜大于 800mm 和

400mm；

当采用钢筋网片作拉结件时，网片横向钢筋的直径不应小于 4mm，其间距不应大于 400mm；网片的竖向间距不宜大于 600mm，对有振动或有抗震设防要求时，不宜大于 400mm；

拉结件在叶墙上的搁置长度，不应小于叶墙厚度的 2/3，并不应小于 60mm；

门窗洞口周边 300mm 范围内应附加间距不大于 600mm 的拉结件。

对安全等级为一级或设计使用年限大于 50 年的房屋，夹心墙叶墙间宜采用不锈钢拉结件。

5.5.3　圈梁的设置与构造要求

砌体结构房屋中，在墙体内沿水平方向设置封闭的现浇钢筋混凝土梁，称为圈梁。设在房屋檐口处的圈梁常称为檐口圈梁，设在基础顶面标高处的圈梁常称为基础圈梁。

1. 圈梁的作用

在砌体结构中设置圈梁是为了增强房屋的整体刚度，防止由于地基地不均匀沉降或较大振动荷载等对房屋引起的不利影响等。具体有如下作用：

（1）增加砌体结构房屋的空间整体性和刚度。对于横墙少的房屋，其作用尤其显著。圈梁还可在验算墙、柱高厚比时作为不动铰支承，以减小墙、柱计算高度，提高其稳定性能。

（2）建筑在软弱地基或地基承载力不均匀的砌体房屋，可能会因地基的不均匀沉降而在墙体中出现裂缝，设置圈梁后，可抑制墙体开裂的宽度或延迟开裂时间，还可有效地消除或减弱较大振动荷载对墙体产生的不利影响。

（3）跨过门窗洞口的圈梁，配筋若不少于过梁时，可兼作过梁。当窗洞较宽，窗门墙较窄，可设置连续过梁，其两端与圈梁相连时亦可起圈梁作用。

2. 圈梁的设置

圈梁设置的位置和数量应根据地基情况、房屋的类型、层数以及所受的振动荷载等情况设定。

（1）车间、仓库、食堂等空旷的单层房屋应按下列规定设置圈梁：

砖砌体房屋，檐口标高为 5～8m 时，应在檐口标高处设置圈梁一道，檐口标高大于 8m，应增加设置数量；

砌块及料石砌体房屋，檐口标高为 4～5m 时，应在檐口标高处设置圈梁一道，檐口标高大于 5m 时，应增加设置数量；

对有吊车或较大振动设备的单层工业房屋，除在檐口或窗顶标高处设置现浇钢筋混凝土圈梁外，尚应增加设置数量。

（2）宿舍、办公楼等多层砌体民用房屋，且层数为 3～4 层时，应在檐口标高处设置圈梁一道。当层数超过 4 层时，应在所有纵横墙上隔层设置。

多层砌体工业房屋，应每层设置现浇钢筋混凝土圈梁。

设置墙梁的多层砌体房屋应在托梁、墙梁顶面和檐口标高处设置现浇钢筋混凝土圈梁，其他楼层处应在所有纵横墙上每层设置。

（3）建筑在软弱地基或不均匀地基上的砌体房屋，除按上述规定设置圈梁外，尚应符合现行国家标准《建筑地基基础设计规范》（GB 50007－2002）的有关规定。

3. 圈梁的构造要求

圈梁的受力及内力分析比较复杂，目前尚难以进行计算，一般均按构造要求设置。

（1）圈梁宜连续地设在同一水平面上，并形成封闭状；当圈梁被门窗洞口截断时，应在洞口上部增设相同截面的附加圈梁。附加圈梁与圈梁的搭接长度不应小于其中到中垂直间距的2倍，且不得小于1m，如图5-28所示。

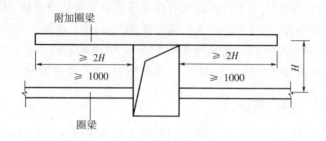

图5-28 附加圈梁

(2)纵横墙交接处的圈梁应有可靠的连接。刚弹性和弹性方案房屋，圈梁应与屋架、大梁等构件可靠连接。

(3)钢筋混凝土圈梁的宽度宜与墙厚相同，当墙厚$h \geqslant 240mm$时，其宽度不宜小于$2h/3$。圈梁高度不应小于120mm。纵向钢筋不应少于$4\phi10$，绑扎接头的搭接长度按受拉钢筋考虑，箍筋间距不应大于300mm。

(4)圈梁兼作过梁时，过梁部分的钢筋应按计算用量另行增配。

采用现浇钢筋混凝土楼(屋)盖的多层砌体结构房屋，当层数超过5层时，除在檐口标高处设置一道圈梁外，可隔层设置圈梁，并与楼(屋)面板一起现浇。未设置圈梁的楼面板嵌入墙内的长度不应小于120mm，并沿墙长配置不少于$2\phi10$的纵向钢筋。

5.5.4 防止或减轻墙体开裂的主要措施

砌体属于脆性材料，容易开裂。

混合结构房屋墙体在使用过程中常常出现裂缝，甚至尚未正式使用便发现墙体开裂。墙体出现裂缝不仅有损建筑物的外观，更重要的是有些裂缝可能影响墙体的整体性、承载能力、耐久性和抗震性能，同时给使用者造成心理压力，严重的还会危及房屋的使用安全。裂缝的防治是砌体结构工程的重要技术问题之一。

造成墙体开裂的原因除了地基不均匀沉降、温度变化、材料收缩等外部因素外，材料性能(包括砂浆的强度、流动性和保水性及水泥品种)、施工质量(包括灰缝质量、砖的湿水程度、施工期的温度等)以及结构布置等内部因素也会影响墙体的开裂。最为常见的裂缝有温度裂缝、材料干燥收缩裂缝等。这类裂缝几乎占全部可遇裂缝的80%以上。

当外界温度升高时，钢筋混凝土屋盖，特别是现浇屋盖和装配整体式屋盖将热胀变形，由于钢筋混凝土的线膨胀系数为$1.0 \sim 1.4 \times 10^{-5}/℃$，大于烧结普通砖砌体的线膨胀系数($5.0 \times 10^{-6}/℃$)，屋盖热胀变形受到四周墙体的约束，屋盖处于受压状态而墙体处于受拉和受剪状态，外纵墙和横墙上端因受剪呈八字形裂缝(图5-29(a))；纵墙因受剪在屋盖下出现水平裂缝和包角裂缝(图5-29(b)、(c))。

当外界温度降低时，钢筋混凝土屋、楼盖将产生冷缩，或钢筋混凝土屋、楼盖在硬化过程中的干缩，将会受到墙体的约束而产生拉应力(钢筋混凝土收缩率约$2 \times 10^{-4} \sim 4 \times 10^{-4}$，比砌体大得多)。当房屋较长时，拉应力可能引起屋、楼盖中的贯通裂缝，而将屋、楼盖分隔成几个区段。墙体会由于相邻区段屋、楼盖朝相反方向收缩而产生竖向裂缝。

此外,外墙的温湿度变化比其土内基础的要大,收缩变形自然也较大,外墙收缩(尤其是干缩)受到约束,可能产生倒八字形裂缝、墙面底部较重上部较轻的竖向裂缝等(图5-29(d))。

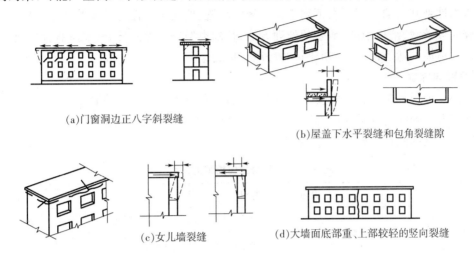

(a)门窗洞边正八字斜裂缝

(b)屋盖下水平裂缝和包角裂缝隙

(c)女儿墙裂缝 (d)大墙面底部重、上部较轻的竖向裂缝

图5-29 常见砌体裂缝

房屋过长、荷载分布不均匀或地质分布不均匀时,地基沉降是不均匀的,房屋因整体受弯、剪作用可能产生裂缝,并且裂缝主要集中在沉降曲线曲率较大的部位。当沉降曲线呈凸形时,房屋纵墙下部受压、上部受拉,裂缝出现在房屋上部,呈上宽下窄趋势。

设计不合理、无针对性的防裂措施、材料质量不合格、施工质量差、砌体强度达不到设计要求以及地基不均匀沉降等也是墙体开裂的重要原因。例如,对混凝土砌块、灰砂砖等新型墙体材料,没有采用适合的砌筑砂浆、灌注材料和相应的构造措施,仍沿用砌筑粘土砖使用的砂浆和相应的防裂措施,必然造成墙体出现较严重的裂缝。

实际上,砌体结构墙体开裂是不可避免的。因此,设计时应综合考虑提高墙体的抗裂能力,采取有效措施防止或减轻墙体的开裂。

1. 防止和减轻由地基不均匀沉降引起墙体开裂的主要措施

基础不均匀沉降的精确计算非常困难,也没有必要。工程实践证实,合理的结构设计措施能在很大程度上防止和减轻地基不均匀沉降。

(1)采用合理的建筑体型和结构形式

控制软土地基上房屋的长高比,长度和高度之比不宜大于2.5(其他地基上可适当大些);平面形状力求简单,体型较复杂时,宜用沉降缝将其分割为若干个平面或立面形状简单的单元;房屋各部分高差不宜过大,对于空间刚度较好的房屋,连结处的高差不宜超过一层,超过时,宜用沉降缝分开;相邻两幢房屋的高差(或荷载差异)较大时,基础之间的距离应根据本地有效工程经验确定,不应过近。

(2)加强房屋结构的整体刚度和强度

合理布置承重墙体,尽可能将纵墙拉通,避免断开和转折;每隔一定距离(不大于房屋宽度的1.5倍)设置一道横墙并与内外纵墙可靠连接,形成一个具有相当空间刚度的整体,以提高抵抗不均匀沉降的能力;适当设置钢筋混凝土圈梁,圈梁具有增强纵、横墙连接、提高墙柱稳定性、增强房屋的空间刚度和整体性、调整房屋不均匀沉降的显著作用。

(3)设置沉降缝

沉降缝将房屋从上部结构到基础全部断开,分成若干个独立的沉降单元。为保证沉降缝两侧房屋内倾时不互相碰撞、挤压,沉降缝宽度可按《建筑地基基础设计规范》(GB 50007 - 2002)的规定取用。抗震地区沉降缝宽度还应满足抗震缝宽度的要求。

高压缩性地基上的房屋可在下列部位设置沉降缝:地基压缩性有显著差异处;房屋的相邻部分高差较大或荷载、结构刚度、地基的处理方法、基础类型有显著差异处;平面形状复杂的房屋转角处和过长房屋的适当部位;分期建筑的房屋交接处。

2. 设置伸缩缝

为了防止或减轻房屋在正常使用条件下,由温差和砌体干缩引起的墙体竖向裂缝,应在墙体中设置伸缩缝。伸缩缝应设在因温度和收缩变形可能引起应力集中、砌体产生裂缝可能性最大的地方。伸缩缝的间距可按表 5 - 7 采用。

表 5 - 7   砌体房屋伸缩缝的最大间距

屋盖或楼盖类别		间距(m)
整体式或装配整体式钢筋混凝土结构	有保温层或隔热层的屋盖、楼盖	50
	无保温层或隔热层的屋盖	40
装配式无檩体系钢筋混凝土结构	有保温层或隔热层的屋盖、楼盖	60
	无保温层或隔热层的屋盖	50
装配式有檩体系钢筋混凝土结构	有保温层或隔热层的屋盖	75
	无保温层或隔热层的屋盖	60
瓦材屋面、木屋盖或楼盖、轻钢屋盖		100

[注] (1)对烧结普通砖、多孔砖、配砌块砌体房屋取表中数值;对石砌体、蒸压灰砂砖、蒸压粉煤灰砖和混凝土砌块房屋取表中数值乘以 0.8 的系数。当有实践经验并采取有效措施时,可不遵守本表规定;(2)在钢筋混凝土屋面上挂瓦的屋盖应按钢筋混凝土屋盖采用;(3)按本表设置的墙体伸缩缝,一般不能同时防止由于钢筋混凝土屋盖的温度变形和砌体干缩变形引起的墙体局部裂缝;(4)层高大于 5m 的烧结普通砖、多孔砖、配筋砌块砌体结构单层房屋,其伸缩缝间距可按表中数值乘以 1.3;(5)温差较大且变化频繁地区和严寒地区不采暖的房屋及构筑物墙体的伸缩缝的最大间距,应按表中数值予以适当减小;(6)墙体的伸缩缝应与结构的其他变形缝相重合,在进行立面处理时,必须保证缝隙的伸缩作用。

3. 防止或减轻房屋顶层墙体裂缝的措施

为了防止或减轻房屋顶层墙体的裂缝,可根据情况采取下列措施:

(1)屋面应设置保温、隔热层;

(2)屋面保温(隔热)层或屋面刚性面层及砂浆找平层应设置分隔缝,分隔缝间距不宜大于6m,并与女儿墙隔开,其缝宽不小于 30mm;

(3)采用装配式有檩体系钢筋混凝土屋盖和瓦材屋盖;

(4)在钢筋混凝土屋面板与墙体圈梁的接触面处设置水平滑动层,滑动层可采用两层油毡夹滑石粉或橡胶片等;对于长纵墙,可只在其两端的 2～3 个开间内设置,对于横墙可只在其两端各 $l/4$ 范围内设置(l 为横墙长度);

(5)顶层屋面板下设置现浇钢筋混凝土圈梁,并沿内外墙拉通,房屋两端圈梁下的墙体内宜适当设置水平钢筋;

(6)顶层挑梁末端下墙体灰缝内设置 3 道焊接钢筋网片(纵向钢筋不宜少于 2φ4,横筋间距不宜大于 200mm)或 2φ6 钢筋,钢筋网片或钢筋应自挑梁末端伸入两边墙体不小于 1m,如

图 5 - 30 所示；

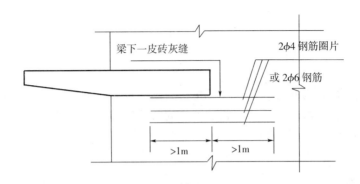

图 5 - 30 顶层挑梁末端钢筋网片或钢筋

（7）顶层墙体有门窗等洞口时，在过梁上的水平灰缝内设置 2~3 道焊接钢筋网片或 $2\phi6$ 钢筋，并应伸入过梁两端墙内不小于 600mm；

（8）顶层及女儿墙砂浆强度等级不低于 M5；

（9）女儿墙应设置构造柱，构造柱间距不宜大于 4m，构造柱应伸至女儿墙顶并与现浇钢筋混凝土压顶整浇在一起；

（10）房屋顶层端部墙体内适当增设构造柱。

4. 防止或减轻房屋底层墙体裂缝的措施

为防止或减轻房屋底层墙体裂缝，可根据情况采取下列措施：

（1）增大基础圈梁的刚度；

（2）在底层的窗台下墙体灰缝内设置 3 道焊接钢筋网片或 $2\phi6$ 钢筋，并伸入两边窗间墙内不小于 600mm；

（3）采用钢筋混凝土窗台板，窗台板嵌入窗间墙内不小于 600mm。

5. 墙体转角处和纵横墙交接处防裂的构造措施

墙体转角处和纵横墙交接处宜沿竖向每隔 400~500mm 设拉结钢筋，其数量为每 120mm 墙厚不少于 $1\phi6$ 或焊接钢筋网片，埋入长度从墙的转角或交接处算起，每边不小于 600mm。

6. 灰砂砖、粉煤灰砖、混凝土砌块或其他非烧结砖砌体防裂的构造措施

由于灰砂砖、粉煤灰砖、混凝土砌块或其他非烧结砖砌体的干缩变形较大，因此宜在各层门、窗过梁上方的水平灰缝内及窗台下第一和第二道水平灰缝内设置焊接钢筋网片或 $2\phi6$ 钢筋，焊接钢筋网片或钢筋应伸入两边窗间墙内不小于 600mm；

另外，当灰砂砖、粉煤灰砖、混凝土砌块或其他非烧结砖实体墙长大于 5m 时，宜在每层墙高度中部设置 2~3 道焊接钢筋网片或 $3\phi6$ 的通长水平钢筋，竖向间距宜为 500mm。

灰砂砖、粉煤灰砖砌体宜采用粘结性能好的砂浆砌筑，混凝土砌块砌体应采用砌块专用砂浆砌筑。

7. 防止或减轻混凝土砌块房屋顶层两端和底层第一、第二开间门窗洞处裂缝的构造措施

混凝土砌块房屋顶层两端和底层第一、第二开间门窗洞处，因为应力集中以及干缩变形较大，容易产生裂缝，为此可采取下列措施：

（1）在门窗洞口两侧不少于一个孔洞中设置不小于 $1\phi12$ 钢筋，钢筋应在楼层圈梁或基础锚固，并采用不低于 Cb20 灌孔混凝土灌实；

（2）在门窗洞口两边的墙体的水平灰缝中，设置长度不小于 900mm、竖向间距为 400mm 的 2ϕ4 焊接钢筋网片；

（3）在顶层和底层设置通长钢筋混凝土窗台梁，窗台梁的高度宜为块高的模数，纵筋不少于 4ϕ10、箍筋 ϕ6@200，Cb20 混凝土。

8. 设置竖向控制缝

当房屋刚度较大时，可在窗台下或窗台角处墙体内设置竖向控制缝。在墙体高度或厚度突然变化处也宜设置竖向控制缝，或采取其他可靠的防裂措施。竖向控制缝的构造和嵌缝材料应能满足墙体平面外传力和防护的要求。

思考题与习题

5-1　混合结构房屋有哪几种承重体系？各有何优缺点？

5-2　简述房屋的空间作用、空间性能影响系数、房屋静力计算方案三者的关系，指出按《规范》怎样确定房屋的静力计算方案？

5-3　单层、多层砌体结构房屋中，在竖向、水平荷载作用下，各种静力计算方案的计算简图是怎样的？

5-4　单层刚性方案房屋计算简图中，墙、柱与基础固接，但在多层刚性房屋中，墙、柱却采取铰接，为什么？

5-5　《规范》对刚性、刚弹性方案房屋的横墙有哪些方面的要求？

5-6　什么情况下不考虑风荷载的影响？

5-7　选择哪些控制截面进行墙、柱受压承载力验算，既能保证安全，又能减少计算工作量？

5-8　为什么要控制墙柱的高厚比？带壁柱（或带构造柱）墙的高厚比验算包括哪些内容？什么情况下允许高厚比要修正？

5-9　混合结构房屋墙柱设计的主要内容和步骤有哪些？

5-10　砌体结构设计为什么要采取许多构造措施？

5-11　引起砌体结构裂缝的主要原因有哪些？各采取什么措施？

5-12　某单层无吊车厂房，屋面铺极采用钢筋混凝土大型屋面板，长 30m，宽 12 m，层高 4.2m，中间无横墙。山墙、纵墙墙体和纵墙壁柱用 MU10 砖和 M5 混合砂浆砌筑，墙厚 240 mm，壁柱截面 370 mm×490 mm，壁柱间距 6m，两端山墙上的门洞高宽为 4m×3m，纵墙上窗洞为 3m× 3m，柱顶受集中荷载 W＝3.85kN，迎风面均布风荷载为 1.57 kN/m，背风面均布风荷载为 1.0kN/m，试求墙柱内力。

5-13　验算习题 5-12 的纵墙高厚比。

5-14　某房屋带壁柱墙用 MU5 单排孔混凝土小型空心砌块和 Mb5.0 砌块砌筑砂浆砌筑，计算高度为 6.6m。壁柱间距为 3.6m，窗间墙宽为 1.8m。带壁柱墙截面积为 4.2×10^5 mm²，惯性矩为 3.243×10^9 mm⁴。试验算墙的高厚比。

第6章 墙梁、挑梁及过梁的设计

6.1 墙 梁 设 计

在多层民用与工业建筑中,为满足使用要求,往往要求底层有较大的空间。如底层为商店、上层为住宅的商店—住宅,及底层为饭店、上层为旅馆的饭店—旅馆等房屋。当采用混合结构时,常在底层的钢筋混凝土楼面梁(称托梁)上砌筑砖墙,它们共同承受墙体自重及由屋盖、楼盖等传来的荷载。这种由支承墙体的钢筋混凝土托梁及其以上计算高度范围内的墙体所组成的组合构件,称为墙梁。它与钢筋混凝土框架结构相比较,具有节省材料、造价低、施工速度快等优点。

墙梁根据所承受荷载性质分为承重墙梁和非承重墙梁,只承受托梁自重和托梁顶面以上墙体自重的墙梁,称为自承重墙梁,若除承受托梁自重及托梁顶面以上墙体自重外,还要承受梁、板传来的荷载,则称为承重墙梁;根据支承条件不同又可以分为简支墙梁(图6-1(a))、连续墙梁(图6-1(b))以及框支墙梁(图6-1(c));若托梁上部计算高度范围内墙体开有洞口,又可称为有洞口墙梁,反之则称为无洞口墙梁。

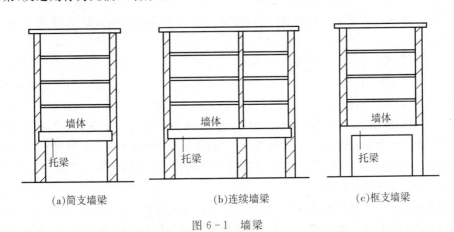

(a)简支墙梁   (b)连续墙梁   (c)框支墙梁

图6-1 墙梁

6.1.1 墙梁的受力性能及破坏

墙梁是由砌体材料的墙体和钢筋混凝土托梁形成的组合受力构件。早在上世纪50年代初,就有学者对其组合受力性能进行研究。迄今为止已经积累了相当的研究成果和工程经验。

研究表明,墙梁中的墙体不仅作为荷载作用于钢筋混凝土托梁上,而且与托梁共同受力形成组合构件,一起承受上部的荷载,影响墙梁的受力性能的因素包括其支承情况、托梁和墙体的材料、托梁的高跨比、墙体的高跨比、墙体上是否开洞、洞口的大小与位置等因素。

1. 简支墙梁

对于简支墙梁,其相当于由墙体和钢筋混凝土托梁构成的组合深梁。墙梁在竖向均布荷载作用下的截面应力分布与托梁、墙体的刚度有关。墙梁顶部荷载由墙体的内拱作用和托梁的拉杆作用共同承受,即墙体以受压为主,托梁则处于小偏心受拉状态。此时影响墙梁组合受力性能的因素较多,试验表明,随着材料性能、墙梁的跨高比、托梁的配筋率等条件的不同,墙梁在顶部荷载作用下有如下几种破坏形态(如图 6-2):由于跨中或者洞口边缘处纵向钢筋屈服,以及由于支座上部纵向钢筋屈服而产生的正截面破坏;墙体或者托梁斜截面剪切破坏;托梁支座上部墙体局部受压破坏。

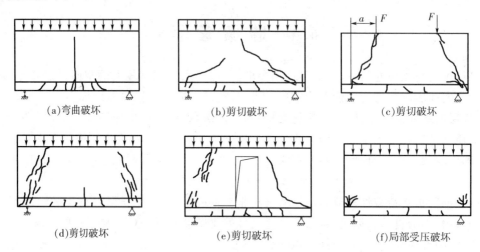

(a)弯曲破坏　　　　(b)剪切破坏　　　　(c)剪切破坏

(d)剪切破坏　　　　(e)剪切破坏　　　　(f)局部受压破坏

图 6-2　简支墙梁的破坏类型

当托梁配筋较少而砌体强度相对较高时、墙体高跨比稍小时,随着荷载的增加,托梁中部会形成垂直裂缝,并向上开展而进入墙体,最后托梁下部和上部的纵筋先后屈服,沿跨中垂直截面发生拉弯破坏。

当托梁配筋较多、砌体强度相对较弱、高跨比适中时,由于支座上方砌体出现斜裂缝、并延伸至托梁而发生砖墙砌体的剪切破坏:(1)当墙体高跨比较大或集中荷载作用下的剪跨比较小时,墙中部因主压应力大于砌体的斜向抗压强度而形成较陡的斜裂缝,形成斜压破坏;(2)当墙体高跨比较小或集中荷载作用下的剪跨比较大时,墙中部因主拉应力大于砌体的齿缝抗拉强度而形成较陡的斜裂缝,形成斜压破坏;(3)一般情况下,由于托梁顶面的竖向应力在支座处高度集中,梁顶面又有水平剪应力的作用,使之具有很高的抗剪能力,只有当混凝土强度等级过低,或无腹筋时,才发生托梁自身的剪切破坏。

当托梁配筋较多、砌体强度低,且墙梁的墙体高跨比较大($h_w/l_0 > 0.75 \sim 0.80$)时,在支座上方砌体中,由于竖向正应力形成较大的应力集中,若超过砌体的局部抗压强度,则将产生支座上方较小范围砌体局部压碎现象,形成局部受压破坏。这种破坏一般可以通过构造措施来预防,如在墙梁两端设置翼墙或构造柱,就可减小应力集中,改善墙体的局部受压性能,从而提高托梁上砌体的局部受压承载力,尤其以构造柱的作用更加明显。但是如果构造措施不当,也可能引起一些其他形式的破坏如托梁纵向钢筋锚固长度不足,托梁支座端部产生斜压破坏等。

2. 连续墙梁

连续墙梁是由钢筋混凝土连续托梁和支承于连续托梁上的计算高度范围内的墙体组成的组合构件。墙梁顶面处应设置圈梁,并宜在墙梁上拉通从而形成连续墙梁的顶梁。由托梁、墙体和顶梁组合的连续墙梁,其受力性能类似于连续深梁,托梁大部分区段处于偏心受拉状态,托梁中间支座附近小部分区段处于偏心受压状态。

连续墙梁破坏时的裂缝分布如图 6-3 所示。在加载过程中,首先在连续托梁跨中区段产生多条竖向裂缝并向上延伸至墙体,然后在中间支座上方产生贯通的竖向裂缝,同时向下继续发展延伸至墙体。当边支座或中间支座上方墙体中产生斜裂缝并延伸至托梁时,连续墙梁逐渐转变为连续组合拱受力结构。临近破坏时,托梁与墙体界面还将产生水平裂缝。

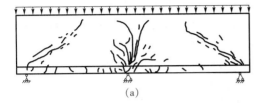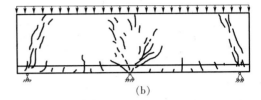

图 6-3　连续墙梁破坏

连续墙梁的破坏形态主要与托梁高跨比、墙体高跨比、托梁纵筋配筋率、材料强度等因素有关,其具体的破坏形态有:(1)弯曲破坏:由于托梁跨中截面下部和上部钢筋先后屈服,然后支座截面顶梁钢筋受拉屈服,在跨中和支座截面先后产生塑性铰,连续墙梁形成弯曲破坏机构;(2)剪切破坏:h_w/l_0 较小时,可能会形成如图 6-3(a)所示的沿阶梯形斜裂缝的斜拉破坏;当 h_w/l_0 较大时,可能会形成穿过砖和水平灰缝的斜裂缝的斜压破坏,如图 6-3(b)所示;(3)局部受压破坏:一般发生在中间支座处,由于中间支座处托梁上方砌体所受的局部压应力比边支座处大,因而容易发生局部受压破坏,其破坏形态如图 6-3 所示。

3. 框支墙梁

框支墙梁是由下部的钢筋混凝土框架和砌筑在框架梁上计算高度内的墙体组成的组合受力构件。对图 6-4 所示的单跨框支墙梁的试验研究表明,在竖向荷载作用下,开始时框支墙梁处于弹性受力阶段,当荷载增至破坏荷载的大约 35%～40% 时,在托梁跨中出现首批竖向裂缝,并上升至 2/3 梁高,随着荷载增加,竖向裂缝逐渐上升至墙中,同时托梁支座处或墙边也会出现斜裂缝,到破坏时,框架柱中也出现水平或竖向裂缝。框支墙梁在破坏时形成一个框架-拱的组合拱来支承上部竖向荷载的受力体系。

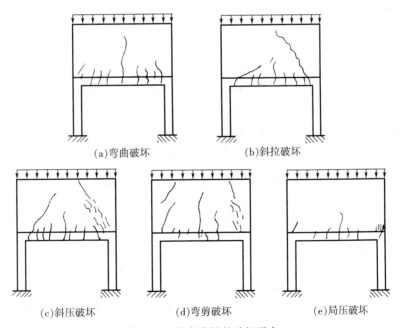

图 6-4　框支墙梁的破坏形态

由于托梁高跨比、墙体高跨比、梁柱线刚度比、托梁纵筋配筋率以及材料强度的不同,框支墙梁的破坏形态是不一样的,主要可以分为以下几种:(1)弯曲破坏:钢筋混凝土托梁跨中部位和支座处纵向钢筋屈服形成塑性铰,从而形成弯曲破坏机构而破坏,或者跨中和柱顶处形成塑性铰,从而形成破坏机构而破坏(图6-4(a));(2)剪切破坏:当托梁或框支柱的配筋较多而砌体强度相对较低,而 h_w/l_0 适中时,在托梁和柱的纵筋未屈服的情况下,可能发生墙体或托梁的剪切破坏,这时墙体的剪切破坏有斜拉破坏(图6-4(b))和斜压破坏(图6-4(c))两种可能;(3)弯剪破坏:当托梁抗弯承载力和墙体抗剪承载力相当时,托梁跨中竖向裂缝可能贯穿托梁整个高度并向墙体中延伸,从而托梁的纵向钢筋受拉屈服,这种破坏介于弯曲破坏和剪切破坏之间,称弯剪破坏(图6-4(d));(4)局部受压破坏:这种局压破坏发生部位是框架柱上方砌体内,破坏特点与简支墙梁和连续墙梁相似(图6-4(e))。

6.1.2 墙梁的一般规定及构造要求

6.1.2.1 一般规定

根据工程经验及理论研究的成果,为保证墙梁的有效工作,采用烧结普通砖、烧结多孔砖、混凝土砌块砌体和配筋砌体的墙梁,在墙梁设计时应满足表6-1所规定的条件。同时还要满足:墙梁计算高度范围内每跨允许设置一个洞口;洞口边至支座中心的距离 a_i,距边支座不应小于 $0.15l_{0i}$,距中支座不应小于 $0.07l_{0i}$;对于多层房屋的墙梁,各层洞口宜设置在相同的位置,并宜上下对齐。

表6-1 墙梁的一般规定

墙梁类别	墙体总高度 (m)	跨度(m)	墙体高跨比 h_w/l_{0i}	托梁高跨比 h_b/l_{0i}	洞的宽跨比 b_h/l_{0i}	洞高 h_h
承重墙梁	≤18	≤9	≥0.4	≥1/10	≤0.3	$5h_\mathrm{w}/6$ 且 $h_\mathrm{w}-h_\mathrm{b}$≥0.4m
自承重墙梁	≤18	≤12	≥1/3	≥1/15	≤0.8	

[注] (1)墙体总高度指托梁顶面到檐口的高度,带阁楼的坡屋面应算到山尖墙的1/2高度处;(2)对自承重墙梁,洞口至边支座中心的距离不应小于 $0.1l_{0i}$;门窗洞上口至墙顶的距离不应小于0.5m;(3)h_w—墙体计算高度;h_b—托梁截面高度;l_{0i}—墙梁计算跨度;b_h—洞口宽度;h_h—洞口高度,对窗洞取洞顶至托梁顶面距离。

对于墙梁的一般规定,关于墙体的总高度、墙梁跨度的规定,主要根据工程经验。h_w/l_{0i}≥0.4(1/3)的规定是为了避免墙体发生斜拉破坏。

托梁是墙梁的关键构件,限制 h_b/l_{0i} 不致过小不仅是从承载力方面考虑,而且较大的托梁刚度对于改善墙体的抗剪性能和托梁支座上部砌体局部受压性能也是有利的,但随着 h_b/l_{0i} 的增大,竖向荷载向跨中分布,而不是向支座聚集,不利于组合作用的充分发挥,因此,也不应采用过大的 h_b/l_{0i}。

对于洞高和洞宽的限制是为了保证墙体整体性并根据试验情况而作出的。偏开洞口对墙梁组合作用是不利的,洞口外墙肢过小,极易发生剪切破坏或者被推出破坏,限制洞距 a_i 及采取相应的构造措施非常重要。

基于大开间墙梁模型拟动力试验和深梁试验,对称开两个洞的墙梁和偏开一个洞的墙梁在受力性能上是相似的,因此对多层房屋的纵向连续墙梁每跨对称开两个窗洞时亦可参照表6-1使用。

6.1.2.2　构造要求

1. 材料要求

(1)托梁的混凝土强度等级不应低于 C30。

(2)纵向钢筋应采用 HRB335、HRB400 或 RRB400 级钢筋。

(3)承重墙梁的块体强度等级不应低于 MU10,计算高度范围内墙体的砂浆强度等级不应低于 M10。

2. 墙体

(1)框支墙梁的上部砌体房屋,以及设有承重的简支墙梁或连续墙梁的房屋,应满足刚性方案房屋的要求。

(2)墙梁的计算高度范围内的墙体厚度,对砖砌体不应小于 240mm,对混凝土砌块砌体不应小于 190mm。

(3)墙梁洞口上方应设置混凝土过梁,其支承长度不应小于 240mm,洞口范围内不应施加集中荷载。

(4)承重墙梁的支座处应设置落地翼墙,墙宽度不应小于墙梁墙体厚度的 3 倍,并应与墙梁墙体同时砌筑。当不能设置翼墙时,应设置落地且上、下贯通的构造柱。

(5)当墙梁墙体在靠近支座 1/3 跨度范围内开洞时,支座处应设置落地且上、下贯通的构造柱,并应与每层圈梁连接。

(6)墙梁计算高度范围内的墙体,每天可砌高度不应超过 1.5m,否则,应加设临时支撑。

3. 托梁

(1)有墙梁的房屋的托梁两边各一个开间及相邻开间处应采用现浇混凝土楼盖,楼板厚度不宜小于 120mm,当楼板厚度大于 150mm 时,应采用双层双向钢筋网,楼板上应少开洞,洞口尺寸大于 800mm 时应设洞口边梁。

(2)托梁每跨底部的纵向受力钢筋应通长设置,不得在跨中段弯起或截断。钢筋接长应采用机械连接或焊接。

(3)为了防止墙梁的托梁发生突然的脆性破坏,托梁跨中截面纵向受力钢筋总配筋率不应小于 0.6%。

(4)由于托梁端部界面存在剪应力和一定的负弯矩,如果梁端上部钢筋配置过少,在负弯矩和剪力的共同作用下,将出现自上而下的弯剪斜裂缝。因此,在托梁距边支座边 $l_0/4$ 范围内,托梁上部纵向钢筋面积不应小于跨中下部纵向钢筋面积的 1/3。连续墙梁或多跨框支墙梁的托梁中支座上部附加纵向钢筋从支座边算起每边延伸不少于 $l_0/4$。

(5)承重墙梁的托梁在砌体墙、柱上的支承长度不应小于 350mm。纵向受力钢筋伸入支座应符合受拉钢筋的锚固要求。

(6)当托梁高度 $h_b \geqslant 500mm$ 时,应沿梁高设置通长水平腰筋,直径不应小于 12mm,间距不应大于 200mm。

(7)墙梁偏开洞口的宽度及两侧各一个梁高 h_b 范围内直至靠近洞口的支座边的托梁箍筋直径不应小于 8mm,间距不应大于 100mm。

6.1.3　墙梁设计方法

6.1.3.1　计算简图

墙梁的计算简图应按图 6-5 采用。各计算参数应按下列规定取用:

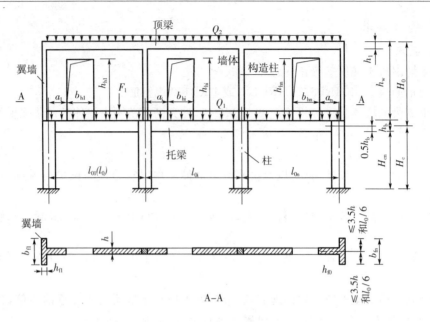

图 6-5 墙梁的计算简图

1. 墙梁计算跨度 l_0 (l_{0i})

墙梁作为组合深梁,对简支墙梁和连续墙梁取 $1.1l_n$ ($1.1l_{ni}$) 或 l_c (l_{ci}) 两者的较小值,其中 l_n (l_{ni}) 为净跨,l_c (l_{ci}) 为支座中心线距离。对框支墙梁,取框架柱中心线间的距离 l_c (l_{ci})。

2. 墙体计算高度 h_w

墙体计算高度 h_w 取托梁顶面上一层墙体高度。当 $h_w > l_0$ 时,取 $h_w = l_0$(对于连续墙梁和多跨框支墙梁,l_0 取各跨的平均值)。

3. 墙梁跨中截面计算高度 H_0

取 $H_0 = h_w + 0.5h_b$。

4. 翼墙计算宽度 b_f

b_f 取窗间墙宽度或横墙间距的 $2/3$,且每边不大于 $3.5h$(h 为墙体厚度)和 $l_0/6$。

5. 框架柱计算高度 H_c

取 $H_c = H_{cn} + 0.5h_b$,其中 H_{cn} 为框架柱的净高,取基础顶面至托梁底面的距离。

6.1.3.2 墙梁的计算荷载

墙梁设计包括使用阶段和施工阶段,两个阶段作用于墙梁上的荷载不同,同时承重墙梁和自承重墙梁的荷载也有所差别,具体应按下列方法确定。

1. 使用阶段墙梁上的荷载

(1)承重墙梁

①托梁顶面的荷载设计值 Q_1、F_1,取托梁自重及本层楼盖的恒荷载和活荷载。

②墙梁顶面的荷载设计值 Q_2,取托梁以上各层墙体自重,以及墙梁顶面以上各层楼(屋)盖的恒荷载和活荷载;集中荷载可沿作用的跨度近似转化为均布荷载。

(2)自承重墙梁

墙梁顶面的荷载设计值 Q_2,取托梁自重及托梁以上墙体自重。

2. 施工阶段托梁上的荷载

施工阶段,墙梁只取作用于托梁上的荷载,包括:

（1）托梁自重及本层楼盖的恒荷载。

（2）本层楼盖的施工荷载。

（3）墙体自重。可取 $l_{0\max}/3$ 高度的墙体自重，其中 $l_{0\max}$ 为各计算跨度的最大值。对于开洞墙梁，尚应按洞顶以下实际分布的墙体自重复核托梁的承载力。

6.1.3.3　承载力计算的项目

墙梁应分别进行托梁使用阶段正截面受弯承载力和斜截面受剪承载力计算、墙体受剪承载力和托梁支座上部砌体局部受压承载力计算，以及托梁施工阶段的受弯、受剪承载力验算。研究表明，自承重墙梁的墙体受剪承载力和托梁支座上部砌体局部受压承载力一般均能满足要求，可不必验算。

6.1.4　墙梁的托梁正截面承载力计算

试验和有限元分析表明，在墙梁顶面荷载作用下，无洞口简支墙梁正截面破坏发生在跨中截面，托梁处于小偏心受拉状态；有洞口简支墙梁正截面破坏发生在洞口内边缘截面，托梁处于大偏心受拉状态；对于连续墙梁，其跨中截面按混凝土偏心受拉构件计算，与简支墙梁托梁的计算模式一致，而其支座截面，有限元分析表明其为大偏心受压构件，可偏于安全地忽略其轴压力而按受弯构件计算；根据单跨、多跨无洞口和有洞口框支墙梁的有限元分析的结果，对托梁跨中截面直接给出弯矩和轴拉力公式，并按混凝土偏心受拉构件计算，也与简支墙梁托梁的计算模式一致，而托梁的支座截面也可偏安全地按受弯构件计算。具体方法如下：

1. 托梁跨中截面

托梁跨中截面应按钢筋混凝土偏心受拉构件计算，其弯矩 M_{bi} 和轴心拉力 N_{bti} 可按下列公式确定：

$$M_{bi} = M_{1i} + \alpha_M M_{2i} \tag{6-1}$$

$$N_{bti} = \eta_N \frac{M_{2i}}{H_0} \tag{6-2}$$

对简支墙梁：

$$\alpha_M = \psi_M \left(1.7 \frac{h_b}{l_0} - 0.03\right) \tag{6-3}$$

$$\psi_M = 4.5 - 10 \frac{a}{l_0} \tag{6-4}$$

$$\eta_N = 0.44 + 2.1 \frac{h_w}{l_0} \tag{6-5}$$

对于连续墙梁和框支墙梁：

$$\alpha_M = \psi_M \left(2.7 \frac{h_b}{l_{0i}} - 0.08\right) \tag{6-6}$$

$$\psi_M = 3.8 - 8 \frac{a_i}{l_{0i}} \tag{6-7}$$

$$\eta_N = 0.8 + 2.6 \frac{h_w}{l_{0i}} \tag{6-8}$$

式中：M_{1i}——荷载设计值 Q_1、F_1 作用下的简支梁跨中弯矩或按连续梁或框架分析的托梁各跨跨中最大弯矩；

M_{2i}——荷载设计值 Q_2 作用下的简支梁跨中弯矩或按连续梁或框架分析的托梁各跨跨中弯矩中的最大值；

α_M——考虑墙梁组合作用的托梁跨中弯矩系数，可按式(6-3)或(6-6)计算，但对自承重简支墙梁应乘以 0.8；当式(6-3)中的 $\frac{h_b}{l_0}>\frac{1}{6}$ 时，取 $\frac{h_b}{l_0}=\frac{1}{6}$；当式(6-6)中的 $\frac{h_b}{l_{0i}}>\frac{1}{7}$ 时，取 $\frac{h_b}{l_{0i}}=\frac{1}{7}$；

η_N——考虑墙梁组合作用的托梁跨中轴力系数，可按式(6-5)或(6-8)计算，但对自承重简支墙梁应乘以 0.8；式中，当 $\frac{h_w}{l_{0i}}>1$ 时，取 $\frac{h_w}{l_{0i}}=1$；

ψ_M——洞口对托梁弯矩的影响系数，对无洞口墙梁取 1.0，对有洞口墙梁可按公式(6-4)或(6-7)计算；

a_i——洞口边至墙梁最近支座的距离，当 $a_i>0.35l_{0i}$ 时，取 $a_i=0.35l_{0i}$。

2. 托梁支座截面

托梁支座截面应按受弯构件计算．托梁支座弯矩 M_{bj} 可按下列公式确定：

$$M_{bj}=M_{1j}+\alpha_M M_{2j} \tag{6-9}$$

$$\alpha_M=0.75-\frac{a_i}{l_{0i}} \tag{6-10}$$

式中：M_{1j}——荷载设计值 Q_1、F_1 作用下按连续梁或框架分析的托梁支座弯矩；

M_{2j}——荷载设计值 Q_2 作用下按连续梁或框架分析的托梁支座弯矩；

α_M——考虑组合作用的托梁支座弯矩系数，无洞口墙梁取 0.4，有洞口墙梁可按式(6—10)计算，当支座两边的墙体均有洞口时，a_i 取较小值。

上述 M_{1j}、M_{2j} 均按一般结构力学方法确定。

有限元分析表明，多跨框支墙梁存在边柱之间的大拱效应，使边柱轴压力增大，中间柱轴压力减少，故在墙梁顶面荷载 Q_2 作用下，当边柱的轴压力增大不利时，应乘以 1.2 的修正系数。框架柱的弯矩计算不考虑墙梁组合作用。

6.1.5 墙梁的托梁斜截面受剪承载力计算

试验表明，墙梁发生剪切破坏时，一般情况下墙体先于托梁进入极限状态而剪坏。当托梁混凝土强度较低、箍筋较少时，或墙体采用构造框架约束砌体的情况下，托梁可能稍后剪坏。故托梁和墙体分别进行计算受剪承载力。

托梁的斜截面受剪承载力应按钢筋混凝土受弯构件计算，其剪力可按下式计算：

$$V_{bj}=V_{1j}+\beta_V V_{2j} \tag{6-11}$$

式中：V_{1j}——荷载设计值 Q_1、F_1 作用下按连续梁或框架分析的托梁支座边剪力或简支梁支座边剪力；

V_{2j}——荷载设计值 Q_2 作用下按连续梁或框架分析的托梁支座边剪力或简支梁支座边剪力；

β_v——考虑组合作用的托梁剪力系数,无洞口墙梁边支座取 0.6,中间支座取 0.7;有洞口墙梁边支座取 0.7,中间支座取 0.8。对于自承重墙梁,无洞口时取 0.45,有洞口时取 0.5。

6.1.6　墙梁的墙体受剪承载力计算

墙梁设计时,按规范要求,只要能满足前述对墙梁一般规定的要求,墙梁的墙体就不致发生抗剪承载力很低的斜拉破坏。

为了避免墙梁墙体发生斜压破坏,墙体的受剪承载力应按下式计算:

$$V_2 \leqslant \xi_1 \xi_2 (0.2 + \frac{h_b}{l_{0i}} + \frac{h_t}{l_{0i}}) f h h_w \tag{6-12}$$

式中:V_2——荷载设计值 Q_2 作用下墙梁支座边剪力的最大值;

ξ_1——翼墙或构造柱影响系数,对单层墙梁取 1.0;对多层墙梁,当 $\frac{b_f}{h} = 3$ 时取 1.3,当 $\frac{b_f}{h} = 7$

或设置构造柱时取 1.5;当 $3 < \frac{b_f}{h} < 7$ 时,按线性插入取值;

ξ_2——洞口影响系数,无洞口墙梁取 1.0,多层有洞口墙梁取 0.9,单层有洞口墙梁取 0.6;

h_t——墙梁顶面圈梁截面高度。

6.1.7　托梁支座上部砌体局部受压承载力计算

试验表明,当墙梁的墙体高跨 $h_w / l_0 > 0.75 \sim 0.80$,且无翼墙,且砌体强度又较低时,易发生托梁支座上方因竖向正应力集中而引起的砌体局部受压破坏。为保证砌体局部受压承载力,应满足:

$$\sigma_{y\,max} \leqslant \gamma f \tag{6-13}$$

式中:$\sigma_{y\,max}$——最大竖向压应力;

γ——局压强度提高系数。

令应力集中系数 $C = \sigma_{y\,max} h / Q_2$,则式(6-13)变为

$$Q_2 \leqslant \zeta \gamma f h / C \tag{6-14}$$

令局压系数 $\zeta = \gamma / C$,则可由式(6-14)推导出托梁支座上部砌体的局部受压承载力验算公式:

$$Q_2 \leqslant \zeta \gamma f h \tag{6-15}$$

$$\zeta = 0.25 + 0.08 \frac{b_f}{h} \tag{6-16}$$

式中:ζ——局压系数,当 $\zeta > 0.81$ 时,取 $\zeta = 0.81$。

近年来采用构造框架约束砌体的墙梁试验和有限元分析表明,落地构造柱对减少应力集中,改善砌体局部受压的作用更明显,应力集中系数可降至 1.6 左右。计算分析表明,当 $b_f / h \geqslant 5$ 或墙梁支座处设置上、下贯通的落地构造柱时,可不必验算砌体局部受压承载力。

6.1.8　墙梁在施工阶段托梁的承载力验算

托梁应按混凝土受弯构件进行施工阶段的受弯、受剪承载力验算。

验算时应首先根据本章 6.1.3.2 节内容确定施工阶段作用于托梁上的荷载,然后按钢筋混凝土受弯构件验算托梁的受弯和受剪承载力。

6.2 挑 梁 设 计

砌体结构房屋的墙体中,常常将房屋中的钢筋混凝土的梁悬挑在墙外用以支承阳台、雨篷及外廊等,这种一端嵌固在砌体内的悬挑式钢筋混凝土梁,称为挑梁。

6.2.1 挑梁的受力性能及破坏形态

根据挑梁埋入墙内的长度及梁相对于砌体的刚度的不同,可以将挑梁分为弹性挑梁及刚性挑梁。当埋入墙内的长度较大且梁的相对刚度较小时,梁本身将发生较大的挠曲变形,这种挑梁称弹性挑梁;当埋入长度较短,梁的相对刚度较大时,可将梁体视为刚性体,只发生刚体的转动变形,这种挑梁称刚性挑梁。这两种挑梁的受力和破坏特点是有区别的。

挑梁在竖向荷载作用下,钢筋混凝土梁与砌体共同工作,是一种组合构件。随着荷载的增加,挑梁经历了弹性阶段、带裂缝工作阶段、破坏阶段3个阶段。

在弹性工作阶段,挑梁的埋入部分在上下交界面产生拉、压应力,其分布如图6-6所示,其中正号表示为拉应力,负号表示压应力。此时砌体的变形基本呈线性,整体性良好。

当荷载逐渐加大时,拉应力就会超过砌体的抗拉强度,此时会出现如图6-7所示的裂缝,首先出现①②号水平裂缝,然后是③号阶梯形裂缝,当水平裂缝开展得较大,导致挑梁下砌体的受压区减少过多时,可能会出现局部受压破坏的④号裂缝。

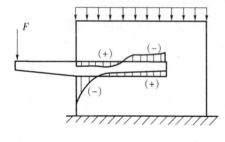

图6-6 挑梁的应力分布

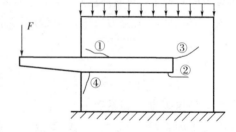

图6-7 挑梁的裂缝

当荷载进一步加大时,挑梁最后会发生破坏。挑梁可能会发生3种破坏:

(1)倾覆破坏:当抗倾覆力矩小于倾覆力矩时会发生这种破坏,如图6-8(a)所示;

(2)局压破坏:挑梁下砌体局部受压而破坏,如图6-8(b)所示;

(3)挑梁本身破坏:挑梁本身的强度不够时会发生受弯破坏或者剪切破坏,破坏部位一般在倾覆点附近。

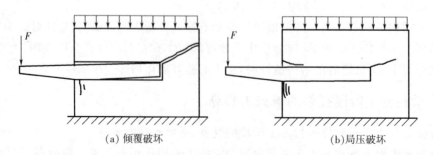

(a)倾覆破坏　　　　　　　　　　　　　(b)局压破坏

图6-8 挑梁的破坏

对于刚性挑梁而言,由于其埋入砌体的长度较短,在荷载作用下,其埋入墙内的梁挠曲变形很小,可视为挑梁绕砌体内某点发生刚体转动,直至发生倾覆破坏,一般不会出现梁下砌体局部受压破坏。但当嵌入墙体的长度较长,或者砌体的抗压强度较低时,也可能会出现局部受压破坏。

6.2.2　挑梁的设计

1. 挑梁的构造要求

挑梁是钢筋混凝土悬挑构件,其设计首先应满足《混凝土结构设计规范》(GB 50010—2002)的有关规定外,其次还应按《砌体结构设计规范》(GB 50003—2001)满足下列构造要求:

(1)挑梁中纵向受力钢筋至少应有 $1/2$ 的钢筋面积伸入梁尾端,且不少于 $2\phi12$。其余钢筋伸入支座的长度不应小于 $2l_1/3$;

(2)挑梁埋入砌体长度 l_1 与挑出长度 l 之比宜大于 1.2;当挑梁上无砌体(如全靠楼盖自重抗倾覆)时,l_1 与 l 之比宜大于 2。

2. 挑梁的计算

根据埋入砌体中钢筋混凝土挑梁的受力特点和破坏形态,为了防止挑梁发生倾覆破坏和挑梁下砌体的局部受压破坏,设计时应对挑梁进行抗倾覆验算和挑梁下砌体的局部受压承载力验算。

同时挑梁中的钢筋混凝土梁本身应按《混凝土结构设计规范》(GB 50010—2002)进行受弯和受剪承载力计算,以免钢筋混凝土梁由于正截面抗弯承载力、斜截面抗剪承载力不足发生破坏。

(1)挑梁的抗倾覆验算

砌体中钢筋混凝土挑梁的抗倾覆应按下式验算:

$$M_{OV} \leqslant M_r \tag{6-17}$$

式中:M_{OV}——挑梁的荷载设计值对计算倾覆点产生的倾覆力矩;

　　　M_r——挑梁的抗倾覆力矩设计值,可按下式计算(如图 6-9 所示):

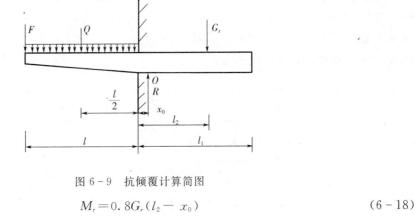

图 6-9　抗倾覆计算简图

$$M_r = 0.8G_r(l_2 - x_0) \tag{6-18}$$

式中:G_r——挑梁的抗倾覆荷载,取挑梁尾端上部 45° 扩展角的阴影范围(其水平长度为 l_3)内本层的砌体与楼面恒荷载标准值之和(如图 6-10 所示);

　　　l_2——G_r 作用点至墙外边缘的距离。

x_0——计算倾覆点至墙外边缘的距离,可按下列规定采用:

当 $l_1 \geqslant 2.2h_b$ 时,属弹性挑梁,取 $x_0 = 0.3h_b$,且不大于 $0.13l_1$;

当 $l_1 < 2.2h_b$ 时,属刚性挑梁,取 $x_0 = 0.13l_1$。

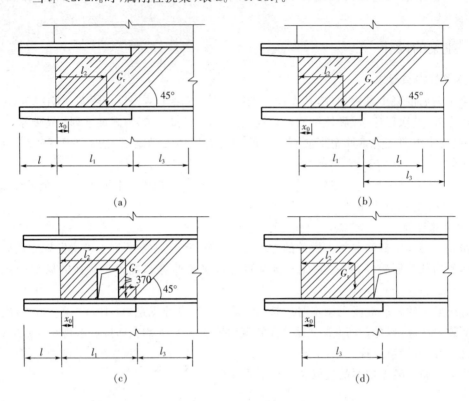

图 6-10 挑梁的抗倾覆荷载

式中:l_1——挑梁埋入砌体墙中的长度(mm);

h_b——挑梁的截面高度(mm)。

当挑梁下设有构造柱时,计算倾覆点至墙外边缘的距离可取 $0.5x_0$。

雨篷的抗倾覆验算与上述方法相同。但是由于雨篷梁的宽度往往与墙厚相等,其埋入砌体墙中的长度很小,应按刚性挑梁进行验算。其抗倾覆荷载 G_r 为应按图 6-11 取用,其计算范围为雨篷梁外端向上倾斜 45°扩散角范围(水平投影每边长取 $l_3 = l_n/2$)内的砌体与楼面恒荷载标准值之和,G_r 距墙外边缘的距离为 $l_2 = l_1/2$。

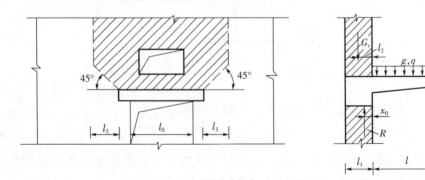

图 6-11 雨篷的抗倾覆荷载

（2）挑梁下砌体的局部受压承载力验算

挑梁下砌体的局部受压承载力，可按下列公式进行验算：

$$N_l \leqslant \eta \gamma f A_l \qquad (6-19)$$

式中：N_l——挑梁下的支承压力，可取 $N_l = 2R$，R 为挑梁的倾覆荷载设计值；

　　　η——挑梁端底面压应力图形的完整系数，可取 0.7；

　　　γ——砌体局部抗压强度提高系数，对图 6-12(a)可取 1.25，对图 6-12(b)可取 1.5；

　　　A_l——挑梁下砌体局部受压面积，可取 $A_l = 1.2bh_b$，b 为挑梁截面宽度，h_b 为挑梁截面高度。

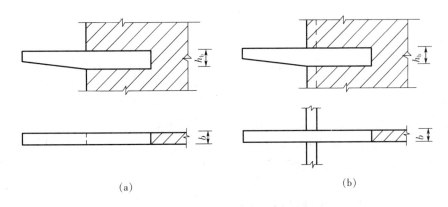

（a）　　　　　　　　　　　　　（b）

图 6-12　挑梁下砌体局部受压

（3）钢筋混凝土挑梁自身的承载力计算

挑梁应按钢筋混凝土受弯构件进行正截面受弯承载力和斜截面受剪承载力计算。

挑梁中钢筋混凝土梁的计算方法与一般钢筋混凝土梁的计算方法完全相同，挑梁的最大弯矩设计值可取为倾覆力矩，最大剪力设计值可取挑梁的荷载设计值在挑梁墙外边缘处截面产生的剪力。

6.3　过 梁 设 计

6.3.1　过梁类型及构造要求

过梁指在砌体结构房屋中，在门、窗洞口上设置的为了支承洞口以上墙体自重及上层楼面梁、板传来的荷载的梁。按材料的不同可分为砖砌平拱过梁、钢筋砖过梁和钢筋混凝土过梁。

砖砌过梁被广泛用于洞口净宽不大的墙中，钢筋砖过梁（图 6-13(b)）净跨度不应超过 1.5m，砖砌平拱过梁（图 6-13(c)）净跨度不应超过 1.2m，而且其整体性差，抵抗地基不均匀沉降和振动荷载的能力亦较差。当房屋有较大振动荷载作用或可能产生不均匀沉降时应采用钢筋混凝土过梁。

砖砌平拱用竖砖砌筑部分的高度不应小于 240mm，一般为 240mm 和 370mm，厚度与墙厚相同，将砖侧立砌筑而成。钢筋砖过梁是在其底部水平砂浆内配置纵向受力钢筋，钢筋直径不应小于 5mm，间距不宜大于 120mm，钢筋伸入支座砌体内的长度不宜小于 240mm，砂浆层的厚度不宜小于 30mm。砖砌过梁计算高度范围内的砂浆强度等级不应低于 M5。

钢筋混凝土过梁(图 6-13(a)),应满足钢筋混凝土构件的构造要求。

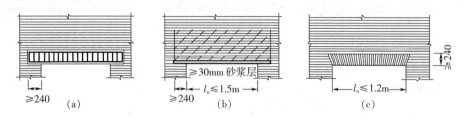

图 6-13 常见的过梁类型

6.3.2 过梁的设计计算

1. 过梁的受力特点

砖砌过梁在竖向荷载作用下,类似于一般受弯构件,下部受拉,上部受压,并随着荷载的增加产生如图 6-14 所示的裂缝。首先会由于正截面受弯承载力不足引起的①号裂缝,然后在支座附近由于砌体受剪承载力不够引起大致 45°方向的阶梯形沿灰缝的裂缝②,若洞口侧墙宽度较小时,在墙端部灰缝截面的受剪承载力不够,还可能引起水平裂缝③。而钢筋混凝土过梁的受力和破坏特点与一般简支受弯构件相同。由此可见,过梁的破坏形态主要有两种:过梁跨中正截面受弯破坏和过梁支座截面的剪切破坏。

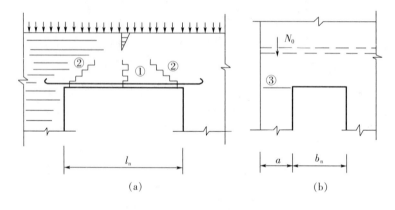

图 6-14 过梁的裂缝

2. 过梁上的荷载

过梁上的荷载是指作用于过梁上的墙体自重和过梁计算高度范围内的梁、板荷载。

试验表明,当过梁的墙体高度超过一定高度时,过梁与墙体共同工作,墙体内存在明显的内拱效应,从而将一部分荷载直接传递给支座。可以认为,对于砖砌体过梁,当过梁上砌体的高度超过 $l_n/3$ 后(l_n 为过梁的净跨),部分墙体自重将直接传递到过梁支座上;当外荷载作用在过梁上 $0.8l_n$ 高度处时,外荷载也将通过内拱效应直接传递至两端支座上。过梁上的荷载应按下列规定采用:

(1)墙体荷载

对砖砌体,当过梁上的墙体高度 $h_w < \dfrac{l_n}{3}$ 时,应按墙体的均布自重采用,如图 6-15(a)所示;当墙体高度 $h_w \geqslant \dfrac{l_n}{3}$ 时,应按高度为 $\dfrac{l_n}{3}$ 墙体的均布自重采用,如图 6-15(b)所示。

对混凝土砌块砌体,当过梁上的墙体高度 $h_w < \dfrac{l_n}{2}$ 时,墙体荷载应按墙体的均布自重采用,如图 6-15(c)所示;当墙体高度 $h_w \geqslant \dfrac{l_n}{2}$ 时,应按高度为 $\dfrac{l_n}{2}$ 墙体的均布自重采用,如图 6-15(d)所示。

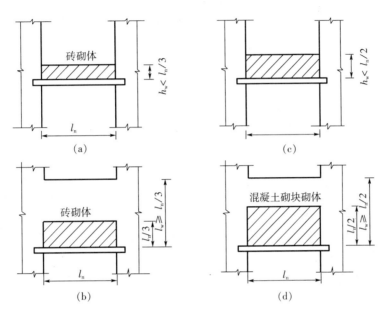

图 6-15　过梁上的墙体荷载

（2）梁、板荷载

对砖和混凝土小型砌块砌体,当梁、板下的墙体高度 $h_w < l_n$ 时,应考虑梁、板传来的荷载;当梁、板下的墙体高度 $h_w \geqslant l_n$ 时,可不考虑梁、板传来的荷载,如图 6-16 所示。

3. 过梁的承载力计算

（1）砖砌平拱

正截面受弯承载力和斜截面受剪承载力,可按前面章节的方法进行计算,其中砌体强度采用沿齿缝截面的弯曲抗拉或抗剪强度设计值。

砖砌平拱的受剪承载力一般能满足,不必进行验算。

（2）钢筋砖过梁

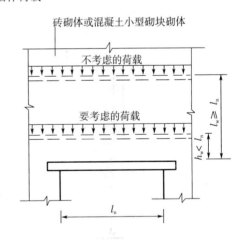

图 6-16　过梁上的梁、板荷载

钢筋砖过梁跨中正截面受弯承载力可按下式计算:

$$M \leqslant 0.85 h_0 f_y A_s \tag{6-20}$$

式中:M——按简支梁计算的跨中弯矩设计值;

　　　f_y——钢筋的抗拉强度设计值;

　　　A_s——受拉钢筋的截面面积;

　　　h_0——过梁截面的有效高度,$h_0 = h - a_s$;

　　　a_s——受拉钢筋重心至截面下边缘的距离;

h——过梁的截面计算高度,取过梁底面以上的墙体高度,但不大于 $l_n/3$;当考虑梁、板传来的荷载时,则按梁、板下的墙体高度采用。

钢筋砖过梁的受剪承载力可按砌体受弯构件的受剪承载力计算。

(3)钢筋混凝土过梁

钢筋混凝土过梁按钢筋混凝土受弯构件设计,同时尚应验算过梁端支承处砌体的局部受压。过梁端支承处砌体的局压验算时可不考虑上部荷载的影响,直接取 $\eta=1.0$。

6.4 例 题

[例 6-1] 已知基础梁上墙体高 12m,墙厚为 370mm(图 6-17),单面抹灰,采用 MU10 烧结普通砖、M5 混合砂浆,柱距 6m,基础梁长 5.95m,伸入支座 0.5m,混凝土采用 C30,纵筋采用 HRB335 钢筋,箍筋采用 HPB235 钢筋,基础梁截面尺寸为 b×h_b=370mm×450mm,施工阶段作用在托梁上的均布荷载为 20.10kN/m,请按自承重墙梁来进行结构设计。

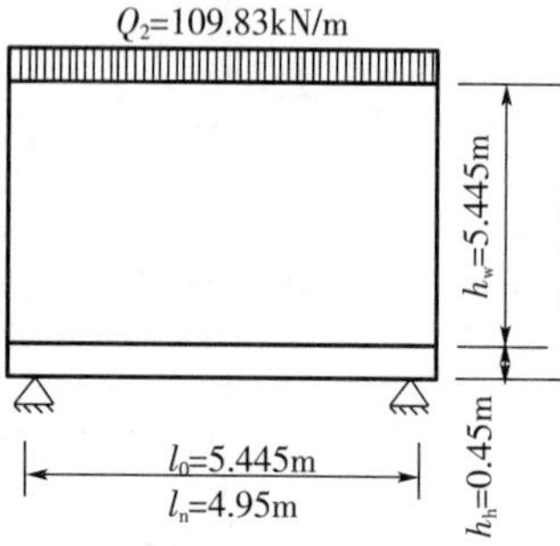

[解] (1)使用阶段

托梁跨中弯矩 M_b 和轴心拉力 N_{bt} 计算如下:

图 6-17 例题 6-1 图

$$M_2 = \frac{Q_2 l_0^2}{8} = \frac{109.83 \times 5.445^2}{8} = 407.03 \text{kN} \cdot \text{m}$$

$$\alpha_M = 0.8\left(1.7\frac{h_b}{l_0} - 0.03\right) = 0.8\left(1.7\frac{0.45}{5.445} - 0.03\right) = 0.0884$$

$$\eta_N = 0.8\left(0.44 + 2.1\frac{h_w}{l_0}\right) = 0.8\left(0.44 + 2.1\frac{5.445}{5.445}\right) = 2.032$$

$$M_b = \alpha_M M_2 = 0.0884 \times 407.03 = 35.98 \text{kN} \cdot \text{m}$$

$$N_{bt} = \eta_N \frac{M_2}{H_0} = 2.032 \frac{407.03}{5.67} = 145.87 \text{kN}$$

托梁的受压和受拉钢筋计算:

$$e_0 = \frac{M_b}{N_{bt}} = \frac{35.98}{145.87} = 0.247\text{m} > 0.5(h_b - a_s - a'_s) = 0.5(0.45 - 0.045 - 0.045) = 0.18\text{m}$$

故为大偏心受压构件。

$$e = e_0 - \frac{h}{2} + a_s = 247 - \frac{450}{2} + 45 = 67\text{mm}$$

$$A'_s = \frac{N_{bt}e - a_{s\max}f_c b h_0^2}{f_y(h_0 - a'_s)} = \frac{145870 \times 67 - 0.399 \times 14.3 \times 370 \times 405^2}{300(405 - 45)} < 0$$

按构造配筋,取 $A'_s = 0.002 \times 370 \times 450 = 33\text{mm}^2$

$$a_s = \frac{N_{bt}e}{f_c b h_0^2} = \frac{145870 \times 67}{14.3 \times 370 \times 405^2} = 0.011$$

$$\gamma_s = 0.994$$

$$A_s = \frac{N_{bt}e}{\gamma_s h_0 f_y} + \frac{N_{bt}}{f_y} = \frac{145870 \times 67}{0.994 \times 405 \times 300} + \frac{145870}{300} = 567 \text{mm}^2$$

$$\rho = \frac{A_s}{bh} = \frac{567}{370 \times 450} = 0.0034 > \rho_{min} = 0.45 \frac{f_t}{f_y} = 0.0022 > 0.2\%$$

（2）施工阶段

假定为结构重要性系数 $\gamma_0 = 1.0$

$$M = \frac{20.10 \times 5.445^2}{8} = 74.49 \text{kN} \cdot \text{m}$$

$$V = \frac{20.10 \times 4.95}{2} = 49.75 \text{kN} \cdot \text{m}$$

$$a_s = \frac{M}{\alpha_1 f_c b h_{b0}^2} = \frac{74.49 \times 10^6}{14.3 \times 370 \times 405^2} = 0.086$$

$$\gamma_s = 0.955$$

$$A_s = \frac{M}{\gamma_0 h_0 f_y} = \frac{74.49 \times 10^6}{1.0 \times 405 \times 300} = 642 \text{mm}^2$$

具体配筋方案可根据钢筋混凝土规范相关要求进行。

[例 6-2] 已知某墙窗洞净宽 $l_n = 1.2$m，墙厚 240mm，采用砖砌平拱过梁，过梁的构造高度为 240mm，用 MU10 烧结普通砖，M5 混合砂浆砌筑。试确定该过梁能承受的均布荷载设计值。

[解] 查表可得 $f_{tm} = 0.23\text{N/mm}^2$，$f_v = 0.11\text{N/mm}^2$，平拱过梁计算高度 $h = l_n/3 = 0.4$m

$$f_{tm}W = 0.23 \times \frac{1}{6} \times 240 \times 400^2 = 1472000 \text{N} \cdot \text{mm}$$

受弯时平拱的允许均布荷载设计值为

$$q_1 = \frac{8 \times 1472000}{1200^2} = 8.17 \text{kN/m}$$

$$z = \frac{2}{3}h = \frac{2}{3} \times 400 = 267 \text{mm}$$

$$f_v bz = 0.11 \times 240 \times 267 = 7049 \text{N}$$

受剪时允许的均布荷载设计值为

$$q_2 = \frac{2 \times 7049}{1200} = 11.75 \text{kN/m}$$

取 q_1 与 q_2 的较小值，允许均布荷载设计值为 8.17kN/m。

[例 6-3] 如图 6-18 所示阳台挑梁，挑出长度 $l = 1.6$m，埋入砌体墙长度 $l_1 = 2.0$m。挑梁截面尺寸 $b \times h_b = 240\text{mm} \times 300\text{mm}$，挑梁上部一层墙体净高 2.76m，墙厚 240mm，采用 MU10 烧结普通砖和 M5 混合砂浆砌筑，墙体自重为 5.24kN/m²。阳台板传给挑梁的荷载标准值为：

活荷载 $q_{1k}=4.15\text{kN/m}$,恒荷载 $g_{1k}=4.8\text{kN/m}$。阳台边梁传至挑梁的集中荷载标准值为:活荷载 $F_k=4.48\text{kN}$,恒荷载为 $F_{Gk}=17.0\text{kN}$,本层楼面传给埋入段的荷载:活荷载 $q_{2k}=5.4\text{kN/m}$,恒荷载 $g_{2k}=12\text{kN/m}$。挑梁自重为 $g=1.8\text{kN/m}$。验算此挑梁的抗倾覆及挑梁下砌体局部受压承载力是否满足要求。

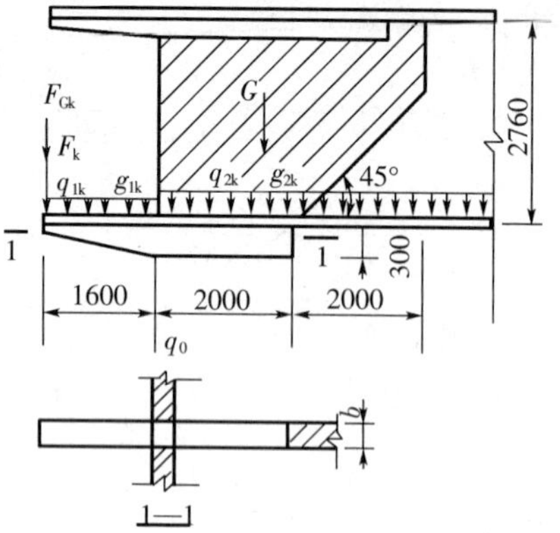

[解]

(1)确定倾覆点位置

$l_1=2.0\text{m}>2.2h_b=2.2\times0.3=0.66\text{m}$,可知该梁为弹性挑梁

$$x_0=0.3h_b=0.3\times300=90\text{mm}<0.13l_1$$
$$=0.13\times2000=260\text{mm}$$

故 $x_0=90\text{mm}=0.09\text{m}$

图 6-18　例题 6-3 图

则倾覆力矩为:

$$M_{OV}=(1.2\times17.0+1.4\times4.48)\times1.69+\frac{1}{2}[1.2(4.85+1.8)+1.4\times4.15]\times1.69^2$$
$$=64.77\text{kN}\cdot\text{m}$$

抗倾覆力矩为:

$$M_r=0.8G_r(l_2-x_0)=0.8[(12+1.8)\times2\times(1-0.09)+4\times2.76\times5.24\times(\frac{4}{2}-0.09)$$
$$-\frac{1}{2}\times2\times2\times5.24\times(2+\frac{4}{3}-0.09)]=81.32\text{kN}\cdot\text{m}$$

计算可得,$M_{OV}\leqslant M_r$,挑梁抗倾覆是安全的。

(2)局压计算

$$N_l=2R=2\times\{1.2\times17.0+1.4\times4.48+[1.2\times(4.85+1.8)+1.4\times4.15]\times1.60\}$$
$$=97.47\text{kN}$$

$$\eta\gamma A_l f=0.7\times1.5\times1.2\times240\times300\times1.5=136080\text{N}=136.08\text{kN}<N_l$$

局部受压承载力也满足要求。

思考题与习题

6-1　什么叫做墙梁?有哪几种类型?

6-2　框支墙梁的受力特点如何?怎么确定其计算简图?

6-3　开洞墙梁与不开洞墙梁破坏形态有何不同?

6-4　墙梁承载力计算有哪些内容?

6-5　墙梁在使用阶段和施工阶段的计算有何不同?在设计计算时如何考虑?

6-6　挑梁在设计时要计算哪些内容?简要描述其步骤。

6-7　过梁有哪几种类型?各自的应用范围如何?

6-8　如何确定过梁上的荷载？

6-9　一钢筋混凝土过梁，净跨 $l_n = 3.0m$，过梁上墙体高度为2m，墙厚为240mm，承受梁板传来的荷载恒载标准值为6kN/m，活荷载标准值为4.5kN/m。墙体采用 MU10 粘土砖、M5 混合砂浆砌筑，过梁混凝土强度等级为 C20，纵筋采用 HRB335 级钢筋，过梁箍筋为 HPB235 级钢筋。试设计该钢筋混凝土过梁。

6-10　某阳台处的钢筋混凝土挑梁，如图 6-19 所示，挑梁混凝土强度等级为 C20。主筋和箍筋分别采用 HRB335 和 HPB235 级钢筋，挑梁根部尺寸为 240mm×300mm，其埋入部分墙体为丁字形，厚为 240mm。墙体采用 MU10 粘土砖、M5 混合砂浆砌筑。挑梁上荷载标准值见图。试设计该钢筋混凝土挑梁。

（图中恒荷载 $F_k = 6.6kN/m$，$g_1 = 9.0kN/m$，$g_2 = 10.0kN/m$，$g_3 = 13kN/m$；活荷载 $p_1 = 8.68kN/m$，$p_2 = 5.0kN/m$，$p_3 = 2.5kN/m$；挑梁自重：挑出部分为 1.22kN/m，埋入部分为 1.5kN/m）

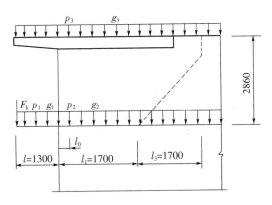

图 6-19

6-11　某混合结构商住楼，如图 6-20 所示。其楼层大梁按墙梁设计，其托梁 $b_b × h_b = 300mm×800mm$，采用 C35 砼，纵筋和箍筋分别为 HRB335 和 HPB235。其上采用粘土砖墙，墙厚240mm，采用 MU10 砖、M10 混合砂浆砌筑。各楼层的荷载（均为标准值）为：2层楼面，恒载为4kN/m²，活载为 2.0kN/m²；3～5 层楼面，恒载为 3.0kN/m²，活载为 2.0kN/m²；屋面，恒载为 5.0kN/m²，活载为 2.0kN/m²，试设计该墙梁。

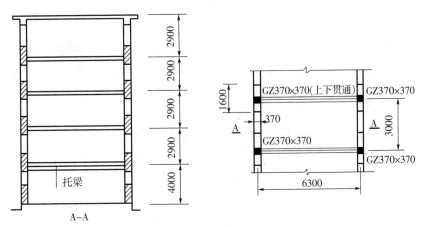

图 6-20

第7章 配筋砌体结构

配筋砌体结构是由配置钢筋的砌体作为建筑物主要受力构件的结构,是网状配筋砌体柱、水平配筋砌体墙、砖砌体和钢筋混凝土面层或钢筋砂浆面层组合砌体柱(墙)、砖砌体和钢筋混凝土构造柱组合墙和配筋砌体剪力墙结构的统称。

7.1 网状配筋砖砌体构件

在轴心受压砌体的水平灰缝内设置一定数量和规格的钢筋网片(图7-1),砖砌体在发生纵向压缩时,配置的钢筋网片能部分阻止砌体横向变形的发展,使构件承受轴向压力的能力大大提高,这种构件称为网状配筋砖砌体构件。其中配置的钢筋网片称为间接配筋,一般有网片式(图7-1(a))和连弯式(图7-1(b))两种。

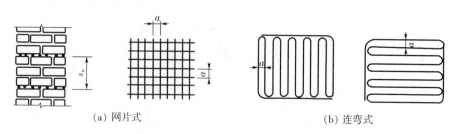

(a) 网片式　　　　　　　　　　　　(b) 连弯式

图7-1 网状配筋砖砌体

7.1.1 受压性能

网状配筋砖砌体轴心受压时,其破坏过程与无筋砌体类似,也可分为三个受力阶段,但在每个阶段的受力特点与无筋砌体有较大的差别。

第一阶段:随着荷载的增大,构件中出现第一条(批)裂缝,为第一阶段。这个阶段砌体的受力特点与无筋砌体的基本相同,但在轴向压力作用下,竖向产生压缩变形,同时横向产生拉伸变形,钢筋产生拉力,约束了砌体的横向变形,同时网状配筋也能改善单砖的受力,从而使第一批裂缝出现时的压力为破坏压力的60%~75%,较无筋砌体的高。

第二阶段:随着荷载的增大,裂缝不断开展,数量逐渐增多,但由于网状钢筋的约束作用,裂缝发展较为缓慢,且砌体内的竖向裂缝受横向钢筋网的约束均产生在钢筋网之间,而不能沿整个砌体高度形成连续的裂缝。此阶段砌体的破坏特征与无筋砌体的破坏特征有较大不同。

第三阶段:当荷载加至极限值时,砌体内有的砖严重开裂或被压碎,砖体完全破坏(图7-2)。此阶段一般不会像无筋砌体

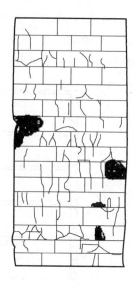

图7-2 网状配筋砌体的破坏

那样形成多个竖向小柱体,砖的强度得到充分利用,因此砌体抗压强度有较大程度的提高。

试验研究表明,砖砌体的抗压强度及间接配筋的体积配筋率是影响网状配筋砌体承载力的主要影响因素。当配筋率合适时,间接钢筋的强度能够得到充分利用,承载力随配筋率的增大而提高,但当配筋率超过一定值时,对承载力影响就很小。同时研究还发现,当构件偏心受压且偏心距较大,或者构件的长细比过大时,网状钢筋的作用减小,砌体受压承载力的提高有限。因此,《砌体结构设计规范》(GB 50003—2001)要求其偏心距不应超过截面核心范围,对于矩形截面构件,即当 $e/y>1/3$(或 $e/h>0.17$)时,或偏心距虽未超过截面核心范围,但构件高厚比 $\beta>16$ 时,均不宜采用网状配筋砖砌体。

7.1.2　网状配筋砖砌体的构造要求

网状配筋砌体构件除了应满足承载力要求外,为保证构件安全而可靠地工作,还应满足下列构造要求:

1. 网状配筋砌体中钢筋的体积配筋率不应小于 0.1%,也不应大于 1%;钢筋网的竖向间距,不应大于 5 皮砖,亦不应大于 400mm。因为研究表明,配筋率太小,砌体强度提高有限;配筋率太大,钢筋的强度不能充分利用;而当钢筋网的竖向间距过大时,承载力的提高就会很有限;

2. 由于钢筋网砌筑在灰缝砂浆内,易于被锈蚀,设置较粗钢筋比较有利。但若钢筋太粗,则导致灰缝增厚,对砌体受力不利。故网状钢筋的直径宜采用 3~4mm,连弯钢筋的直径不应大于 8mm;

3. 当钢筋网的网孔尺寸(钢筋间距)过小时,灰缝中的砂浆不易密实,影响钢筋与砂浆的粘结力;如过大,则网状钢筋的横向约束能力降低。故《规范》规定:钢筋网中钢筋的间距不应小于 30mm,也不应大于 120mm;

4. 所采用的砌体材料强度等级不宜过低,采用强度高的砂浆,砂浆的粘结力大,也有利于保护钢筋。网状配筋砖砌体的砂浆强度等级不应低于 MU7.5;钢筋网应设置在砌体的水平灰缝内,灰缝厚度应保证钢筋上、下至少各有 2mm 的砂浆层,以使灰缝既能保护钢筋,又使砂浆与块体有可靠的粘结。

7.1.3　受压承载力的计算

根据试验研究的成果,网状配筋砖砌体受压构件的承载力,应按下列公式计算:

$$N \leqslant \varphi_n f_n A \tag{7-1}$$

$$f_n = f + 2\left(1 - \frac{2e}{y}\right)\frac{\rho}{100} f_y \tag{7-2}$$

$$\rho = (V_s/V)100 \tag{7-3}$$

式中:N——轴向力设计值;

φ_n——高厚比和配筋率以及轴向力的偏心距对网状配筋砖砌体受压构件承载力的影响系数,可按公式(7-4)计算或者在表 7-1 中查询;

$$\varphi_n = \frac{1}{1 + 12\left[\dfrac{e}{h} + \sqrt{\dfrac{1}{12}\left(\dfrac{1}{\varphi_{0n}} - 1\right)}\right]^2} \tag{7-4}$$

其中稳定系数　　$\varphi_{on}=\dfrac{1}{1+\dfrac{1+3\rho}{667}\beta^2}$　　　　　　　　　　　　　　(7-5)

f_n——网状配筋砖砌体的抗压强度设计值,按式(7-2)计算;

e——轴向力的偏心距;

f_y——钢筋的抗拉强度设计值,当 f_y 大于 320MPa 时,仍采用 $f_y=320$MPa;

ρ——体积配筋率,当采用截面面积为 A_s 的钢筋组成的方格网,网格尺寸为 a 和钢筋网的
间距为 s_n 时,$\rho=\dfrac{2A_s}{as_n}$。

当网状配筋砖砌体构件下端与无筋砌体交接时,尚应验算交接处无筋砌体的局部受压承
载力。

表 7-1　影响系数 φ_n

ρ	$\dfrac{e/h}{\beta}$	0	0.05	0.10	0.15	0.17
0.1	4	0.97	0.89	0.78	0.67	0.63
	6	0.93	0.84	0.73	0.62	0.58
	8	0.89	0.78	0.67	0.57	0.53
	10	0.84	0.72	0.62	0.52	0.48
	12	0.78	0.67	0.56	0.48	0.44
	14	0.72	0.61	0.52	0.44	0.41
	16	0.67	0.56	0.47	0.40	0.37
0.3	4	0.96	0.87	0.76	0.65	0.61
	6	0.91	0.80	0.69	0.59	0.55
	8	0.84	0.74	0.62	0.53	0.49
	10	0.78	0.67	0.56	0.47	0.44
	12	0.71	0.60	0.51	0.43	0.40
	14	0.64	0.54	0.46	0.38	0.36
	16	0.58	0.49	0.41	0.35	0.32
0.5	4	0.94	0.85	0.74	0.63	0.59
	6	0.88	0.77	0.66	0.56	0.52
	8	0.81	0.69	0.59	0.50	0.46
	10	0.73	0.62	0.52	0.44	0.41
	12	0.65	0.55	0.46	0.39	0.36
	14	0.58	0.49	0.41	0.35	0.32
	16	0.51	0.43	0.36	0.31	0.29

（续表）

ρ	β e/h	0	0.05	0.10	0.15	0.17
0.7	4	0.93	0.83	0.72	0.61	0.57
	6	0.86	0.75	0.63	0.53	0.50
	8	0.77	0.66	0.56	0.47	0.43
	10	0.68	0.58	0.49	0.41	0.38
	12	0.60	0.50	0.42	0.36	0.33
	14	0.52	0.44	0.37	0.31	0.30
	16	0.46	0.38	0.33	0.28	0.26
0.9	4	0.92	0.82	0.71	0.60	0.56
	6	0.83	0.72	0.61	0.52	0.48
	8	0.73	0.63	0.53	0.45	0.42
	10	0.64	0.54	0.46	0.38	0.36
	12	0.55	0.47	0.39	0.33	0.31
	14	0.48	0.40	0.34	0.29	0.27
	16	0.41	0.35	0.30	0.25	0.24
1.0	4	0.91	0.81	0.70	0.59	0.55
	6	0.82	0.71	0.60	0.51	0.47
	8	0.72	0.61	0.52	0.43	0.41
	10	0.62	0.53	0.44	0.37	0.35
	12	0.54	0.45	0.38	0.32	0.30
	14	0.46	0.39	0.33	0.28	0.26
	16	0.39	0.34	0.28	0.24	0.23

7.2　组合砖砌体构件

7.2.1　砖砌体和钢筋混凝土面层或钢筋砂浆面层的组合砌体构件

当无筋砌体受压构件的截面尺寸受限制，或设计不经济，以及轴向力的偏心距过大时，可以选用砖砌体和钢筋混凝土面层或钢筋砂浆面层的组合砖砌体构件。

常用的组合砖砌体截面如图 7-3 所示。

1. 轴心受压性能

在轴心受压试验中，当荷载较小时，钢筋、混凝土和砖砌体都处于弹性工作阶段，由于弹性模量的差别，三者产生的应力不同，所以在砌体与面层混凝土或面层砂浆的连接处会产生第一批裂缝。当荷载加大时，砖砌体产生单砖裂缝，但由于钢筋混凝土材料对砖变形的约束，砖内裂缝的开展被抑制而发展缓慢。随着荷载的进一步加大,竖向钢筋被压屈,混凝土面层及砖局部脱落或压碎,组合构件彻底破坏。

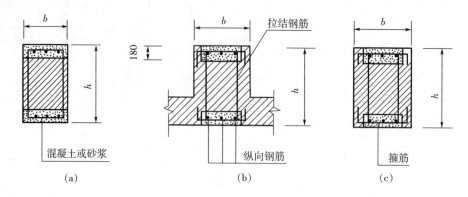

图 7-3 组合砖砌体构件截面

组合砖砌体受压时,砖砌体由于受混凝土或砂浆面层的约束,其抗压变形能力增大,当组合砖砌体达极限承载力时,其内砖砌体的强度未充分利用。在有砂浆面层的情况下,组合砖砌体达极限承载力时的压应变小于钢筋的屈服应变,其内受压钢筋的强度亦未充分利用;用外设混凝土面层的组合砌体轴心受压构件,达到极限承载力时可以达到屈服强度。

根据试验结果,混凝土面层的组合砖砌体,其砖砌体的强度系数 $\eta_m = 0.945$,钢筋的强度系数 $\eta_s = 1.0$;有砂浆面层时,其 $\eta_m = 0.928$,$\eta_s = 0.933$。在承载力计算时,对于混凝土面层,可取 $\eta_m = 0.9$,$\eta_s = 1.0$;对于砂浆面层,可取 $\eta_m = 0.85$,$\eta_s = 0.9$。

2. 轴心受压构件承载力

组合砖砌体轴心受压构件的承载力,应按式(7-6)计算:

$$N \leqslant \varphi_{com}(fA + f_c A_c + \eta_s f'_y A'_s) \tag{7-6}$$

式中:φ_{com}——组合砖砌体构件的稳定系数,可按表 7-2 采用;

表 7-2 组合砖砌体构件的稳定系数 φ_{com}

高厚比 β	配筋率 $\rho(\%)$					
	0	0.2	0.4	0.6	0.8	$\geqslant 1.0$
8	0.91	0.93	0.95	0.97	0.99	1.00
10	0.87	0.90	0.92	0.94	0.96	0.98
12	0.82	0.85	0.88	0.91	0.93	0.95
14	0.77	0.80	0.83	0.86	0.89	0.92
16	0.72	0.75	0.78	0.81	0.84	0.87
18	0.67	0.70	0.73	0.76	0.79	0.81
20	0.62	0.65	0.68	0.71	0.73	0.75
22	0.58	0.61	0.64	0.66	0.68	0.70
24	0.54	0.57	0.59	0.61	0.63	0.65
26	0.50	0.52	0.54	0.56	0.58	0.60
28	0.46	0.48	0.50	0.52	0.54	0.56

[注] 组合砖砌体的配筋率 $\rho = A'_s / bh$。

A——砖砌体的截面面积;

f_c——混凝土或面层水泥砂浆的轴心抗压强度设计值,砂浆的轴心抗压强度设计值可取为
　　　同强度等级混凝土的轴心抗压强度设计值的 70%,当砂浆为 M15 时,取 5.2MPa;
　　　当砂浆为 M10 时,取 3.5MPa;当砂浆为 M7.5 时,取 2.6MPa;

A_c——混凝土或砂浆面层的截面面积;

η_s——受压钢筋的强度系数,当为混凝土面层时,可取 1.0;当为砂浆面层时可取 0.9;

f'_y——钢筋的抗压强度设计值;

A'_s——受压钢筋的截面面积。

3. 偏心受压构件承载力

研究和分析表明,组合砖砌体构件在偏心受压时,其受力和变形性能与钢筋混凝土构件非常接近。因此,在分析组合砖砌体构件偏心受压时,根据偏心距的大小以及受拉区钢筋配置的多寡,构件的破坏也可分为小偏心破坏(图 7 - 4(a))和大偏心破坏(图 7 - 4(b))两种,承载力计算采用与钢筋混凝土偏心受压构件相类似的方法。

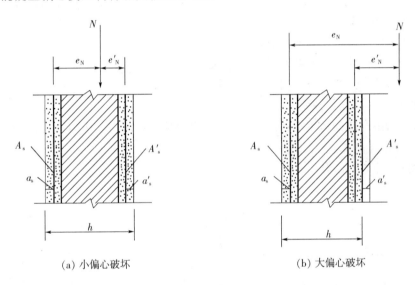

(a) 小偏心破坏　　　　　　　　　　　　(b) 大偏心破坏

图 7 - 4　偏心受压组合砖砌体构件

当偏心距较大且受拉钢筋配置不过多时,发生大偏心破坏,即受拉钢筋先屈服,然后受压区的混凝土(或砂浆)及受压砖砌体被压坏。当面层为钢筋混凝土时,破坏时受压钢筋可达屈服强度,当面层为钢筋砂浆时,破坏时受压钢筋达不到屈服强度。

当荷载作用的偏心距较小,或荷载作用的偏心距较大但受拉钢筋配置过多时,受压区混凝土(或砂浆)及部分受压砌体受压破坏,而受拉钢筋没有达到屈服,这时为小偏压破坏。

组合砖砌体构件偏心受压构件的承载力应按公式(7-7)或者(7-8)计算:

$$N \leqslant fA' + f_c A'_c + \eta_s f'_y A'_s - \sigma_s A_s \qquad (7-7)$$

$$Ne_N \leqslant fS_s + f_c S_{c,s} + \eta_s f'_y A'_s(h_0 - a'_s) \qquad (7-8)$$

此时受压区的高度 x 可按下列公式计算:

$$fS_N + f_c S_{c,N} + \eta_s f'_y A'_s e'_N - \sigma_s A_s e_N = 0 \qquad (7-9)$$

$$e_N = e + e_a + (h/2 - a_s) \qquad (7-10)$$

$$e'_N = e + e_a - (h/2 - a'_s) \qquad (7-11)$$

$$e_a = \frac{\beta^2 h}{2200}(1 - 0.022\beta) \qquad (7-12)$$

式中：σ_s——钢筋 A_s 的应力；

$\quad A_s$——距轴向力 N 较远侧钢筋的截面面积；

$\quad A'$——砖砌体受压部分的面积；

$\quad A'_c$——混凝土或砂浆面层受压部分的面积；

$\quad S_s$——砖砌体受压部分的面积对钢筋 A_s 重心的面积矩；

$\quad S_{c,s}$——混凝土或砂浆面层受压部分的面积对钢筋 A_s 重心的面积矩；

$\quad S_N$——砖砌体受压部分的面积对轴向力 N 作用点的面积矩；

$\quad S_{c,N}$——混凝土或砂浆面层受压部分的面积对轴向力 N 作用点的面积矩；

$\quad e_N、e'_N$——分别为钢筋 A_s 和 A'_s 重心至轴向力 N 作用点的距离；

$\quad e$——轴向力的初始偏心距，按荷载设计值计算，当 e 小于 $0.05h$ 时，应取 e 等于 $0.05h$；

$\quad e_a$——组合砖砌体构件在轴向力作用下的附加偏心距；

$\quad h_0$——组合砖砌体构件截面的有效高度，取 $h_0 = h - a_s$；

$\quad a_s、a'_s$——分别为钢筋 A_s 和 A'_s 重心至截面较近边的距离；

$\quad \beta$——构件高厚比，按偏心方向的边长计算；

$\quad h$——构件截面高度。

上述公式中，组合砖砌体钢筋 A_s 的应力（单位为 MPa，正值为拉应力，负值为压应力）应按下列规定计算：

小偏心受压（即 $\xi > \xi_b$）时

$$\sigma_s = 650 - 800\xi \qquad (7-13)$$

$$-f'_y \leqslant \sigma_s \leqslant f_y \qquad (7-14)$$

大偏心受压（即 $\xi \leqslant \xi_b$）时

$$\sigma_s = f_y \qquad (7-15)$$

$$\xi = \frac{x}{h_0} \qquad (7-16)$$

式中：ξ——组合砖砌体构件截面的相对受压区高度；

$\quad f_y$——钢筋的抗拉强度设计值。

组合砖砌体构件截面受压区相对高度的界限值 ξ_b。当采用 HPB235 级钢筋时，$\xi_b = 0.55$，当采用 HRB335 级钢筋时，$\xi_b = 0.425$。

4. 构造要求

组合砖砌体由砌体和面层混凝土或面层砂浆组成，为了保证它们之间有良好的整体性和共同工作能力，应符合下列构造要求：

(1)面层混凝土强度等级宜采用 C20，面层水泥砂浆强度等级不宜低于 M10，砌筑砂浆的强度等级不宜低于 M7.5；

(2)竖向受力钢筋的混凝土保护层厚度，不应小于表 7-3 中的规定。竖向受力钢筋距砖砌体表面的距离不应小于 5mm；

表 7-3　混凝土保护层最小厚度(mm)

环境条件\构件类别	室内正常环境	露天或室内潮湿环境
墙	15	25
柱	25	35

[注]　当面层为水泥砂浆时,对于柱,保护层厚度可减小5mm。

(3)砂浆面层的厚度,可采用30~45mm。当面层厚度大于45mm时,其面层宜采用混凝土;

(4)竖向受力钢筋宜采用HPB235级钢筋,对于混凝土面层,亦可采用HRB335级钢筋。受压钢筋一侧的配筋率,对砂浆面层,不宜小于0.1%,对混凝土面层,不宜小于0.2%。受拉钢筋的配筋率,不应小于0.1%。竖向受力钢筋的直径,不应小于8mm,钢筋的净间距,不应小于30mm;

(5)箍筋的直径,不宜小于4mm及0.2倍的受压钢筋直径,并不宜大于6mm。箍筋的间距,不应大于20倍受压钢筋的直径及500mm,并不应小于120mm;

(6)当组合砖砌体构件一侧的竖向受力钢筋多于4根时,应设置附加箍筋或拉结钢筋;

(7)对于截面长短边相差较大的构件如墙体等,应采用穿通墙体的拉结钢筋作为箍筋,同时设置水平分布钢筋。水平分布钢筋的竖向间距及拉结钢筋的水平间距,均不应大于500mm(图7-5);

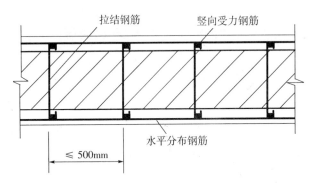

图 7-5　混凝土或砂浆面层组合墙

(8)组合砖砌体构件的顶部及底部,以及牛腿部位,必须设置钢筋混凝土垫块。竖向受力钢筋伸入垫块的长度,必须满足锚固要求。

7.2.2　砖砌体和钢筋混凝土构造柱组合墙

砖混结构墙体设计中,当砖砌体墙的竖向受压承载力不够而墙体厚度又受到限制时,为提高墙体的承载力,可以在墙体中设置一定数量的构造柱,形成砖砌体和钢筋混凝土构造柱组合墙(如图7-6所示)。

砖砌体和钢筋混凝土构造柱组合墙在轴心受压时,由于构造柱和砖砌体墙的刚度不同,其受压过程中产生内力重分布,构造柱承担了较多的墙体上的荷载,并且构造柱和上下部位的圈梁构成“构造框架”,约束了内部砖砌体的变形,不仅提高了组合墙的竖向和水平承载力,也大大加强了墙体的整体性和延性。

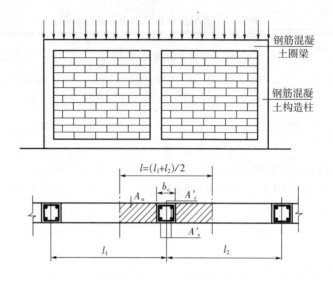

图 7-6 砖砌体和钢筋混凝土构造柱组合墙

试验结果和有限元的分析表明,组合墙在使用阶段,构造柱和砖墙体具有良好的整体工作性能。组合墙的受压承载力随构造柱间距的减小而明显增加,构造柱间距为 2m 左右时,构造柱的作用得到充分发挥。构造柱间距较大时,它约束砌体横向变形的能力减弱,间距大于 4m 时,构造柱对组合墙受压承载力的影响很小。

1. 受压承载力计算

砖砌体和钢筋混凝土构造柱组成的组合砖墙(图 7-6)的轴心受压承载力应按公式(7-17)计算:

$$N \leqslant \varphi_{com} [fA_n + \eta(f_c A_c + f'_y A'_s)] \tag{7-17}$$

$$\eta = \left[\frac{1}{l/b_c - 3} \right]^{\frac{1}{4}} \tag{7-18}$$

式中:φ_{com}——组合砖墙的稳定系数,可按表 7-2 采用;

　　η——强度系数,按式(7-18)计算,当 l/b_c 小于 4 时,取 l/b_c 等于 4;

　　l——沿墙长方向构造柱的间距(mm);

　　b_c——沿墙长方向构造柱的宽度(mm);

　　A_n——砖砌体的净截面面积(mm^2);

　　A_c——构造柱的截面面积(mm^2)。

从式中可以看出,当组合墙的轴心受压承载力低于设计要求的承载力较多时,可以通过减小构造柱间距来获取较大的承载力增长。

2. 构造要求

为保证砖砌体和钢筋混凝土构造柱组合墙整体受力性能和可靠地工作,对组合墙的材料和构造提出了下列要求:

(1)砂浆的强度等级不应低于 M5,构造柱的混凝土强度等级不宜低于 C20;

(2)柱内竖向受力钢筋的混凝土保护层厚度,应符合表 7-3 的规定;

(3)构造柱的截面尺寸不宜小于 240mm×240mm,其厚度不应小于墙厚,边柱、角柱的截面宽度宜适当加大。柱内竖向受力钢筋,对于中柱,不宜少于 4φ12;对于边柱、角柱,不宜少于

4φ14。构造柱的竖向受力钢筋的直径也不宜大于 16mm。其箍筋,一般部位宜采用 φ6、间距 200mm,楼层上下 500mm 范围内宜采用 φ6、间距 100mm。构造柱的竖向受力钢筋应在基础梁和楼层圈梁中锚固并应符合受拉钢筋的锚固要求;

(4)组合砖墙砌体结构房屋,应在纵横墙交接处、墙端部和较大洞口的洞边设置构造柱,其间距不宜大于 4m。各层洞口宜设置在相应位置,并宜上下对齐。

(5)组合砖墙砌体结构房屋应在基础顶面、有组合墙的楼层处设置现浇钢筋混凝土圈梁。圈梁的截面高度不宜小于 240mm;纵向钢筋不宜小于 4φ12,纵向钢筋应伸入构造柱内,并应符合受拉钢筋的锚固要求;圈梁的箍筋宜采用 φ6、间距 200mm;

(6)砖砌体与构造柱的连接处应砌成马牙槎,并应沿墙高每隔 500mm 设 2φ6 拉结钢筋,且每边伸入墙内不宜小于 600mm;

(7)组合砖墙的施工顺序应为先砌墙后浇混凝土构造柱。

7.3　配筋混凝土砌块砌体剪力墙

配筋砌块砌体是在普通混凝土小型空心砌块砌体芯柱和水平灰缝中配置一定数量的钢筋而形成的一种砌体(如图 7-7)。它具有强度高、整体性好、节省材料、延性和抗震性能好的特点。利用这种材料砌成的剪力墙、柱,其受力特点和破坏形态与普通钢筋混凝土剪力墙、柱类似,但是其技术经济指标具有较大的优势,因此在多层及高层建筑中,越来越广泛地得到应用。

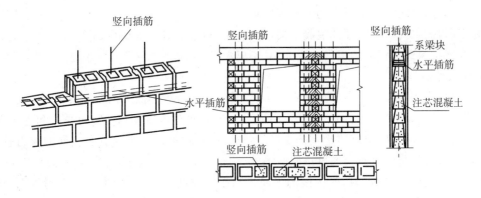

图 7-7　配筋砌块砌体

配筋砌块砌体剪力墙结构的内力与位移,可按弹性方法计算。应根据结构分析所得的内力,分别按轴心受压、偏心受压或者偏心受拉构件进行正截面承载力或者斜截面承载力计算,并应根据结构分析所得的位移进行变形验算。

7.3.1　配筋混凝土砌块砌体剪力墙、柱轴心受压承载力

轴心受压配筋砌块砌体剪力墙、柱,当配有箍筋或水平分布钢筋时,其正截面受压承载力应按下列公式计算:

$$N \leqslant \varphi_{0g}(f_g + 0.8f'_y A'_s) \tag{7-19}$$

$$\varphi_{0g} = \frac{1}{1 + 0.001\beta^2} \tag{7-20}$$

式中：N——轴向力设计值；

　　　f_g——灌孔砌体的抗压强度设计值，按前面章节的内容进行计算；

　　　f'_y——钢筋的抗压强度设计值；

　　　A——构件的毛截面面积；

　　　A'_s——全部竖向钢筋的截面面积；

　　　φ_{0g}——轴心受压构件的稳定系数，按式(7-20)计算；

　　　β——构件的高厚比，计算时配筋砌块砌体的计算高度 H_0 可取层高。

当配筋混凝土砌块砌体剪力墙、柱中未配置箍筋或水平分布钢筋时，其轴心受压承载力仍按公式(7-19)计算，但应取 $f'_y A'_s=0$。

配筋混凝土砌块砌体剪力墙，当竖向钢筋仅配在中间时，其平面外偏心受压承载力可按第4章的方法进行计算，但应采用灌孔砌体的抗压强度设计值。

7.3.2　配筋混凝土砌块砌体剪力墙正截面偏心受压承载力

1. 基本假定

配筋混凝土砌块砌体剪力墙的受力性能与钢筋混凝土的受力性能相近。为此，它在正截面承载力计算中采用了与钢筋混凝土相同的基本假定，即

(1)截面应变保持平面；

(2)竖向钢筋与其毗邻的砌体、灌孔混凝土的应变相同；

(3)不考虑砌体、灌孔混凝土的抗拉强度；

(4)根据材料选择砌体、灌孔混凝土的极限压应变，且不应大于 0.003；

(5)根据材料选择钢筋的极限拉应变，且不应大于 0.01。

2. 受力性能

配筋混凝土砌块砌体剪力墙在偏心受压时，它的受力特点类似于钢筋混凝土偏心受压构件。

大偏心受压($x \leqslant \xi_b h_0$，x 为截面受压区高度，h_0 为截面有效高度)时，竖向受拉和受压主筋达到屈服强度，受压区的砌块砌体达到抗压极限强度，中和轴附近的竖向分布钢筋的应力较小，但离中和轴较远处的竖向分布钢筋可达屈服强度。

小偏心受压($x > \xi_b h_0$)时，受压区的主筋达到屈服强度，另一侧的主筋达不到屈服强度；竖向分布钢筋大部分受压，其应力较小，即使一部分受拉，其应力亦较小。

根据平截面变形假定，配筋混凝土砌块砌体剪力墙在偏心受压时，其界限相对受压区高度可按式(7-21)计算：

$$\xi_b = 0.8 \frac{\varepsilon_{mc}}{\varepsilon_{mc} + \varepsilon_s} \tag{7-21}$$

计算可知，当采用 HPB235 级钢筋时，$\xi_b = 0.60$；当采用 HRB335 级钢筋，$\xi_b = 0.53$。

3. 矩形截面配筋砌块砌体剪力墙偏心受压正截面承载力计算

图 7-8 为矩形截面配筋砌块砌体剪力墙偏心受压正截面承载力计算简图，它采用了与钢筋混凝土剪力墙相同的计算模式。

(1)大偏心受压正截面承载力

按图 7-8(a)取平衡条件，其大偏心受压正截面承载力应按下列方法计算：

$$N \leqslant f_g bx + f'_y A'_s - f_y A_s - \sum f_{si} A_{si} \tag{7-22}$$

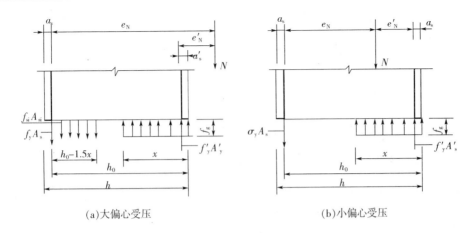

(a)大偏心受压　　　　　　　　　(b)小偏心受压

图 7-8　矩形截面偏心受压计算简图

$$Ne_N \leqslant f_g bx(h_0 - x/2) + f'_y A'_s(h_0 - a'_s) - \sum f_{si} S_{si} \qquad (7-23)$$

式中：N——轴向力设计值；

　　　f_g——灌孔砌体的抗压强度设计值；

　　　f_y、f'_y——竖向受拉、受压主筋的强度设计值；

　　　b——截面宽度；

　　　f_{si}——竖向分布钢筋的抗拉强度设计值；

　　　A_s、A'_s——竖向受拉、受压主筋的截面面积；

　　　A_{si}——单根竖向分布钢筋的截面面积；

　　　S_{si}——第 i 根竖向分布钢筋对竖向受拉主筋的面积矩；

　　　e_N——轴向力作用点到竖向受拉主筋合力点之间的距离；

　　　h_0——截面有效高度，$h_0 = h - a'_s$；

　　　h——截面高度；

　　　a'_s——受压主筋合力点至截面较近边的距离。

上述计算中，当受压区高度 $x < 2a'_s$ 时，其正截面承载力可按式(7-24)计算：

$$Ne'_N \leqslant f_y A_s(h_0 - a'_s) \qquad (7-24)$$

式中：e'_N——轴向力作用点至竖向受压主筋合力点之间的距离；

（2）小偏心受压正截面承载力

按图 7-8(b)取平衡条件，其小偏心受压正截面承载力应按下列公式计算：

$$N \leqslant f_g bx + f'_y A'_s - \sigma_s A_s \qquad (7-25)$$

$$Ne_N \leqslant f_g bx(h_0 - x/2) + f'_y A'_s(h_0 - a'_s) \qquad (7-26)$$

$$\sigma_s = \frac{f_y}{\xi_b - 0.8}\left(\frac{x}{h_0} - 0.8\right) \qquad (7-27)$$

其参数的意义同大偏压承载力的计算公式。

当受压区竖向受压主筋无箍筋或无水平钢筋约束时，可不考虑竖向受压主筋的作用，即取 $f'_y A'_s = 0$。

矩形截面对称配筋砌块砌体剪力墙小偏心受压时，也可近似按下列公式计算钢筋截面面积：

$$\xi=\frac{x}{h_0}=\frac{N-\xi_b f_g bh_0}{\dfrac{Ne_N-0.43f_g bh_0^2}{(0.8-\xi_b)(h_0-a'_s)}+f_g bh_0}+\xi_b \tag{7-28}$$

$$A_s=A'_s=\frac{Ne_N-\xi(1-0.5\xi)f_g bh_0^2}{f'_y(h_0-a'_s)} \tag{7-29}$$

小偏心受压时,由于截面受压区大、竖向分布钢筋的应力较小,计算中未考虑其作用。

7.3.3　配筋混凝土砌块砌体剪力墙斜截面受剪承载力

试验研究表明,配筋混凝土砌块砌体剪力墙的受剪性能和破坏形态与一般钢筋混凝土剪力墙类同。影响其抗剪承载力的主要因素是材料强度、垂直压应力、墙体的剪跨比以及水平钢筋的配筋率。

根据试验研究结果,配筋混凝土砌块砌体剪力墙斜截面受剪承载力,应按下列方法计算:

1. 剪力墙的截面尺寸限制

为了防止墙体不产生斜压破坏,剪力墙的截面应满足式(7-30)要求:

$$V\leqslant 0.25f_g bh \tag{7-30}$$

式中:V——剪力墙的剪力设计值;

　　b——剪力墙截面宽度或 T 形、倒 L 形截面腹板宽度;

　　h——剪力墙的截面高度。

2. 剪力墙在偏心受压时的斜截面受剪承载力

剪力墙在偏心受压时的斜截面受剪承载力应按下列公式计算:

$$V\leqslant \frac{1}{\lambda-0.5}\left(0.6f_{vg}bh_0+0.12N\frac{A_w}{A}\right)+0.9f_{yh}\frac{A_{sh}}{s}h_0 \tag{7-31}$$

$$\lambda=M/Vh_0 \tag{7-32}$$

式中:M、N、V——计算截面的弯矩、轴向力和剪力设计值,当 $N>0.25f_g bh$ 时,取 $N=0.25f_g bh$;

　　λ——计算截面的剪跨比,可按式(7-32)计算。当 λ 小于 1.5 时取 1.5,当 λ 大于等于 2.2 时,取 2.2;

　　f_{vg}——灌孔砌体的抗剪强度设计值;

　　h_0——剪力墙截面的有效高度;

　　A_w——T 形或倒 L 形截面腹板的截面面积,对矩形截面取 A_w 等于 A;

　　A——剪力墙的截面面积;

　　f_{yh}——水平钢筋的抗拉强度设计值;

　　A_{sh}——配置在同一截面内的水平分布钢筋的全部截面面积;

　　s——水平分布钢筋的竖向间距。

3. 剪力墙在偏心受拉时的斜截面受剪承载力

剪力墙在偏心受拉时的斜截面受剪承载力应按下式计算:

$$V\leqslant \frac{1}{\lambda-0.5}\left(0.6f_{vg}-0.22N\frac{A_w}{A}\right)+0.9f_{yh}\frac{A_{sh}}{s}h_0 \tag{7-33}$$

7.3.4　配筋混凝土砌块砌体剪力墙连梁的设计

配筋混凝土砌块砌体剪力墙中的连梁可以采用配筋混凝土砌块砌体,亦可采用钢筋混凝土梁。这两种连梁的受力性能类同,当连梁采用钢筋混凝土连梁时,连梁的承载力应按现行国家标准《混凝土结构设计规范》(GB 50010—2002)的有关规定进行计算,配筋混凝土砌块砌体连梁承载力计算公式的模式与钢筋混凝土连梁的相同。

当连梁采用配筋砌块砌体时,应符合下列规定:

(1)连梁的截面应符合下列要求:

$$V_b \leqslant 0.25 f_g bh \tag{7-34}$$

(2)斜截面受剪承载力应按下式计算:

$$V_b \leqslant 0.8 f_{vg} bh_0 + f_{yv} \frac{A_{sv}}{s} h_0 \tag{7-35}$$

式中:V_b——连梁的剪力设计值;

b、h——连梁的截面宽度和高度;

h_0——连梁的截面有效高度;

A_{sv}——配置在同一截面内箍筋各肢的全部截面面积;

f_{yv}——箍筋的抗拉强度设计值;

s——沿构件长度方向箍筋的间距。

(3)配筋混凝土砌块砌体连梁的正截面受弯承载力,应按《混凝土结构设计规范》中受弯构件的有关规定进行计算,但应采用配筋混凝土砌块砌体的计算参数和指标。见图 7 - 9。

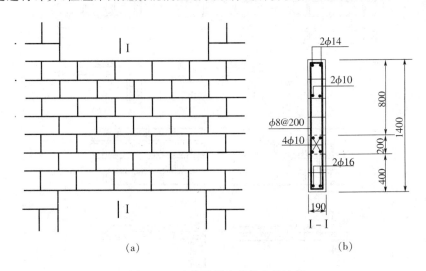

图 7 - 9　配筋混凝土砌块砌体连梁

7.3.5　配筋混凝土砌块砌体剪力墙构造要求

为保证配筋混凝土砌块砌体剪力墙结构安全可靠,除必须满足承载力要求外,还要满足以下的构造要求:

7.3.5.1 钢筋

1. 钢筋的规格应符合下列规定：

(1)钢筋的直径不宜大于25mm,当设置在灰缝中时不应小于4mm;

(2)配置在孔洞或空腔中的钢筋面积不应大于孔洞或空腔面积的6%。

2. 钢筋的设置应符合下列规定：

(1)设置在灰缝中钢筋的直径不宜大于灰缝厚度的1/2;

(2)两平行钢筋的净距不应小于25mm;

(3)柱和壁柱中的竖向钢筋的净距不宜小于40mm(包括接头处钢筋间的净距)。

3. 钢筋在灌孔混凝土中的锚固(如图7-10)应符合下列规定：

(1)当计算中充分利用竖向受拉钢筋强度时,其锚固长度 l_a,对 HRB335 级钢筋不宜小于30d;对 HRB400 和 RRB400 级钢筋不宜小于35d;在任何情况下钢筋(包括钢丝)锚固长度不应小于300mm;

(2)竖向受拉钢筋不宜在受拉区截断。如必须截断时,应延伸至按正截面受弯承载力计算不需要该钢筋的截面以外,延伸的长度不应小于20d;

(3)竖向受压钢筋在跨中截断时,必须伸至按计算不需要该钢筋的截面以外,延伸的长度不应小于20d;对绑扎骨架中末端无弯钩的钢筋,不应小于25d;

(4)钢筋骨架中的受力光面钢筋,应在钢筋末端作弯钩,在焊接骨架、焊接网以及轴心受压构件中,可不作弯钩;绑扎骨架中的受力变形钢筋,在钢筋的末端可不作弯钩。

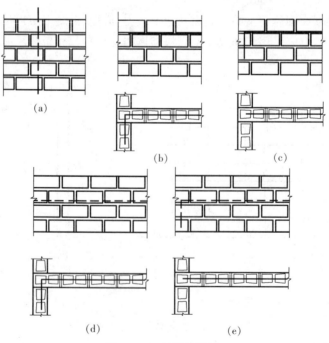

图 7-10 钢筋的锚固

4. 钢筋的接头应符合下列规定：

钢筋的直径大于22mm时宜采用机械连接接头,接头的质量应符合有关标准、规范的规定;其他直径的钢筋可采用搭接接头,并应符合下列要求：

(1)钢筋的接头位置宜设置在受力较小处;

（2）受拉钢筋的搭接接头长度不应小于 $1.1l_a$，受压钢筋的搭接接头长度不应小于 $0.7l_a$，但不应小于 300mm；

（3）当相邻接头钢筋的间距不大于 75mm 时，其搭接长度应为 $1.2l_a$。当钢筋间的接头错开 $20d$ 时，搭接长度可不增加。

5. 水平受力钢筋（网片）的锚固和搭接长度应符合下列规定：

（1）在凹槽砌块混凝土带中钢筋的锚固长度不宜小于 $30d$，且其水平或垂直弯折段的长度不宜小于 $15d$ 和 200mm，钢筋的搭接长度不宜小于 $35d$；

（2）在砌体水平灰缝中，钢筋的锚固长度不宜小于 $50d$，且其水平或垂直弯折段的长度不宜小于 $20d$ 和 150mm，钢筋的搭接长度不宜小于 $55d$。

（3）在隔皮或错缝搭接的灰缝中，水平受力钢筋的锚固和搭接长度为 $50d + 2h$，d 为灰缝受力钢筋的直径，h 为水平灰缝的间距。

6. 钢筋的最小保护层厚度应符合下列要求：

（1）灰缝中钢筋外露砂浆保护层不宜小于 15mm；

（2）位于砌块孔槽中的钢筋保护层，在室内正常环境不宜小于 20mm，在室外或潮湿环境不宜小于 30mm；

（3）对安全等级为一级或设计使用年限大于 50 年的配筋砌体结构构件，钢筋的保护层应比上述规定的厚度至少增加 5mm，或采用经防腐处理的钢筋、抗渗混凝土砌块等措施。

7.3.5.2　配筋砌块砌体剪力墙、连梁的构造要求

配筋砌块砌体剪力墙、连梁的砌体材料强度等级应符合下列规定：

（1）砌块不应低于 MU10；

（2）砌筑砂浆不应低于 Mb7.5；

（3）灌孔混凝土不应低于 Cb20。

对安全等级为一级或设计使用年限大于 50 年的配筋砌块砌体房屋，所用材料的最低强度等级应至少提高一级。

2. 配筋砌块砌体剪力墙厚度、连梁截面宽度不应小于 190mm。

3. 配筋砌块砌体剪力墙的构造配筋应符合下列规定：

（1）应在墙的转角、端部和孔洞的两侧配置竖向连续的钢筋，钢筋直径不宜小于 12mm；

（2）应在洞口的底部和顶部设置不小于 2φ10 的水平钢筋，其伸入墙内的长度不宜小于 $35d$ 和 400mm；

（3）应在楼（屋）盖的所有纵横墙处设置现浇钢筋混凝土圈梁，圈梁的宽度和高度宜等于墙厚和块高，圈梁主筋不应少于 4φ10，圈梁的混凝土强度等级不宜低于同层混凝土块体强度等级的 2 倍，或该层灌孔混凝土的强度等级，也不应低于 C20；

（4）剪力墙其他部位的竖向和水平钢筋的间距不应大于墙长、墙高之半，也不应大于 1200mm。对局部灌孔的砌体，竖向钢筋的间距不应大于 600mm；

（5）剪力墙沿竖向和水平方向的构造钢筋配筋率均不宜小于 0.07%。

4. 按壁式框架设计的配筋砌块窗间墙除应符合前述 1、2、3 条外，尚应符合下列规定：

（1）窗间墙的截面应符合：墙宽不应小于 800mm，也不宜大于 2400mm；墙净高与墙宽之比不宜大于 5；

（2）窗间墙中的竖向钢筋应符合：每片窗间墙中沿全高不应少于 4 根钢筋，沿墙的全截面应配置足够的抗弯钢筋，窗间墙的竖向钢筋的含钢率不宜小于 0.2%，也不宜大于 0.8%；

(3)窗间墙中的水平分布钢筋应符合:应在墙端部纵筋处弯 180°标准钩,或采取等效的措施;水平分布钢筋的间距,在距梁边 1 倍墙宽范围内不应大于 1/4 墙宽,其余部位不应大于 1/2 墙宽;水平分布钢筋的配筋率不宜小于 0.15%。

5.配筋砌块砌体剪力墙应按下列情况设置边缘构件:

(1)当利用剪力墙端的砌体时,应符合下列规定:在距墙端至少 3 倍墙厚范围内的孔中设置不小于 φ12 通长竖向钢筋;当剪力墙端部的设计压应力大于 $0.8f_g$ 时,除设置竖向钢筋外,尚应设置间距不大于 200mm、直径不小于 6mm 的水平钢筋(钢箍),该水平钢筋宜设置在灌孔混凝土中;

(2)当在剪力墙墙端设置混凝土柱时,应符合下列规定:柱的截面宽度宜等于墙厚,柱的截面长度宜为 1～2 倍的墙厚,并不应小于 200mm;柱的混凝土强度等级不宜低于该墙体块体强度等级的 2 倍,或该墙体灌孔混凝土的强度等级,也不应低于 C20;柱的竖向钢筋不宜小于 4φ12,箍筋宜为 φ6、间距 200mm;墙体中的水平钢筋应在柱中锚固,并应满足钢筋的锚固要求;柱的施工顺序宜为先砌砌块墙体,后浇捣混凝土。

6.配筋砌块砌体剪力墙中当连梁采用钢筋混凝土时,连梁混凝土的强度等级不宜低于同层墙体块体强度等级的 2 倍,或同层墙体灌孔混凝土的强度等级,也不应低于 C20;其他构造尚应符合现行国家标准《混凝土结构设计规范》GB 50010—2002 的有关规定要求。

7.配筋砌块砌体剪力墙中当连梁采用配筋砌块砌体时,连梁应符合下列规定:

(1)连梁的截面应符合下列要求:连梁的高度不应小于两皮砌块的高度和 400mm;连梁应采用 H 形砌块或凹槽砌块组砌,孔洞应全部浇灌混凝土。

(2)连梁的水平钢筋宜符合下列要求:连梁上、下水平受力钢筋宜对称、通长设置,在灌孔砌体内的锚固长度不应小于 35d 和 400mm;连梁水平受力钢筋的含钢率不宜小于 0.2%,也不宜大于 0.8%。

(3)连梁的箍筋应符合下列要求:箍筋的直径不应小于 6mm;箍筋的间距不宜大于 1/2 梁高和 600mm;在距支座等于梁高范围内的箍筋间距不应大于 1/4 梁高,距支座表面第一根箍筋的间距不应大于 100mm;箍筋的面积配筋率不宜小于 0.15%;箍筋宜为封闭式,双肢箍末端弯钩为 135°;单肢箍末端的弯钩为 180°,或弯 90°加 12 倍箍筋直径的延长段。

7.3.5.3 配筋砌块砌体柱的构造要求

配筋砌块砌体柱的构造要求如图 7-11 所示。

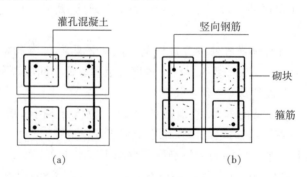

图 7-11 配筋砌块砌体柱截面

材料强度等级除应符合上述配筋砌块砌体剪力墙、连梁的砌体材料强度等级的规定外,尚应符合下列规定:

(1)柱截面边长不宜小于 400mm,柱高度与截面短边之比不宜大于 30;

（2）柱的竖向钢筋的直径不宜小于 12mm，数量不应少于 4 根，全部竖向受力钢筋的配筋率不宜小于 0.2%；

（3）柱中箍筋的设置应根据根据下列情况确定：

当竖向钢筋的配筋率大于 0.25%，且柱承受的轴向力大于受压承载力设计值的 25% 时，柱应设箍筋；当配筋率≤0.25% 时，或柱承受的轴向力小于受压承载力设计值的 25% 时，柱中可不设置箍筋；箍筋直径不宜小于 6mm；箍筋的间距不应大于 16 倍的纵向钢筋直径、48 倍箍筋直径及柱截面短边尺寸中较小者；箍筋应封闭，端部应弯钩；箍筋应设置在灰缝或灌孔混凝土中。

7.4　例　　题

[**例 7-1**]　一网状配筋柱，截面尺寸为 490mm×490mm，柱的计算高度 $H_0=4.5$m，柱采用 MU10 烧结普通砖及 M7.5 混合砂浆砌筑，承受轴向压力设计值 N＝480kN。网状配筋选用 4mm 冷拔低碳钢丝方格网，$s_n=240$mm，$a=50$mm，验算此柱的承载力。

[**解**]　查表，得 $f=1.69$N/mm²，$f_y=430$N/mm²，$A_s=12.6$mm²，

$A=0.49×0.49=0.24$m²>0.2m²，不需要考虑砌体强度调整系数

$f_y=430$N/mm²>320N/mm²，取 $f_y=320$N/mm²

$$\beta=\frac{H_0}{h}=\frac{4.5}{0.49}=9.2<16,\frac{e}{h}=0$$

$$\rho=\frac{2A_s}{as_n}100\%=\frac{2×12.6}{50×240}×100\%=0.21\%>0.1\%且小于1\%$$

$$f_n=f+2(1-\frac{2e}{y})\frac{\rho}{100}f_y=1.69+2×\frac{0.21}{100}×320=3.03\text{N/mm}^2$$

根据 $\beta=9.2$，$\rho=0.21\%$，$e/h=0$，查表得 $\varphi_n=0.82$

承载力设计值为

$$\varphi_n f_n A=0.82×3.03×0.24×10^3=596.0\text{kN}>480\text{kN}$$

满足要求。

[**例 7-2**]　有一截面为 240mm×490mm 的组合砖柱（图 7-12），柱高为 3.4m，柱两端为不动铰支座，组合砌体采用 C20 混凝土，MU10 砖，M7.5 混合砂浆，混凝土内配 4ϕ8 钢筋。计算该柱的受压承载力设计值。

[**解**]

砖砌体面积 $A=0.24×0.25=0.06$m²

混凝土面积 $A_c=0.24×0.24=0.0576$m²

由《砌体规范》查得 MU10 砖、M7.5 混合砂浆时，$f_c=1.69$N/mm²

因 $A=0.06$m²<0.2m²，应对砌体强度进行修正，$\gamma_a=0.06+0.8=0.86$，则 $\gamma_a f=0.86×1.69=1.453$N/mm²

C20 混凝土的轴心抗压强度设计值 $f_c=9.6$N/mm²

由于组合砖砌体表面是混凝土，$\eta_s=1.0$

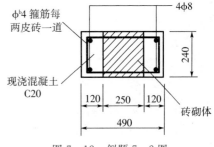

图 7-12　例题 7-2 图

（图中标注：4ϕ8；ϕ4 箍筋每两皮砖一道；240；现浇混凝土 C20；砖砌体；120　250　120；490）

受压钢筋的抗压强度设计值 $f'_y = 210 \text{N}/\text{mm}^2$

受压钢筋的面积为 $A'_s = 201 \text{mm}^2$

构件截面配筋率 $\rho' = \dfrac{A'_s}{bh} = \dfrac{201}{240 \times 490} = 0.171\%$

由于柱两端为不动铰支座，计算高度 $H_0 = 1.0H = 3.4\text{m}$

柱的高厚比 $\beta = H_0/h = 3.4/0.24 = 14.2$

由《砌体规范》表得：$\varphi_{com} = 0.7955$

该柱的受压承载力为

$$\varphi_{com}(fA + f_cA_c + \eta_s f'_y A'_s) = 0.7955 \times (1.453 \times 0.06 + 9.6 \times 0.0576 + 1.0 \times 210 \times 2.01 \times$$
$$10^{-4}) \times 10^3 = 542.81\text{kN}$$

思考题与习题

7-1 网状配筋砖砌体与无筋砖砌体受压特性有何异同？

7-2 试述砖砌体和钢筋混凝土构造柱组合墙中构造柱对于结构受力有何影响。

7-3 某房屋横墙，墙厚240mm，计算高度4.5m；采用烧结页岩砖 MU10 和水泥混合砂浆 M5，墙内设置间距为 2.0m 的钢筋混凝土构造柱，其截面为 240mm×240mm、C20 混凝土、配 4φ12 钢筋；施工质量控制等级为 B 级。试计算该组合墙的轴心受压承载力。

第8章 砌体结构房屋的抗震设计

砌体结构由于自身的一些特点,当前在我国是应用很广泛,历史也比较悠久的一种结构形式,其数量众多,分布全国各地。但是砌体材料的特点是脆性明显,其抗拉、抗剪、抗弯能力较差,如果设计不合理,在地震作用下,很容易发生震害。历次的地震灾害中,高烈度地区砌体结构房屋大量倒塌,造成生命财产的巨大损失。但对于那些经过合理的抗震设计,施工质量好的砌体结构房屋,则震害明显减小,在地震作用下能保持完好或者震害较轻。由此可见,对砌体结构进行抗震的合理设计至关重要。

8.1 砌体结构房屋的震害

由于砌体结构材料的脆性性质,未经抗震设计时,其抗震性能相对较差,在地震作用时很容易受到破坏。其破坏主要有以下几种:

(1)房屋整体或局部倒塌。砌体结构房屋竖向主要承重构件是墙体,地震时,当结构下部特别是底层墙体强度不足时,易导致房屋整体倒塌;当结构上部墙体强度不足时,易造成上部结构倒塌,并将下部砸坏;当结构平、立面体型复杂且处理不当,在房屋墙角、纵横墙连接处、平面凹凸变化处、楼梯间墙体、房屋附属物等部位的墙体易造成局部倒塌。

(2)墙体开裂破坏。砌体结构墙体在地震作用下可以产生不同形式的裂缝。与水平地震作用方向相平行的墙体受到平面内地震剪力的作用,在地震剪力以及竖向荷载共同作用下,当该墙体内的主拉应力超过砌体强度时,墙体就会产生斜裂缝或交叉斜裂缝,一般底层墙体及山墙的交叉斜裂缝比普通横墙严重;当墙体在受到与之方向垂直的水平地震剪力作用,发生平面外受弯受剪时,产生水平裂缝;在水平及竖向地震作用下,纵横墙连接处受力情况复杂,产生应力重叠与集中,当纵横墙交接处连接不好时,容易出现竖向裂缝,甚至倒塌。

(3)其他的破坏形式。如楼板或梁在墙上支承长度不足,缺乏可靠拉结措施,在地震时造成塌落,从而导致楼盖与屋盖破坏;突出于建筑物之外的附属构件(如突出屋面的砖烟囱、女儿墙、屋顶间等)的倒塌;温度缝未能满足抗震缝要求时,缝两侧墙体撞击造成破坏;当砂土地基由于受震"液化",使房屋产生不均匀沉降等等。

在对震害的调查中发现,整体倒塌主要发生在地震烈度很高的地区;在9度区,局部倒塌较多,少数整体倒塌;在7度区,较多房屋出现轻微裂缝,少数房屋遭受中等程度破坏;在6度区除女儿墙、出屋面烟囱等遭受严重破坏外,主体结构仅少数出现轻微裂缝。由此可见,尽管在6度区就会有砌体结构被破坏,但震害一般随烈度的提高而出现加剧的倾向,同时在调查研究中发现,只要设计合理、构造得当,保证施工质量,砌体结构就会具有很好的抗震能力。

8.2 砌体结构房屋抗震设计的一般规定

结构抗震概念设计包括砌体结构房屋的平面、立面及结构抗震体系的选择与布置,它对整个结构的抗震性能具有全局性的影响,其具体要求如下:

8.2.1 建筑物平、立面及结构布置的要求

1. 多层砌体房屋要注意选择平、立面简单、规则、对称的体型,同时抗侧力构件要均匀布置。如果采用不规则结构,结构各部分质量和刚度分布不均匀、质量中心和刚度中心不重合,会加大震害,结构极易破坏。若结构平立面较复杂时,可以通过设置抗震缝将其分成若干个体型简单、规则的独立单元。

2. 多层砌体房屋结构体系应优先选用横墙承重或纵横墙共同承重的方案,而纵墙承重方案因横向支承少,纵墙易产生平面外弯曲破坏而导致倒塌,故应尽量避免采用。

3. 结构体系中纵横墙的布置应均匀对称,沿平面内宜对齐,沿竖向应上下连续,同一轴线上的窗间墙宽度宜均匀。

4. 房屋有下列情况之一时宜设防震缝,缝两侧均应设置墙体,缝宽应根据烈度和房屋高度确定,可采用 50~100mm:

①房屋立面高差在 6m 以上;

②房屋有错层,且楼板高差较大;

③各部分结构刚度、质量截然不同。

5. 楼梯间不宜设置在房屋的尽端和转角处。

6. 烟道、风道、垃圾道等不应削弱墙体,当墙体被削弱时,应对墙体采取加强措施。不宜采用无竖向配筋的附墙烟囱及出屋面的烟囱。

7. 不应采用无锚固的钢筋混凝土预制挑檐。

8.2.2 对房屋总层数和高度的限制

通过对历次震害的调查发现,在一定的地基条件下,多层砌体房屋的抗震能力,与房屋的层数和总高度有直接的关系。随着多层砌体结构房屋高度和层数的增加,房屋的破坏程度加重。因此《建筑抗震设计规范》(GB 50011—2001)对砌体结构的层数和总高度做一定的限制,见表8-1。

表 8-1　多层砌体房屋的层数和总高度限值(m)

房屋类别	最小厚度 (mm)	设防烈度							
		6		7		8		9	
		高度	层数	高度	层数	高度	层数	高度	层数
普通粘土砖	240	24	8	21	7	18	6	12	4
多孔砖	240	21	7	21	7	18	6	12	4
多孔砖	190	21	7	18	6	15	5	—	—
混凝土小砌块	190	21	7	21	7	18	6	—	—

[注](1)房屋的总高度指室外地面到檐口或屋面板顶的高度。半地下室可从地下室室内地面算起,全地下室和嵌固条件好的半地下室可从室外地面算起,带阁楼的坡屋面应算到山尖墙的1/2高度处;(2)室内外高差大于0.6m时,房屋总高度可比表中数据增加1m。

一般情况下,多层砌体结构房屋的层数和总高度不应超过表8-1的规定。对医院、教学楼等横墙较少(横墙较少指同一层内开间大于4.2m的房间占该层总面积的40%以上)的多层砌体

房屋总高度,应比表 8-1 的规定降低 3m,层数相应减少一层;各层横墙很少的多层砌体房屋,还应根据具体情况再适当降低总高度和减少层数。横墙较少的多层住宅楼,当按规定采取加强措施并满足抗震承载力要求时,其高度和层数可仍按表 8-1 的规定采用。砖和砌块砌体承重房屋的层高,不应超过 3.6m。

8.2.3　对多层房屋高宽比限制

当房屋高宽比(总高度与总宽度之比)过大时,地震作用下由整体弯曲在墙体中产生的附加应力也将增大,将导致水平裂缝甚至发生整体倾覆破坏。对于多层砌体结构房屋虽不作整体弯曲验算,但为了保证房屋的整体稳定性,《建筑抗震设计规范》(GB 50011-2001)要求其高宽比须满足表 8-2 规定的最大高宽比要求。

表 8-2　房屋最大高宽比

设防烈度	6	7	8	9
最大高宽比	2.5	2.5	2.0	1.5

[注]　(1)单面走廊房屋的总宽度不包括走廊宽度;(2)点式、墩式建筑的高宽比宜适当减小。

8.2.4　对抗震横墙最大间距的要求

抗震横墙的横向水平作用主要靠横墙承担,抗震横墙的间距直接影响到房屋的空间刚度。震害调查表明,横墙间距过大时,结构的空间刚度小,楼盖在自身平面内发生的过大变形使其不能将地震作用合理地传递给抗震横墙,从而导致纵墙在平面外弯曲破坏。因此,《建筑抗震设计规范》(GB 50011-2001)规定,多层砌体房屋中,抗震横墙间距必须根据楼盖的水平刚度给予限制,使其满足表 8-3 的要求。

表 8-3　房屋抗震横墙最大间距

房屋楼盖类别	设防烈度			
	6	7	8	9
现浇和装配整体式钢筋混凝土楼、屋盖	18	18	15	11
装配式钢筋混凝土楼、屋盖	15	15	11	7
木楼、屋盖	11	11	7	4

[注]　(1)多层砌体房屋的顶层,最大横墙间距可适当放宽;(2)表中木楼、屋盖的规定,不适用于小砌块砌体结构。

8.2.5　砌体房屋墙段的局部尺寸限值

震害调查表明,墙体中一些墙段如窗间墙、无锚固的女儿墙、墙端至门窗洞口边的尽端墙是易受震害影响的薄弱部位,如果尺寸不够极易破坏。为防止因这些局部部位破坏引起房屋的倒塌,房屋中砌体墙段的局部尺寸宜符合表 8-4 中规定的限值的要求。

表 8-4　房屋局部尺寸限值(m)

部　　位	6 度	7 度	8 度	9 度
承重窗间墙最小宽度	1.0	1.0	1.2	1.5
承重外墙尽端至门窗洞边的最小距离	1.0	1.0	1.2	1.5
非承重外墙尽端至门窗洞边的最小距离	1.0	1.0	1.0	1.0
内墙阳角至门窗洞边的最小距离	1.0	1.0	1.5	2.0
无锚固女儿墙(非出入口处)的最大高度	0.5	0.5	0.5	0

[注]　(1)局部尺寸不够时应采取局部加强措施弥补;(2)出入口处的女儿墙应有锚固。

8.2.6　材料的强度等级的要求

为保证砌体受地震作用时的抗震要求,其所用材料应满足以下要求:

(1)烧结普通砖和烧结多孔砖的强度等级不应低于 MU10,其砌筑砂浆强度等级不应低于 M5。

(2)混凝土小型空心砌块的强度等级不应低于 MU7.5,其砌筑砂浆强度等级不应低于 M7.5;配筋砌块砌体剪力墙中砌筑砂浆的强度等级不应低于 Mb10。

(3)构造柱、芯柱、圈梁和其他筋混凝土构件的混凝土强度等级不应低于 C20。

8.3　砌体结构房屋抗震计算

根据《建筑抗震设计规范》的要求,对于多层砌体房屋的抗震计算,一般须验算房屋在横向和纵向水平地震作用下,横墙和纵墙在其自身平面内的抗剪承载力,一般不进行竖向地震作用承载力的验算。

砌体房屋层数不多,刚度沿高度分布一般比较均匀,并以剪切变形为主,因此可用底部剪力法计算各楼层地震作用及产生的剪力的大小。

在楼层各墙段进行地震剪力的分配时,沿一个主轴方向的水平地震作用全部由该方向的抗侧力构件承担,并可根据层间墙段的不同高宽比,分别按剪切和弯剪变形同时考虑,较符合实际情况。

在验算楼层抗剪承载力时,根据《建筑抗震设计规范》的规定,可只选择从属面积较大或者竖向应力较小的不利墙段进行验算。

8.3.1　计算简图的确定

采用底部剪力法计算水平地震作用时,可将多层砌体房屋的楼、屋盖和墙体质量集中到各层楼、屋盖处,从而将结构简化为如图 8-1 或者图 8-2 所示的下端嵌固计算简图。其中,底部固定端的位置确定,当基础埋置较浅时,取为基础顶面;当基础埋置较深时,取为室外地坪下 0.5m 处;当设有整体刚度很大的全地下室时,取为地下室顶板处;当地下室整体刚度较小或为半地下室时,取为地下室室内地坪处。集中在 j 层楼盖处的质点荷载 G_j 称为重力荷载代表值,包括 j 层楼盖自重、作用在该层楼面上的可变荷载和以该楼层为中心上、下各半层的墙体自重之和。计算重力荷载代表值时,结构和构配件自重取标准值,可变荷载取组合值。各可变荷载的组合值系数应按表 8-5 采用。

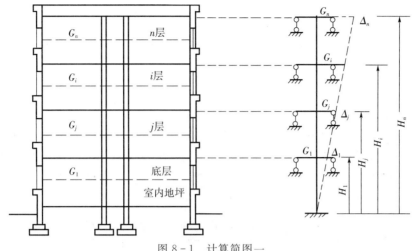

图 8-1　计算简图一

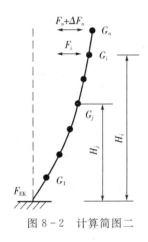

图 8-2　计算简图二

表 8-5　可变荷载组合值

可变荷载种类		组合值系数
雪荷载		0.5
屋面活荷载		不考虑
按实际情况考虑的楼面活荷载		1.0
按等效均布荷载 考虑的楼面活荷载	藏书库、档案库	0.8
	其他民用建筑	0.5

8.3.2　水平地震作用和楼层地震剪力计算

采用底部剪力法时,结构总水平地震作用标准值 F_{EK} 应按下列公式确定:

$$F_{EK} = \alpha_1 G_{eq} \qquad (8-1)$$

式中:α_1——相当于结构基本自振周期的水平地震影响系数,多层砌体房屋由于墙体多,刚度大,基本周期短,可取 $\alpha_1 = \alpha_{max}$,α_{max} 可按表 8-6 查询;

G_{eq}——结构等效总重力荷载,单质点应取总重力荷载代表值,多质点可取总重力荷载代表值的 85%,即 $G_{eq} = 0.85 \sum G_i$。

各楼层的水平地震作用标准值 F_i 可按下式计算:

$$F_i = \frac{G_i H_i}{\sum\limits_{k=1}^{n} G_k H_k} F_{EK} \qquad (8-2)$$

式中:G_i、G_j——分别为集中于第 i、j 楼层的重力荷载代表值;

H_i、H_j——分别为结构底部截面第 i、j 楼层质点的计算高度。

作用于第 i 层的楼层地震剪力标准值 V_i 为第 i 层以上地震作用标准值之和,即:

$$V_i = \sum_{k=1}^{n} F_k \qquad (8-3a)$$

出于结构安全的考虑,抗震验算时 V_i 尚应符合如下楼层最小地震剪力要求:

$$V_i = \lambda \sum_{j=1}^{n} G_j \qquad (8-3b)$$

式中:λ——剪力系数,7 度取 0.016,8 度取 0.032,9 度取 0.064。

采用底部剪力法时,对于带有局部突出屋面的屋顶间、女儿墙、烟囱等附属建筑的多层体砌体房屋,由于地震时的鞭梢效应,这些突出屋面的附属物地震作用被放大,因此在计算时宜将这些部位的地震作用乘以增大系数 3 后进行设计计算、验算,此增大的部分不应往下传递,但与该突出部分相连的构件计算时应予计入。

表 8-6 水平地震影响最大系数(阻尼比为 0.05 时)

地震影响	设防烈度			
	6	7	8	9
多遇地震	0.04	0.08	0.16	0.32
罕遇地震	—	0.50	0.90	1.40

8.3.3 楼层地震剪力在各墙体间的分配

通过上述方法求得楼层的地震剪力后,还必须将各楼层的地震剪力分配给各道抗震横墙的各墙段上,才能进行抗震承载力的验算

在多层砌体房屋中,由于各墙体平面内的抗侧力刚度很大,而平面外的刚度很小,在设计时可假定沿某一水平方向作用的楼层地震剪力 V_i 全部由同一层墙体中与该方向平行的各墙体共同承担,各方向中每道墙承担地震作用的大小主要与楼、屋盖的平面内刚度和各墙体的抗侧力刚度等因素有关。

对于开有门窗洞口的墙体,各墙段的地震剪力按墙段的侧移刚度分配。

1. 墙体的侧移刚度

如图 8-3 所示墙体,令墙体高度、宽度和厚度分别为 h、b 和 t。在其顶端作用有与墙长方向一致的单位侧向力时,产生的侧移 δ 称为该墙体的侧移柔度,一般应包括层间弯曲变形 δ_b 和剪切变形 δ_s:

$$\delta = \delta_b + \delta_s = \frac{h^3}{12EI} + \frac{\xi h}{AG} \qquad (8-4)$$

式中:A、I——分别为墙体水平截面面积和惯性矩;

E、G——分别为砌体弹性模量和剪变模量,对于于砖砌体材料,可取 $G = 0.4E$;

ξ——截面剪应力不均匀系数,矩形截面 $\xi = 1.2$。

所以对于矩形截面的砌体墙段,公式(8-4)又可改写为:

$$\delta = \frac{1}{Et}\left[\left(\frac{h}{b}\right)^3 + 3\left(\frac{h}{b}\right)\right] \qquad (8-5)$$

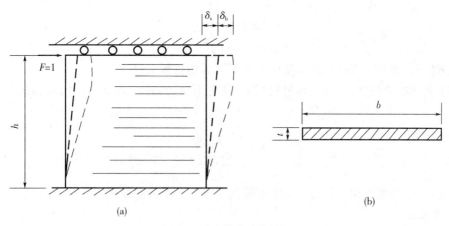

图 8-3　墙体的计算简图

如只考虑墙体的剪切变形,其侧移柔度为:

$$\delta_s = \frac{\xi h}{AG} = \frac{\xi h}{btG} \tag{8-6}$$

如只考虑墙体的弯曲变形,其侧移柔度为:

$$\delta_b = \frac{h^3}{12EI} = \frac{1}{Et}\left(\frac{h}{b}\right)^3 \tag{8-7}$$

侧移柔度 δ 的倒数称为墙体抗侧力刚度 K(或侧移刚度),即 $K = 1/\delta$。

从公式(8-5)可知,对于图 8-3 所示的不同高宽比(h/b)的无洞口墙段,其剪切变形和弯曲变形所占的比例在总变形中有很大的差别。经研究我们可以认为:

当 $h/b < 1$ 时,确定层间等效侧向刚度可只计算剪切变形,此时

$$K = \frac{Etb}{3h} \tag{8-8}$$

当 $1 \leqslant h/b \leqslant 4$ 时,层间等效侧向刚度的计算应同时考虑弯曲和剪切变形,其抗侧力刚度为:

$$K = \frac{Et}{\dfrac{h}{b}\left[\left(\dfrac{h}{b}\right)^2 + 3\right]} \tag{8-9}$$

当 $h/b > 4$ 时,可不考虑其侧向刚度,即取 $K = 0$。

2. 横向水平地震剪力的分配

楼层地震剪力在各横墙间的分配,与楼盖的刚度有很大关系。我们可以根据楼盖的刚度将其分成 3 个类别,分别使用不同的分配方法:

(1)刚性楼盖

刚性楼盖是指现浇钢筋混凝土楼盖及装配整体式钢筋混凝土楼盖。当抗震横墙间距符合表 8-3 规定时,在横向水平地震作用下,楼、屋盖在其自身水平平面内变形很小。若房屋的刚度中心与质量中心重合,则楼盖只发生刚体的平移而不发生扭转。此时各抗震横墙所分担的水平地震剪力与其抗侧力刚度成正比。

设第 i 楼层共有 m 道横墙,各横向抗震墙的抗侧移刚度为 K_i,则其中第 j 墙所承担的水平地震剪力标准值 V_{ij} 为:

$$V_{ij} = \frac{K_{ij}}{\sum\limits_{k=1}^{n} K_{ik}} V_i \qquad (8-10a)$$

式中：K_{ij}、K_{ik}——分别为第 i 层第 j 墙体和第 k 墙体的抗侧力刚度。

当可以只考虑剪切变形，且墙体材料相同，高度不变时，将公式（8-9）代入公式（8-10），可得：

$$V_{ij} = \frac{A_{ij}}{\sum\limits_{k=1}^{m} A_{ik}} V_i \qquad (8-10b)$$

式中：A_{ij}、A_{ik}——分别为第 i 层第 j 墙体和第 k 墙体的水平截面面积。

（2）柔性楼盖

木楼盖、轻钢楼盖、楼屋面开洞较大的钢筋混凝土楼盖等楼盖，由于其楼屋盖水平刚度小，在横向水平地震作用下，在平面内除发生平移变形外，还发生弯曲变形，这时可将其视为水平支承在各抗震横墙上的多跨简支梁。各抗震横墙承担的水平剪力为该墙体从属面积上的重力荷载所产生的水平地震作用。因此各横墙承担的水平地震剪力可按该从属面积上的重力荷载代表值的比例分配。即：

$$V_{ij} = \frac{G_{ij}}{G_i} V_i \qquad (8-11)$$

式中：G_i——为第 i 层楼层的重力荷载代表值；

G_{ij}——为第 i 层第 j 墙墙体从属面积上的重力荷载代表值。

当楼盖上重力荷载代表值为均匀分布时，各横墙承受的地震剪力可按各道横墙的负荷面积的比例进行分配，即

$$V_{ij} = \frac{F_{ij}}{F_i} V_i \qquad (8-12)$$

（3）中等刚度楼盖

装配式钢筋混凝土楼（屋）盖属于中等刚度楼盖，在横向水平地震作用下，其楼盖的平面内刚度介于刚性楼盖和柔性楼盖之间。由于目前还没有可靠的理论计算方法和实验数据可以借鉴，一般可近似采用上述两种分配方法的平均值，即对有 m 道横墙的第 i 楼层，其中第 j 墙所承担的水平地震剪力标准值 V_{ij} 为：

$$V_{ij} = \frac{1}{2} \left[\frac{A_{ij}}{\sum\limits_{k=1}^{m} A_{ik}} + \frac{G_{ij}}{G_i} \right] V_i \qquad (8-13)$$

如果同一幢建筑物使用了多种楼盖类型，则应使用不同楼盖类型的剪力分配公式来计算各道墙的地震剪力。

3. 纵向水平地震剪力的分配

一般砌体房屋的宽度小，长度大，无论采用何种类型的楼盖，其在纵向水平地震剪力进行分配时，由于水平刚度很大，各种楼盖均可视为刚性楼盖。因此，纵向水平地震剪力可按同一层各纵墙墙体抗侧力刚度的比例，采用公式（8-10a）或公式（8-10b）分配到各纵墙。

4. 同一道墙各墙段间的水平地震剪力分配

在砌体结构中的每一道抗震墙，由于门窗等开口的存在，还要被分为若干个无洞口的简单墙

段,以便验算各墙段的抗震承载力。

在计算时,我们可以对一道墙将按以上方法所分配得的水平地震剪力按各墙段抗侧力刚度的比例分配到各墙段。

若第 i 楼层第 j 道墙共有 s 个墙段,则第 r 墙段所分配的水平地震剪力 V_{ijr} 为:

$$V_{ijr} = \frac{K_{ijr}}{\sum_{k=1}^{s} K_{ijr}} V_{ij} \qquad (8-14)$$

式中:K_{ijr}、K_{ijk}——分别为第 i 层第 j 墙第 r 墙段和第 k 墙段的抗侧力刚度。

墙段抗侧力刚度的计算一般根据高宽比来确定(高宽比指层高与墙长之比,对门窗洞边的小墙段指洞净高与洞侧墙宽之比)。当高宽比小于 1 时,可只考虑剪切变形的影响,墙段抗侧力刚度按公式(8-8)计算;当高宽比不大于 4 且不小于 1 时,应同时考虑弯曲和剪切变形,墙段抗侧力刚度按公式(8-9)计算;高宽比大于 4 时,以弯曲变形为主,此时墙体侧移大,抗侧力刚度小,可设其抗侧刚度为零,认为不参与地震剪力的分配。

在划分墙段时,宜按门窗洞口划分;对小开口墙段,可按不开洞的毛墙面计算刚度,再乘以洞口影响系数,洞口影响系数根据开洞率查表 8-7 取得。

表 8-7 洞口影响系数

开洞率	0.10	0.20	0.30
影响系数	0.98	0.94	0.88

[注] 开洞率为洞口面积与墙段毛面积之比,窗洞高度大于层高 50% 时,按门洞对待。

8.3.4 墙体抗震承载力验算

《建筑抗震设计规范》(GB 50011-2001)规定,墙体截面抗震验算设计表达式的一般形式为:

$$S \leqslant R/\gamma_{RE} \qquad (8-15)$$

式中:S——结构构件内力组合的设计值,包括组合的弯矩、轴向力和剪力设计值;

R——结构构件承载力设计值;

γ_{RE}——承载力抗震调整系数,应按表 8-8 采用。

表 8-8 砌体结构承载力抗震调整系数

结构构件	受力状态	γ_{RE}
无筋、网状配筋和水平配筋砌体剪力墙	受剪	1.0
两端均设构造柱、芯柱的砌体剪力墙	受剪	0.90
组合砖墙、配筋砌块砌体剪力墙	偏心受压、受拉和受剪	0.85
自承重墙	受剪	0.75
无筋砖柱	偏心受压	0.90
组合砖柱	偏心受压	0.85

1. 砌体沿阶梯形截面破坏的抗震抗剪强度

《建筑抗震设计规范》(GB 50011－2001)规定,粘土砖、蒸压灰砂砖、蒸压粉煤灰砖砌体、轻骨料混凝土砌块砌体沿阶梯形截面破坏的抗震抗剪强度设计值应按下式计算确定:

$$f_{vE} = \xi_N f_v \qquad (8-16)$$

式中:f_{vE}——砌体沿阶梯形截面破坏的抗震抗剪强度设计值;

f_v——非抗震设计的砌体抗剪强度设计值;

ξ_N——砌体抗震抗剪强度的正应力影响系数,应按表 8-9 采用。

表 8-9　砌体强度的正应力影响系数

砌体类别	σ_0/f_{v0}							
	0.0	1.0	3.0	5.0	7.0	10.0	15.0	20.0
粘土砖、多孔砖	0.80	1.00	1.28	1.50	1.70	1.95	2.32	
混凝土砌块		1.25	1.75	2.25	2.60	3.10	3.95	4.80

［注］　σ_0 为对应于重力荷载代表值的砌体截面平均压应力。

2. 墙体截面抗震承载力验算

墙体墙段水平地震剪力确定以后,即可根据公式(8-15)进行截面抗震承载力验算。

(1)烧结普通砖、烧结多孔砖、蒸压灰砂砖、蒸压粉煤灰砖墙体和石墙的截面抗震承载力,应按式(8-17)进行验算:

$$V \leqslant f_{vE}A/\gamma_{RE} \qquad (8-17)$$

式中:V——考虑地震作用组合的墙体剪力设计值;

f_{vE}——砌体沿阶梯形截面破坏的抗震抗剪强度设计值;

A——墙体横截面面积,多孔砖取毛截面面积;

γ_{RE}——承载力抗震调整系数,按《建筑抗震设计规范》(GB 50011－2001)规定,对于两端均有构造柱、芯柱的承重墙,$\gamma_{RE}=0.9$,对于其他承重墙,$\gamma_{RE}=1.0$,对于自承重墙,$\gamma_{RE}=0.75$。

当按照式(8-17)验算不满足要求时,可计入设置于墙段中部、截面不小于 240mm×240mm 且间距不大于 4m 的构造柱对受剪承载力的提高作用,这时的受剪承载力按砖砌体和钢筋混凝土构造柱组合墙用下式简化方法进行验算:

$$V \leqslant \frac{1}{\gamma_{RE}}\left[\eta_c f_{vE}(A-A_c) + \zeta f_t A_c + 0.08 f_y A_s\right] \qquad (8-18)$$

式中:A_c——中部构造柱的横截面总面积(对横墙和内纵墙,$A_c>0.15A$ 时,取 $0.15A$;对外纵墙,$A_c>0.25A$ 时,取 $0.25A$);

f_t——中部构造柱的混凝土轴心抗拉强度设计值;

A_s——中部构造柱的纵向钢筋截面总面积(配筋率不小于 0.6%,大于 1.4% 时取 1.4%);

f_y——钢筋抗拉强度设计值;

ζ——中部构造柱参与工作系数;居中设一根时取 0.5,多于一根时取 0.4;

η_c——墙体约束修正系数;一般情况取 1.0,构造柱间距不大于 2.8m 时取 1.1。

（2）混凝土小砌块墙体的截面抗震受剪承载力,应按下式进行验算:

$$V \leqslant \frac{1}{\gamma_{RE}} [f_{vE} A + (0.3 f_t A_c + 0.05 f_y A_s) \zeta_c] \qquad (8-19)$$

式中:f_t——芯柱混凝土轴心抗拉强度设计值;

　　　A_c——芯柱截面总面积;

　　　f_y——芯柱钢筋抗拉强度设计值;

　　　A_s——芯柱钢筋截面总面积;

　　　ζ_c——芯柱参与工作系数,可按表 8-10 采用。

当同时设置芯柱和钢筋混凝土构造柱时,构造柱截面可作为芯柱截面,构造柱钢筋可作为芯柱钢筋。

表 8-10　芯柱参与工作系数

填孔率 ρ	$\rho < 0.15$	$0.15 \leqslant \rho < 0.25$	$0.25 \leqslant \rho < 0.5$	$\rho \geqslant 0.5$
ξ_c	0	1.0	1.10	1.15

［注］　填孔率指芯柱根数(含构造柱和填实孔洞数量)与孔隙总数之比。

（3）配筋砖砌体截面抗震承载力验算

设置网状配筋或水平配筋烧结普通砖、烧结多孔砖墙的截面抗震承载力应按下式验算:

$$V \leqslant \frac{1}{\gamma_{RE}} [f_{vE} A + \zeta_s f_y A_s] \qquad (8-20)$$

式中:A——墙体横截面面积,多孔砖取毛截面面积;

　　　f_y——钢筋抗拉强度设计值;

　　　A_s——层间墙体竖向截面的钢筋总截面面积,其配筋率应不小于 0.07% 且不大于 0.17%;

　　　ζ_s——钢筋参与工作系数,可按表 8-11 采用。

表 8-11　钢筋参与工作系数 ξ_s

墙体高宽比	0.4	0.6	0.8	1.0	1.2
ξ_s	0.10	0.12	0.14	0.15	0.12

8.4　砌体房屋抗震构造措施

在抗震设计中,必要的抗震构造措施是除对砌体结构进行抗震验算满足承载力要求以外最重要的抗震手段。对历次震害的调查及理论研究表明,合理可靠的抗震构造措施可以加强砌体结构的整体性,提高变形能力,可以有效地防止结构在大震时发生倒塌。

按《建筑抗震设计规范》(GB 50011—2001)的规定,主要的抗震构造措施有以下内容。

8.4.1　设置钢筋混凝土圈梁

圈梁对砌体结构的抗震有重要作用。它与构造柱共同工作,可加强纵横向墙体间的连接以及墙体与楼盖的连接,有效增强了房屋的整体性和空间刚度。在地震时圈梁还可以约束墙体,限制裂缝的开展,提高墙体平面外的稳定性,另外它还可减轻地震或者其他原因造成的地基不均匀沉降的不利影响。由此可见,圈梁在砌体结构抗震中的作用是多方面的,是减轻震害的一项必要构造措施。

《建筑抗震设计规范》(GB 50011－2001)及《砌体结构设计规范》(GB 50003－2001)都对砌体结构圈梁的设置做了明确规定。

1. 多层砖房的现浇钢筋混凝土圈梁设置要求

多层普通砖、多孔砖房屋的现浇钢筋混凝土圈梁设置应符合下列要求:

(1)装配式钢筋混凝土楼、屋盖或木楼、屋盖的多层粘土砖、多孔砖房,横墙承重时应按表 8－12 的要求设置圈梁;纵墙承重时每层均应设置圈梁,且抗震横墙上的圈梁间距应比表内要求适当加密;

(2)现浇或装配整体式钢筋混凝土楼、屋盖与墙体有可靠连接的房屋,可允许不另设圈梁,但楼板沿墙体周边应加强配筋并应与相应的构造柱钢筋可靠连接;

(3)多层普通砖、多孔砖房屋中现浇钢筋混凝土圈梁构造应符合下列要求:

①圈梁应闭合,遇有洞口圈梁应上下搭接。圈梁宜与预制板设在同一标高处或紧靠板底;

②圈梁在表 8－12 中要求的间距内无横墙时,应利用梁或板缝中配筋替代圈梁;

③圈梁的截面高度不应小于 120mm,配筋应符合表 8－13 的要求。若地基为软弱粘性土、液化土、新近填土或严重不均匀土时,应估计地震时地基不均匀沉降或其他不利影响,这时可增设基础圈梁,截面高度不应小于 180mm,配筋不应小于 4ϕ12。

表 8－12 砖房现浇钢筋混凝土圈梁设置要求

墙类	烈度		
	6、7 度	8 度	9 度
外墙和内纵墙	屋盖处及每层楼盖处	屋盖处及每层楼盖处	屋盖处及每层楼盖处
内横墙	同上,屋盖处间距不宜大于 7m,楼盖处间距不宜大于 15m;构造柱对应部位	同上,屋盖处间距不宜大于 7m,楼盖处间距不宜大于 7m;构造柱对应部位	同上,各层所有横墙

表 8－13 圈梁配筋要求

配筋	6、7 度	8 度	9 度
最小纵筋	4ϕ10	4ϕ12	4ϕ14
最大箍筋间距(mm)	250	200	150

(4)蒸压灰砂砖、蒸压粉煤灰砖砌体房屋中的圈梁,当 6 度 8 层、7 度 7 层和 8 度 6 层时,应在所有楼(屋)盖处的纵横墙上设置混凝土圈梁,圈梁的截面尺寸不应小于 240mm×180mm,图梁主筋不应少于 4ϕ12,箍筋 ϕ6、间距 200mm。其他情况下圈梁的设置和构造要求应符合现行国家标准《建筑抗震设计规范》(GB 50011－2001)规定。

2. 砌块房屋的现浇钢筋混凝土圈梁设置要求

混凝土小砌块房屋现浇钢筋混凝土圈梁应按表 8－14 的要求设置,圈梁宽度不应小于 190mm,配筋不应少于 4ϕ12,箍筋间距不应大于 200mm。

表 8 - 14　小砌块房屋现浇钢筋混凝土圈梁设置要求

墙体类别	设防烈度	
	6、7 度	8 度
外墙及内纵墙	屋盖及每层楼盖处	屋盖处及每层楼盖处
内横墙	同上;屋盖处沿所有横墙;楼盖处间距不应大于 7m;构造柱对应部位	同上,各层所有横墙

小砌块房屋的层数,6 度时超过 7 层、7 度时超过 5 层、8 度时超过 4 层,在底层和顶层的窗台标高处,沿纵横墙应设置通长的水平现浇钢筋混凝土带;其截面高度不小于 60mm,纵筋不少于 2φ10,并应有分布拉结钢筋,其混凝土强度等级不应低于 C20。

8.4.2　设置钢筋混凝土构造柱及芯柱

钢筋混凝土构造柱指的是在墙体两端、中部或者纵横墙交接处,先砌墙并留马牙槎后浇混凝土形成的柱。芯柱是指在混凝土小型砌块墙体中,在一定部位预留的上下贯通的孔洞中,插入钢筋后浇筑混凝土而形成的柱。

根据震害调查和试验研究的成果,在砌体结构中适当部位设置钢筋混凝土构造柱、芯柱后,可以提高墙体抗剪承载能力和结构的极限变形能力,有效防止地震作用时砌体建筑的倒塌。原因是当墙体周边设有钢筋混凝土圈梁和构造柱、芯柱时,在墙体受荷变形时,由于构造柱、芯柱和圈梁的约束,墙体的破坏受到约束,从而能保持一定的承载力,使房屋不致突然倒塌。

8.4.2.1　钢筋混凝土构造柱的设置及构造要求

1. 多层普通砖、多孔砖房,应按下列要求设置现浇钢筋混凝土构造柱:

(1)构造柱的设置部位,一般情况下应符合表 8 - 15 的要求;

(2)外廊式和单面走廊式的多层房屋,应根据房屋增加一层后的层数,按表 8 - 15 的要求设置,且单面走廊两侧的纵墙均应按外墙处理;

(3)教学楼、医院等横墙较少的房屋,应根据房屋增加一层后的层数,按表 8 - 15 的要求设置构造柱;当教学楼、医院等横墙较少的房屋为外廊式或单面走廊式时,应按上面第(2)条要求设构造柱,当 6 度不超过 4 层、7 度不超过 3 层和 8 度不超过 2 层时,应按增加 2 层后的层数考虑。

表 8 - 15　砖房构造柱设置要求

房屋层数				设置部位	
6 度	7 度	8 度	9 度		
4～5	3～4	2～3		外墙四角,错层部位横墙与外纵墙交接处,较大洞口两侧,大房间内外墙交接处	7、8 度时,楼、电梯的四角,每隔 15m 左右的横墙与外墙交接处
6～7	5	4	2		隔开间横墙(轴线)与外墙交接处,山墙与内纵墙交接处,7～9 度时,楼、电梯的四角
8	6～7	5～6	3～4		内墙(轴线)与外墙交接处,内墙的局部较小墙垛处,7～9 度时,楼、电梯间的四角,9 度时内纵墙与横墙(轴线)交接处

2. 多层普通砖、多孔砖房屋的构造柱应符合下列要求：

(1)构造柱最小截面可采用 240mm×240mm,纵向钢筋宜采用 4φ12,箍筋间距不宜大于 250mm,且在柱上下宜适当加密;7 度时超过 6 层、8 度时超过 5 层和 9 度时,构造柱纵向钢筋宜采用 4φ14,箍筋间距不应大于 200mm;房屋四角的构造柱可适当加大截面及配筋;

(2)构造柱与墙连接处应砌成马牙槎,并应沿墙高每隔 500mm 设 2φ6 拉结钢筋,每边伸入墙内不宜小于 1m;

(3)构造柱与圈梁连接处,构造柱的纵筋应穿过圈梁的主筋,保证构造柱纵筋上下贯通;

(4)构造柱可不单独设置基础,但应伸入室外地面下 500mm,或与埋深小于 500mm 的基础圈梁相连;

(5)房屋高度和层数接近表 8-1 的限值时,纵、横墙内构造柱间距尚应符合下列要求:横墙内的构造柱间距不宜大于层高的 2 倍;下部 1/3 楼层的构造柱间距适当减小;当外纵墙开间大于 3.9m 时,应另设加强措施。内纵墙的构造柱间距不宜大于 4.2m。

3. 蒸压灰砂砖、蒸压粉煤灰砖砌体结构房屋构造柱设置应符合以下规定:

构造柱的设置位置应符合表 8-16 的要求。构造柱的截面及配筋等构造要求,应符合现行国家标准《建筑抗震设计规范》(GB 50011-2001)的规定;

表 8-16　蒸压灰砂砖、蒸压粉煤灰砖构造柱设置要求

房屋层数			设置部位
6 度	7 度	8 度	
4～5	3～4	2～3	外墙四角,楼(电)梯间四角,较大洞口两侧、大房间内外墙交接处
6	5	4	外墙四角,楼(电)梯四角,较大洞口两侧,大房间内外墙交接处,山墙与内外墙交接处,隔开间横墙(轴线)与外纵墙交接处
7	6	5	外墙四角、楼(电)梯间四角,较大洞口两侧,大房间内外墙交接处,各内墙(轴线)与外墙交接处,8 度时,内纵墙与横墙(轴线)交接处
8	7	6	较大洞口两侧,所有纵横墙交接处,且构造柱的间距不宜大于 4.8m

8.4.2.2　钢筋混凝土芯柱的设置要求

1. 混凝土小型空心砌块房屋,应按表 8-17 的要求设置钢筋混凝土芯柱,对医院、教学楼等横墙较少的房屋,应根据房屋增加一层后的层数,按表 8-17 的要求设置芯柱。

2. 混凝土小型空心砌块房屋芯柱应符合下列构造要求:

(1)小型空心砌块房屋芯柱截面不宜小于 120mm×120mm。

(2)芯柱混凝土强度等级不应低于 C20。

(3)芯柱的竖向插筋应贯通墙身且与圈梁连接;插筋不应小于 1φ12,7 度时超过 5 层、8 度时超过 4 层和 9 度时,插筋不应小于 1φ14。

(4)芯柱应伸入室外地面下 500mm 或与埋深小于 500mm 的基础圈梁相连。

(5)为提高墙体抗震受剪承载力而设置的芯柱,宜在墙体内均匀布置,最大净距不宜大于 2.0m。

表 8-17　混凝土小型空心砌块房屋芯柱设置要求

房屋层数			设置部位	设置数量
6 度	7 度	8 度		
4~5	3~4	2~3	外墙转角,楼梯间四角;大房间内外墙交接处,隔15m或者单元横墙与外纵墙交接处	外墙转角,灌实 3 个孔,内外墙交接处,灌实 4 个孔
6	5	4	外墙转角,楼梯间四角;大房间内外墙交接处,山墙与内纵墙交接处,隔开间横墙(轴线)与外纵墙交接处	
7	6	5	外墙转角,楼梯间四角;各内墙(轴线)与外纵墙墙交接处;8、9度时,内纵墙与横墙(轴线)交接处和洞口两侧	外墙转角,灌实 5 个孔,内外墙交接处,灌实 4 个孔,内墙交接处,灌实 4—5 个孔,洞口两侧各灌实 1 个孔
	7	6	同上;横墙内芯柱间距不宜大于2m	外墙转角,灌实 7 个孔,内外墙交接处,灌实 5 个孔,内墙交接处,灌实 4—5 个孔,洞口两侧各灌实 1 个孔

〔注〕 外墙转角、内外墙交接处、楼电梯间四角等部位,应允许采用钢筋混凝土构造柱代替部分芯柱。

3. 小砌块房屋中替代芯柱的钢筋混凝土构造柱,应符合下列构造要求:

(1)构造柱最小截面可采用 190mm×190mm,纵向钢筋宜采用 4φ12,箍筋间距不宜大于250mm,且在柱上下端宜适当加密;7 度时超过 5 层、8 度时超过 4 层和 9 度时,构造柱纵向钢筋宜采用 4φ14,箍筋间距不应大于 200mm。外墙转角的可适当加大截面和配筋。

(2)构造柱与砌块墙连接处应砌成马牙槎,与构造柱相邻的砌块孔洞,6 度时宜填实,7 度时应填实,8 度时应填实并插筋;沿墙高每隔 600mm 应设拉结钢筋网片,每边伸入墙内不宜小于1m。

(3)构造柱与圈梁连接处,构造柱的纵筋应穿过圈梁,保证构造柱纵筋上下贯通。

(4)构造柱可不单独设置基础,但应伸入室外地面下 500mm,或与埋深不小于 500mm 的基础圈梁相连。

8.4.3　加强抗震薄弱部位的抗震构造措施

1. 砌体结构墙体之间、墙体与楼盖之间以及结构其他连接的抗震措施

(1)多层普通砖、多孔砖房屋的楼、屋盖应符合下列要求:

①现浇钢筋混凝土楼板或屋面板伸进纵、横墙内的长度,均不应小于120mm。

②装配式钢筋混凝土楼板或屋面板,当圈梁未设在板的同一标高时,板端伸进外墙的长度不应小于 120mm,伸进内墙的长度不应小于 100mm,在梁上不应小于 80mm。

③当板的跨度大于 4.8m 并与外墙平行时,靠外墙的预制板侧边应与墙或圈梁拉结。

④房间端部大房间的楼盖,8度时房屋的屋盖和9度时房屋的楼、屋盖,当圈梁设在板底时,钢筋混凝土预制板应相互拉结,并与梁、墙或圈梁拉结。

(2)楼、屋盖的钢筋混凝土梁或屋架应与墙、柱(包括构造柱)或圈梁可靠连接,梁与砖柱的连接不应削弱柱截面,各层独立砖柱顶部应在两个方向均有可靠连接。

(3)7度时长度大于7.2m的大房间,及8度9度时,外墙转角及内外墙交接处,如未设构造柱,应沿墙高每隔500mm配置2ϕ6拉结钢筋,并每边伸入墙内不宜小于1m。

(4)后砌的非承重隔墙应沿墙高每隔500mm配置2ϕ6拉结钢筋与承重墙或柱拉结,每边伸入墙内不少于500mm。8度和9度时,长度大于5m的后砌隔墙墙顶应与楼板或梁拉结。

(5)小砌块房屋墙体交接处或芯柱与墙体连接处应设置拉结钢筋网片,网片可采用直径4mm钢筋点焊而成,沿墙高每隔600mm设置,每边伸入墙内不宜小于1m。

(6)预制阳台应与圈梁和楼板的现浇板带可靠连接。

(7)门窗洞处不应采用无筋砖过梁,过梁支承长度:6—8度时不小于240mm,9度时不小于360mm。

(8)坡屋顶房屋的屋架应与顶层圈梁可靠连接,檩条或屋面板应与墙及屋架可靠连接,房屋出入口处的檐口瓦应与屋面构件锚固;8度和9度时,顶层内纵墙顶宜增砌支承山墙的踏步式墙垛。

2. 楼梯间的抗震构造措施

楼梯间应符合下列构造要求:

(1)8度和9度时,顶层楼梯间横墙和外墙宜沿墙高每隔500mm设2ϕ6通长钢筋;9度时其他各层楼梯间应在休息平台或楼层半高处设置60mm厚的钢筋混凝土带或配筋砖带,其砂浆强度等级不应低于M7.5,纵向钢筋不应少于2ϕ10。

(2)8度和9度时,楼梯间及门厅内墙阳角处的大梁支承长度不应小于500mm,并应与圈梁连接。

(3)装配式楼梯段应与平台板的梁可靠连接,不应采用墙中悬挑式踏步或踏步竖肋插入墙体的楼梯,不应采用无筋砖砌栏板。

(4)突出屋顶的楼、电梯间,构造柱应伸到顶部,并与顶部圈梁连接,内外墙交接处应沿墙高每隔500mm设2ϕ6拉结钢筋,且每边伸入墙内不应小于1m。

8.5 配筋砌块砌体剪力墙的结构抗震设计

混凝土小型空心砌块是我国当前墙体材料革新中一种主要的承重墙体材料。而配筋混凝土砌块砌体剪力墙的受力和变形性能与钢筋混凝土剪力墙非常相似,具有良好的承载和抗震性能,施工方便、造价较低,在世界各地都得到比较广泛的应用。

8.5.1 一般规定

1. 配筋砌块砌体剪力墙抗震等级的划分

基于结构不同的设防烈度、不同结构类型和不同的房屋高度对结构抗震性能的不同要求,将配筋砌块砌体剪力墙结构分为一级、二级、三级和四级4个抗震等级,依次表示在抗震要求上很严格、严格、较严格和一般4种不同的要求。

配筋砌块砌体剪力墙结构的抗震等级应根据设防烈度和房屋高度,按表8-18来确定。

表 8 - 18　配筋砌块砌体剪力墙结构抗震等级的划分

结构类型	设防烈度					
	6 度		7 度		8 度	
高度(m)	≤24	>24	≤24	>24	≤24	>24
抗震等级	四	三	三	二	二	一

[注]　(1)对四级抗震等级,除有特殊规定外,均按非抗震等级采用;(2)当配筋砌体剪力墙结构为底部大空间时,其抗震等级宜按表中规定提高一级。

2. 房屋高度和高宽比限值

根据规范要求,配筋砌块砌体剪力墙结构房屋的最大高度和最大高宽比须满足表 8 - 19 和表 8 - 20 的规定。

表 8 - 19　配筋砌块砌体剪力墙房屋适用的最大高度(m)

最小墙厚	6 度	7 度	8 度
190mm	54	45	30

[注]　(1)房屋高度指室外地面至檐口的高度;(2)超过表内高度的房屋,应根据专门的研究、试验,采取必要的措施。

表 8 - 20　配筋砌块砌体剪力墙房屋的最大高宽比

设防烈度	6 度	7 度	8 度
最大高宽比	5	4	3

3. 平立面结构布置

配筋砌块砌体剪力墙的结构布置,应符合下列要求:

(1)平面形状宜简单、规则,凹凸不宜过大;竖向布置宜规则、均匀、避免有过大的外挑和内收;

(2)纵横方向的剪力墙宜拉通对齐;较长的剪力墙可用楼板或弱连梁分为若干个独立的墙段,每个独立墙段的总高度与墙段长度之比不宜小于 2;

(3)剪力墙的门洞口宜上下对齐、成列布置;

(4)抗震横墙的最大间距在 6 度、7 度、8 度时,分别为 15m、15m 和 11m;

(5)房屋宜选用规则、合理的建筑结构方案而不设沉降缝,当需要抗震缝时,其最小宽度应符合下列要求:

当房屋高度不超过 20m 时,可采用 70mm;当超过 20m 时,6 度、7 度、8 度相应每增加 6m、5m 和 4m,宜加宽 20mm。

8.5.2　配筋砌块砌体剪力墙抗震计算

1. 配筋砌块砌体剪力墙墙体抗震承载力验算

(1)正截面抗震承载力验算

考虑地震作用组合的配筋砌块砌体剪力墙墙体可能是偏心受压构件,也可能是偏心受拉构件,其正截面承载力可采用前面章节介绍的非抗震设计计算公式,但在公式右端应除以承载力抗震调整系数。

(2)斜截面抗震承载力验算

剪力墙的底部是抗震薄弱环节,为防止剪力墙底部在弯曲破坏前发生剪切破坏,保证强剪弱弯的要求,在进行斜截面抗震承载力验算且抗震等级一、二、三级时应对墙体底部加强区范围内剪力设计值 V 进行调整,底部加强区的剪力设计值应按公式(8-21)取值:

$$V = \eta_{vw} V_w \tag{8-21}$$

式中:V_w——考虑地震作用组合的剪力墙计算截面的剪力设计值;

η_{vw}——剪力增大系数,一、二、三、四级抗震等级分别取 1.6、1.4、1.2、1.0。

配筋砌块砌体剪力墙的截面尺寸应满足以下要求:

当剪跨比大于 2 时

$$V \leqslant \frac{1}{\gamma_{RE}} 0.2 f_g bh \tag{8-22}$$

当剪跨比小于或等于 2 时

$$V \leqslant \frac{1}{\gamma_{RE}} 0.15 f_g bh \tag{8-23}$$

式中:γ_{RE}——承载力抗震调整系数;

f_g——灌孔砌体的抗压强度设计值;

b、h——剪力墙截面的厚度与高度。

偏心受压配筋砌块砌体剪力墙斜截面受剪承载力按下式计算:

$$V \leqslant \frac{1}{\gamma_{RE}} \left[\frac{1}{\lambda - 0.5} \left(0.48 f_{vg} bh_0 + 0.1 N \frac{A_w}{A} \right) + 0.72 f_{yh} \frac{A_{sh}}{s} h_0 \right] \tag{8-24}$$

式中:λ——计算截面的剪跨比,$\lambda = \dfrac{M}{Vh_0}$,当 $\lambda \leqslant 1.5$ 时,取 $\lambda = 1.5$;当 $\lambda \geqslant 2.2$ 时,取 $\lambda = 2.2$;

M——考虑地震作用组合的剪力墙计算截面的弯矩设计值;

V——考虑地震作用组合的剪力墙计算截面的剪力设计值;

N——考虑地震作用组合的剪力墙计算截面的轴向力设计值(当 $N > 0.2 f_g bh$ 时,取 $N = 0.2 f_g bh$);

h_0——截面的有效高度;

A——剪力墙的截面面积;

A_w——T 形或 I 形截面剪力墙的腹板的截面面积(对于矩形截面取 $A_w = A$);

A_{sh}——配置在同一截面内的水平分布钢筋的全部截面面积;

f_{yh}——水平钢筋的抗拉强度设计值;

s——水平分布钢筋的竖向间距。

偏心受拉配筋砌块砌体剪力墙,其斜截面受剪承载力应按下式计算:

$$V \leqslant \frac{1}{\gamma_{RE}} \left[\frac{1}{\lambda - 0.5} \left(0.48 f_{vg} bh_0 - 0.17 N \frac{A_w}{A} \right) + 0.72 f_{yh} \frac{A_{sh}}{s} h_0 \right] \tag{8-25}$$

公式(8-25)中,当 $0.48 f_{vg} bh_0 - 0.17 N \dfrac{A_w}{A} < 0$ 时,取 $0.48 f_{vg} bh_0 - 0.17 N \dfrac{A_w}{A} = 0$。

2. 配筋砌块砌体剪力墙连梁抗震承载力验算

（1）正截面抗震承载力验算

当采用钢筋混凝土连梁时，正截面受弯承载力可按混凝土结构中的受弯构件的有关规定计算；当采用配筋砌块砌体连梁时，也可参照钢筋混凝土受弯构件的计算公式计算，但应采用配筋砌块砌体相应的计算参数和指标。连梁的正截面承载力应除以相应的承载力抗震调整系数。

（2）斜截面抗震承载力验算

抗震等级为一、二、三级时进行斜截面抗剪承载力验算，配筋砌块砌体剪力墙连梁的剪力设计值应按下列公式调整（四级时可不调整）：

$$V_b = \eta_v \frac{M_b^l + M_b^r}{l_n} + V_{Gb} \tag{8-26}$$

式中：V_b——连梁的剪力设计值；

η_v——剪力增大系数，一、二、三级时分别取 1.3、1.2、1.1；

M_b^l、M_b^r——连梁左、右端考虑地震作用组合的弯矩设计值；

V_{Gb}——在重力荷载代表值作用下，按简支梁计算的截面剪力设计值；

l_n——连梁净跨。

当采用配筋砌块砌体连梁时，其截面尺寸应符合如下要求：

当跨高比大于 2.5 时

$$V_b \leqslant \frac{1}{\gamma_{RE}} 0.2 f_g b h_0 \tag{8-27}$$

当跨高比小于或等于 2.5 时

$$V_b \leqslant \frac{1}{\gamma_{RE}} 0.15 f_g b h_0 \tag{8-28}$$

配筋砌块砌体剪力墙连梁的斜截面受剪承载力应按下列公式计算：

当跨高比大于 2.5 时

$$V_b \leqslant \frac{1}{\gamma_{RE}} \left(0.64 f_g b h_0 + 0.8 f_{yv} \frac{A_{sv}}{s} h_0 \right) \tag{8-29}$$

当跨高比小于或等于 2.5 时

$$V_b \leqslant \frac{1}{\gamma_{RE}} \left(0.56 f_g b h_0 + 0.7 f_{yv} \frac{A_{sv}}{s} h_0 \right) \tag{8-30}$$

式中：A_{sv}——配置在同一截面内的箍筋各肢的全部截面面积；

f_{yv}——箍筋的抗拉强度设计值。

当连梁跨高比大于 2.5 时，宜采用钢筋混凝土连梁。

8.5.3　配筋砌块砌体剪力墙房屋抗震构造要求

1. 剪力墙厚度要求。配筋砌块砌体剪力墙的厚度，一级抗震等级剪力墙不应小于层高的 1/20，二、三、四级剪力墙不应小于层高的 1/25，且不应小于 190mm。

2. 配筋砌块砌体剪力墙的水平和竖向分布钢筋的构造要求。配筋砌块砌体剪力墙的水平和竖向分布钢筋应符合表 8-21 和表 8-22 规定的最小配筋率、最大间距和最小直径的要求,剪力墙底部加强区的高度不小于房屋高度的 1/6,且不小于两层的高度。

表 8-21　剪力墙水平分布钢筋的配筋构造

抗震等级	最小配筋率(%)		最大间距(mm)	最小直径(mm)
	一般部位	加强部位		
一级	0.13	0.13	400	$\phi8$
二级	0.11	0.13	600	$\phi8$
三级	0.10	0.13	600	$\phi6$
四级	0.07	0.10	600	$\phi6$

表 8-22　剪力墙竖向分布钢筋的配筋构造

抗震等级	最小配筋率(%)		最大间距(mm)	最小直径(mm)
	一般部位	加强部位		
一级	0.13	0.13	400	$\phi12$
二级	0.11	0.13	600	$\phi12$
三级	0.10	0.10	600	$\phi12$
四级	0.07	0.10	600	$\phi12$

3. 边缘构件的设置。配筋砌块砌体剪力墙边缘构件的设置,除应符合前面章节的相关规定要求外,当配筋砌块砌体剪力墙的压应力大于 $0.5f_g$ 时,其构造配筋应符合表 8-23 的要求。

表 8-23　剪力墙边缘构件构造配筋率

抗震等级	底部加强部位	其他部位	箍筋和拉接筋直径和间距
一级	$3\phi20(4\phi16)$	$3\phi18(4\phi16)$	$\phi8@200$
二级	$3\phi18(4\phi16)$	$3\phi16(4\phi14)$	$\phi8@200$
三级	$3\phi14(4\phi12)$	$3\phi14(4\phi12)$	$\phi8@200$
四级	$3\phi12(4\phi12)$	$3\phi12(4\phi12)$	$\phi6@200$

〔注〕　表中括号中的数字为混凝土柱时的配筋。

4. 配筋砌块砌体剪力墙的水平分布钢筋(网片)应沿墙长连续设置,除满足一般锚固搭接要求外,尚应符合以下规定:

(1)其水平分布钢筋可绕主筋弯 180°弯钩,弯钩端部直线长度不宜小于 $12d$,该钢筋亦可垂直弯入端部灌孔混凝土中锚固,其弯折段长度,对一、二级抗震等级不应小于 250mm;对三、四级抗震等级不应小于 200mm;

(2)当采用焊接网片作为剪力墙水平钢筋时,应在钢筋网片的弯折端部加焊两根直径与抗剪钢筋相同的横向钢筋,弯入灌孔混凝土的长度不应小于 150mm。

5. 对剪力墙墙肢的要求

(1)剪力墙小墙肢的高度不宜小于 3 倍墙厚,也不应小于 600mm,小墙肢的配筋应符合表 8-23 的要求,一级剪力墙小墙肢的轴压比不宜大于 0.5,二、三级剪力墙的轴压比不宜大于 0.6。

（2）单肢剪力墙和由弱连梁连接的剪力墙，宜满足在重力荷载作用下，墙体平均轴压比 $N/f_g A_w$ 不大于 0.5 的要求。

6. 配筋砌块砌体剪力墙连梁的构造要求

当采用混凝土连梁时，应符合混凝土强度的有关规定以及《混凝土结构设计规范》中有关地震区连梁的构造要求；当采用配筋砌块砌体连梁时，除应符合配筋砌块砌体连梁的一般规定外，尚应符合下列要求：

（1）连梁上、下水平钢筋锚入墙体内的长度，一、二级抗震等级不应小于 $1.1l_a$，三、四级抗震等级不应小于 l_a，且不应小于 600mm；

（2）连梁的箍筋应沿梁长布置，并应符合表 8 - 24 的要求；

（3）在顶层连梁伸入墙体的钢筋长度范围内，应设置间距不大于 200mm 的构造箍筋，箍筋直径应与连梁的箍筋直径相同；

表 8 - 24　连梁箍筋的构造要求

抗震等级	箍筋加密区			箍筋非加密区	
	长度	间距(mm)	直径(mm)	间距(mm)	直径(mm)
一级	$2h$	100	$\phi 10$	200	$\phi 10$
二级	$1.5h$	200	$\phi 8$	200	$\phi 8$
三级	$1.5h$	200	$\phi 8$	200	$\phi 8$
四级	$1.5h$	200	$\phi 8$	200	$\phi 8$

[注]　h 为连梁截面高度，加密区长度不小于 600mm。

（4）跨高比小于 2.5 的连梁，在自梁底以上 200mm 和梁顶以上 200mm 范围内，每隔 200mm 增设水平分布钢筋，当一级抗震时，不小于 $2\phi 12$，二～四级抗震等级时为 $2\phi 10$，水平分布钢筋伸入墙内的长度不小于 $30d$ 和 300mm；

（5）连梁不宜开洞。当需要开洞时，应在跨中梁高 1/3 处预埋外径不大于 200mm 的钢套管，洞口上下的有效高度不应小于 1/3 梁高，且不应小于 200mm，洞口处应配补强钢筋并在洞周边浇筑灌孔混凝土，被洞口削弱的截面应进行受剪承载力验算。

7. 配筋砌块砌体剪力墙房屋的楼、屋盖宜采用现浇钢筋混凝土结构；抗震等级为四级时，也可采用装配整体式钢筋混凝土楼盖。

8. 配筋砌块砌体剪力墙房屋的楼、屋盖处，应按下列规定设置钢筋混凝土圈梁：

（1）圈梁混凝土强度等级不宜小于砌块强度等级的 2 倍，或该层灌孔混凝土的强度等级，但不应低于 C20；

（2）圈梁的宽度宜为墙厚，高度不宜小于 200mm；纵向钢筋直径不应小于墙中水平分布钢筋的直径，且不宜小于 $4\phi 12$；箍筋直径不应小于 $\phi 6$，间距不大于 200mm。

9. 配筋砌块砌体剪力墙房屋的基础与剪力墙结合处的受力钢筋，当房屋高度超过 50m 或一级抗震等级时宜采用机械连接或焊接，其他情况可采用搭接。当采用搭接时，一、二级抗震等级时搭接长度不宜小于 $50d$，三、四级抗震等级时不宜小于 $40d$（d 为受力钢筋直径）。

思考题与习题

8-1 砌体结构的震害主要有哪些？

8-2 影响砌体结构房屋抗震性能的有哪些主要因素？

8-3 有抗震要求时,如何考虑砌体局部尺寸和局部构造问题对其抗震的不利影响？

8-4 对于有抗震要求的砌体结构房屋,如果其平、立面复杂、不规则、不对称,对抗震有何影响？ 哪些情况下需设置抗震缝？

8-5 抗震设防地区砌体结构房屋墙体抗震设计的主要内容有哪些？ 与非抗震设计的内容有什么异同？

8-6 简述多层砌体结构房屋采用底部剪力法时计算地震剪力的步骤。

8-7 层间水平地震剪力求得后如何分配到各片墙上,又怎样分配到各墙肢上？ 水平地震剪力的分配主要与哪些因素有关？

8-8 多层砌体结构房屋的抗震构造措施包括哪些方面？ 设置圈梁和构造柱对砌体结构的抗震有什么作用？

第9章 公路桥涵砌体结构设计简介

前几章我们所学习的砌体结构的设计都是依据《砌体设计规范》(GB 50003—2001),而我国的公路桥涵砌体结构设计的依据是《公路圬工桥涵设计规范》(JTG D61—2005)(以下简称《公路桥规》),它们的设计方法不同。《公路桥规》中规定:以石材或混凝土包括以其块件和砂浆或小石子混凝土结合而成的砌体作为建筑材料,所建成的桥梁和涵洞称为圬工桥涵。

9.1 公路桥涵砌体结构的设计方法

《公路桥规》规定:公路桥涵应根据所在公路的使用任务、性质和将来的发展的需要,按照"安全、适用、经济、美观和有利环保"的原则进行设计。安全是设计的目的,适用是设计的功能需求,必须首先满足;在满足安全和适用的前提下,应根据具体情况考虑经济和美观的要求;公路工程设计应符合环保要求,保持公路的可持续发展,故提出了"有利环保"的原则。

《公路桥规》中明确规定:将桥涵的设计分为承载能力和正常使用两类极限状态。结构的稳定和疲劳设计属于承载能力极限状态。承载能力极限状态设计体现了桥涵的安全性;正常使用极限状态体现了桥涵的适用性和耐久性,这两类极限状态概括了结构的可靠性。只有每项设计都符合规范规定的两类极限状态设计的要求,才能使所设计的桥涵达到其全部的预定功能。

9.1.1 公路桥涵砌体结构的计算

本节是依据规范采用的是概率理论为基础的极限状态设计方法,采用分项系数的设计表达式进行计算。按承载能力极限状态进行设计,并满足正常使用状态的要求。对于承载能力极限状态的设计计算,要求荷载作用的不利组合的设计值不大于结构抗力的设计值。其表达式为:

$$\gamma_0 S \leqslant R(f_d, \alpha_d) \tag{9-1}$$

式中:γ_0——结构重要性系数,对应于表中规定的一级、二级、三级设计安全等级分别取用1.1、1.0、0.9;

S——作用效应组合设计值,按《公路桥涵设计通用规范》(JTG D60—2004)的规定计算;

$R(\cdot)$——构件承载力设计值函数;

f_d——材料强度设计值;

α_d——几何参数设计值,可采用几何参数标准值 α_k,即设计文件规定值。

1. 基本组合

基本组合是永久作用的设计值与可变作用设计值相组合,其效应组合表达式为:

$$\gamma_0 \cdot S_{ud} = (\sum_{i=1}^{m} \gamma_{Gi} S_{Gik} + \gamma_{Q1} S_{Q1k} + \psi_C \sum_{j=2}^{n} \gamma_{Qj} S_{Qjk}) \gamma_0 \tag{9-2}$$

或

$$\gamma_0 \cdot S_{ud} = (\sum_{i=1}^{m} S_{Gid} + S_{Q1d} + \psi_C \sum_{j=2}^{n} S_{Qjk}) \gamma_0 \tag{9-3}$$

式中:S_{ud}——承载能力极限状态下作用基本组合的效应组合设计值;

γ_0——结构重要性系数；

γ_{Gi}——第 i 个永久作用效应的分项系数，应按表 9-1 中的规定采用；

S_{Gik}、S_{Gid}——第 i 个永久作用效应的标准值和设计值；

γ_{Qi}——汽车荷载效应（含汽车冲击力、离心力）的分项系数，取 $\gamma_{Q1}=1.4$。

当某个可变作用在效应组合中其值超过汽车荷载效应时，则该作用取代汽车荷载，其分项系数应采用汽车荷载的分项系数；对专为承受某作用而设置的结构或装置，设计时该作用的分项取与汽车荷载同值；计算人行道板和人行道栏杆的局部荷载，其分项系数也与汽车荷载取同值。

S_{Q1k}、S_{Q1d}——汽车荷载效应（含汽车冲击力、离心力）的标准值和设计值；

γ_{Qj}——在作用效应组合中除汽车荷载效应（含汽车冲击力、离心力）、风荷载外的其他第 j 个可变作用效应的分项系数，取 $\gamma_{Qj}=1.4$，但风荷载的分项系数取 $\gamma_{Qj}=1.1$；

S_{Qjk}、S_{Qjd}——在作用效应组合中除汽车荷载效应（含汽车冲击力、离心力）外的其他第 j 个可变作用效应的标准值和设计值；

ψ_c——在作用效应组合中除汽车荷载效应（含汽车冲击力、离心力）外的其他可变作用效应的组合系数。

当永久作用与汽车荷载和人群荷载（或其他一种可变作用）组合时，人群荷载（或其他一种可变作用）的组合系数取 $\psi_C=0.80$；当除汽车荷载外尚有两种其他可变作用参与组合时，其组合系数取 $\psi_C=0.70$；尚有三种可变作用组合时，其组合系数取 $\psi_C=0.60$；有四种或多于四种的组合时 $\psi_C=0.50$。

设计弯桥时，当离心力与制动力同时参与组合时，制动力标准值或设计值按 70% 取用。

表 9-1　永久作用效应分项系数

编号	作用类别		永久作用效应分项系数	
			对结构的承载能力不利时	对结构的承载能力有利时
1	混凝土和圬工重力（包括结构附加重力）		1.2	1.0
	钢结构重力（包括结构附加重力）		1.2 或 1.1	
2	预加力		1.2	1.0
3	土的重力		1.2	1.0
4	混凝土的收缩及徐变作用		1.0	1.0
5	土侧压力		1.4	1.0
6	水的浮力		1.0	1.0
7	基础变位作用	混凝土和圬工结构	0.5	0.5
		钢结构	1.0	1.0

[注]　本表编号 1 中，当钢桥采用钢桥面板时，永久作用效应分项系数取 1.1；当采用混凝土桥面板时，取 1.2。

2. 偶然组合

偶然组合是永久作用标准值效应与可变作用某种代表值效应、偶然作用标准值效应组合。偶然作用的效应分项系数取 1.0;与偶然作用同时出现的可变作用,可根据观测资料和工程经验取用适当的代表值。地震作用标准值及其表达式按现行《公路公程抗震设计规范》规定采用。

9.1.2　材料

1. 材料的等级

石材、混凝土和砂浆的强度等级,应按下列规定采用:

(1)石材的强度等级:MU120、MU100、MU80、MU60、MU50、MU40、MU30。

(2)混凝土强度等级:C40、C35、C25、C20、C15。

(3)砂浆强度等级:M20、M15、M10、M7.5、M5。

[注]　①石材强度等级采用边长 70mm 的含水饱和的立方体试件的抗压强度(MPa)表示。抗压强度取 3 块试件的平均值;②混凝土强度等级的定义见《公路钢筋混凝土及预应力混凝土桥涵设计规范》(JTGD 60−2004);③砂浆的强度等级采用边长 70.7mm 的标准立方体试件 28d 抗压强度(MPa)表示。抗压强度取 3 块试件的平均值。

2. 材料的基本要求

公路桥涵所使用的材料的最低强度等级应符合表 9−2 所示的规定:

表 9－2　圬工材料的最低强度等级

结构物种类	材料最低强度等级	砌筑砂浆最低强度等级
拱圈	MU50 石材 C25 混凝土(现浇) C30 混凝土(预制块)	M10(大、中桥) M7.5(小桥涵)
大、中桥墩及 基础、轻型桥台	MU40 石材 C25 混凝土(现浇) C30 混凝土(预制块)	M7.5
小桥涵墩台、基础	MU30 石材 C20 混凝土(现浇) C25 混凝土(预制块)	M5

9.2　公路桥涵砌体结构构件的承载力计算

9.2.1　受压构件计算

9.2.1.1　轴心受压构件的砌体结构均正截面强度计算

$$\gamma_0 N_d < \varphi A f_{cd} \tag{9-4}$$

式中:N_d——轴向力设计值;

A——构件截面面积,对于组合截面按强度比换算,即 $A = A_0 + \eta_1 A_1 + \eta_2 A_2 + \cdots$;

A_0 为标准层截面面积;A_1、A_2……为其他层截面面积,$\eta_1 = f_{c1d}/f_{c0d}$,$\eta_2 = f_{c2d}/f_{c0d}$

f_{c0d}为标准层轴心抗压强度设计值，f_{c1d}、f_{c2d}…为其他层的轴心抗压强度设计值；

f_{cd}——砌体或混凝土轴心抗压强度设计值，对组合截面应采用标准层轴心抗压强度设计值；

φ——构件轴向力的偏心距 e 和长细比 β 对受压构件承载力的影响系数。可按表 9-3，表 9-4 求得。

表 9-3　构件计算长度 l_0

构件及两端约束情况		计算长度 l_0
直杆	两端固结	$0.5l$
	一端固定，一端为不移动的铰	$0.7l$
	两端均为不移动的铰	$1.0l$
	一端固定，一端自由	$2.0l$

〔注〕 l 为构件支点间长度。

表 9-4　混凝土轴心受压构件弯曲系数

l_0/b	<4	4	6	8	10	12	14	16	18	20	22	24
l_0/i	<14	14	21	28	35	42	49	56	63	70	76	83
φ	1.00	0.98	0.96	0.91	0.86	0.82	0.77	0.72	0.68	0.63	0.59	0.55

〔注〕 (1)l_0为计算长度；(2)在计算 l_0/b 或 l_0/i 时，b 或 i 的取值；对于单向偏心受压构件，取弯曲平面内截面高度或回转半径；对于轴心受压构件及双偏心受压构件，取截面短边尺寸或截面最小回转半径。

9.2.1.2　偏心受压构件的砌体结构的承载力计算

偏心受压构件的设计计算必须考虑纵向偏心距和纵向弯曲的影响，根据《公路桥规》的规定，包括正截面强度计算和偏心距验算，需要进行双控制，见图 9-1。

1. 正截面强度计算

偏心受压构件的砌体结构均按式(9-5)进行承载力计算；

$$\gamma_0 N_d < \varphi A f_{cd} \tag{9-5}$$

对于偏心受压构件的砌体结构的承载力影响系数 φ 的计算，可按下列公式计算：

$$\varphi = \frac{1}{\dfrac{1}{\varphi_x} + \dfrac{1}{\varphi_y} - 1} \tag{9-6}$$

$$\varphi_x = \frac{1 - \left(\dfrac{e_x}{x}\right)^m}{1 + \left(\dfrac{e_x}{i_y}\right)^2} \cdot \frac{1}{1 + \alpha\beta_x(\beta_x - 3)\left[1 + 1.33\left(\dfrac{e_x}{i_y}\right)^2\right]} \tag{9-7}$$

$$\varphi_x = \frac{1 - \left(\dfrac{e_y}{y}\right)^m}{1 + \left(\dfrac{e_y}{i_x}\right)^2} \cdot \frac{1}{1 + \alpha\beta_y(\beta_y - 3)\left[1 + 1.33\left(\dfrac{e_y}{i_x}\right)^2\right]} \tag{9-8}$$

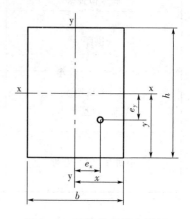

图 9-1　砌体构件偏心受压

式中:φ_x、φ_y——分别为 x 方向和 y 方向偏心受压构件承载力影响系数;

x、y——分别为 x 方向、y 方向截面重心至偏心方向的截面边缘的距离;

e_x、e_y——分别为轴向力在 x 方向、y 方向的偏心距,$e_x = \dfrac{M_{yd}}{N_d}$,$e_x = \dfrac{M_{xd}}{N_d}$;

M_{yd},M_{xd}——分别为绕 x 轴、y 轴的弯矩设计值;

m——截面形状系数,对于圆形截面取 2.5;对于 T 形或 U 形截面取 3.5;对于箱形截面或矩形截面(包括两端设有曲线形或圆弧形的矩形墩身截面)取 8.0;

i_x、i_y——分别为弯曲平面内的截面回转半径,$i_x = \sqrt{I_x/A}$,$i_y = \sqrt{I_y/A}$,I_x,I_y 分别为截面绕 x 轴和绕 y 轴的惯性矩,A 为截面面积。对于组合截面,A、I_x、I_y 应按弹性模量比换算,$A = A_0 + \psi_1 A_1 + \psi_2 A_2 + \cdots$,$I_x = I_{0x} + \psi_1 I_{1x} + \psi_2 I_{2x} + \cdots$,$A_0$ 为标准层截面面积,A_1、A_2 ……为其他层截面面积,I_x、I_{0y} 为绕 x 轴和绕 y 轴的标准层惯性矩,I_{1x}、I_{2x} …… 和 I_{1y}、I_{2y} …… 为绕 x 轴和绕 y 轴的其他层的惯性矩。

α——与砂浆强度等级有关的系数,当砂浆强度等级大于或等于 M5 或为组合构件时,α 为 0.002,当砂浆强度为 0 时,α 为 0.013;

β_x、β_y——构件在 x 方向、y 方向的长细比,当 β_x、β_y 小于 3 时取 3。

计算砌体偏心受压构件承载力的影响系数 φ 时,构件长细比 β_x、β_y 按下列公式计算:

$$\beta_x = \frac{\gamma_\beta l_0}{3.5 i_y} \tag{9-9}$$

$$\beta_y = \frac{\gamma_\beta l_0}{3.5 i_x} \tag{9-10}$$

式中:γ_β——不同砌体材料构件的长细比修正系数,按表 9-5 的规定采用;

l_0——构件计算长度,按表 9-3 的规定取值;

i_x、i_y——弯曲平面内的截面回转半径,对于变截面构件,可取用等代截面的回转半径。

表 9-5 长细比修正系数 γ_β

砌体材料类别	γ_β
混凝土预制块砌体或组合构件	1.0
细石料、半细石料砌体	1.1
粗石料、块石、片石砌体	1.3

2. 偏心距验算

砌体结构的承载力计算时,其偏心距 e 应符合表 9-6 的规定:

表 9-6 受压构件偏心矩限值

作用组合	偏心距限值 e
基本组合	$\leqslant 0.6s$
偶然组合	$\leqslant 0.7s$

[注] (1)混凝土结构单向偏心的受拉一边或双向偏心的各受拉一边,当设有不小于截面面积 0.05% 的纵向钢筋时,表内规定值可增加 0.1s;(2)表中 s 值为截面或换算截面重心轴至偏心方向截面边缘的距离,见图 9-2。

当轴心力的偏心距超过表 9-6 所规定的限值,构件承载力的计算应按下列公式计算:

单向偏心
$$\gamma_0 N_d \leqslant \varphi \frac{A f_{tmd}}{\frac{Ae}{W} - 1} \qquad (9-11a)$$

双向偏心
$$\gamma_0 N_d \leqslant \varphi \frac{A f_{tmd}}{\frac{Ae_x}{W_y} + \frac{Ae_y}{W_x} - 1} \qquad (9-11b)$$

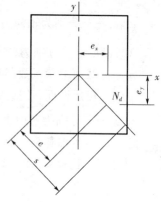

图 9-2 受压构件偏心距

式中:N_d——轴向力设计值;

　　A——构件截面面积,对于组合截面应按弹性模量比换算为换算截面面积;

　　W——单向偏心时,构件受拉边缘的弹性抵抗矩,对于组合截面应按弹性模量比换算为换算截面弹性抵抗矩;

　　f_{tmd}——构件受拉边的弯曲抗拉强度设计值;

　　φ——砌体偏心受压构件承载力影响系数或混凝土轴心受压构件弯曲系数。

　　e——单向偏心时,轴向偏心距;

　　e_x、e_y——双向偏心时,轴向力在 x 和 y 方向的偏心距。

9.2.2　受弯、直接受剪和局部受压计算

1. 受弯构件承载力计算公式

$$\gamma_0 M_d \leqslant W f_{tmd} \qquad (9-12)$$

式中:M_d——弯矩设计值;

　　W——截面受拉边缘的弹性抵抗矩,对于组合截面应按弹性模量比换算为换算截面受拉边缘抵抗矩;

　　f_{tmd}——构件受拉边缘的弯曲抗拉强度设计值。

2. 砌体结构或混凝土构件直接受剪时的计算公式

$$\gamma_0 V_d \leqslant A f_{vd} + \frac{1}{1.4} \mu_f N_k \qquad (9-13)$$

式中:V_d——剪力设计值;

　　A——受剪截面面积;

　　f_{vd}——砌体或混凝土抗剪强度设计值;

　　N_k——与受剪截面垂直的压力标准值;

　　μ_f——摩擦系数,采用 $\mu_f = 0.7$。

3. 局部承压承载力计算公式

$$\gamma_0 N_d \leqslant 0.9 \beta A_1 f_{cd} \qquad (9-14)$$

$$\beta = \sqrt{\frac{A_b}{A_1}} \qquad (9-15)$$

式中:N_d——局部承压面积上轴向力设计值;

　　β——局部承压强度提高系数;

　　f_{cd}——混凝土轴心抗压强度设计值;

A_1——局部承压面积；

A_b——局部承压计算底面积,根据底面积重心与局部受压面积重心相重合的原则。

9.3　砌体拱桥设计

9.3.1　概述

拱桥是我国公路上使用广泛且历史悠久的一种桥梁结构形式,它外观宏伟壮观,且经久耐用。它的主要受力结构是拱结构,与桥梁相比不仅外形上不同,而且在受力性能上有着本质的区别,梁式桥梁在竖向荷载作用下,梁内产生弯矩,且在支撑处仅产生竖向支座反力,而拱式桥梁在竖向荷载作用下,支撑处不仅有竖向反力,还有水平推力,这样使拱体内的弯矩大为减小。圬工拱桥的主要承重结构的拱体可由石块、混凝土等材料修建。

9.3.1.1　拱桥的类型

1. 按照主拱圈轴线所采用的曲线形式分类:有圆弧拱桥、悬链线拱桥和抛物线拱桥等。
2. 按照拱上建筑的形式分类:有实腹式拱桥和空腹式拱桥。
3. 按照铰的数目分类:有无铰拱桥、两铰拱桥和三铰拱桥。
4. 按照主拱圈截面的形式分类:有板拱圈、肋拱桥、双曲拱桥和箱形拱桥。

9.3.1.2　拱桥的构造

圬工拱桥一般都是上承式拱桥,它的上部结构是由主拱圈和拱上结构组成。主拱圈是主要的承重结构。由于拱圈是曲线形的,所以在桥面系(包括行车道、人行道及两侧的栏杆、矮墙等)与拱圈之间一般需要有传力构件或填充物填平,才能使车辆在平展的桥面上行驶。桥面系和这些传力构件或填充物通称为拱上建筑。

下部结构是桥墩、桥台和基础工程组成,用于支承桥垮结构。

1. 拱圈的构造

(1)板拱桥的主拱圈截面为实体矩形,构造简单、施工方便,这是圬工拱桥的基本形式。但在截面面积相同的条件下,实体矩形比其他形式截面的抵抗矩小,通常在地基条件较好的中小跨拱桥中采用。

(2)肋拱桥时将实体矩形板划分为两条或多条高度较大的独立拱肋,拱肋之间用横系梁连接,使之以较小的截面面积获得较大的截面抵抗矩,以节省材料,减轻自重,一般用于较大跨径的拱桥。

(3)双曲拱桥的主拱圈截面在纵向和横向均呈曲线形,截面的抵抗矩比相同的材料用量的板拱大得很多。但施工工序多,组合截面的整体性较差,易开裂,宜在中小跨径的桥梁中采用。

(4)箱形拱桥的主拱圈截面采用闭口箱形,其截面的抵抗矩较相同的材料用量的板拱桥大很多,抗扭刚度大,横向的整体性和稳定性均较好,但箱形截面施工制作较复杂。

应该指出,对于上面的各种拱桥的拱圈可以采用不同的材料,特别是对于双曲线拱桥和箱形拱桥的拱圈材料多采用混凝土和钢筋混凝土。

2. 拱上建筑结构

拱上建筑也称为拱上结构,是指上承式拱桥跨结构中拱圈以上的结构部分,分为实腹式与空腹式两种。

（1）实腹式拱上建筑

实腹式拱上建筑由侧墙、拱腔填料、护拱及防水层、泄水管、变形缝和桥面等组成，实腹式拱上建筑构造简单，施工方便，但填充料的数量较多，恒载较重，一般在小跨径拱桥上采用。

（2）空腹式拱上建筑

除有上述实腹式拱上建筑大体相同的构造组成外，设置了腹空和腹孔墩的构造，以减少填料，降低自重。大、中跨径拱桥宜采用空腹式拱桥。

腹孔可以分为梁板式或拱式结构，布置范围一般为半跨拱脚外 $l/3\sim l/4$ 为宜。腹孔跨度不宜过大，一般不大于 $l/8\sim l/15$。

9.3.2 拱桥的设计

9.3.2.1 拱桥的总体设计

拱桥设计时，在经过桥址方案比较，确定了桥位后，首先要进行总体设计。它包括确定拱桥的形式、跨径、孔数、主要标高、矢跨比等，应按照因地制宜、就地取材的原则，根据地形、水文、通航的要求、施工设备等条件选择；进而合理的选用拱轴线型和布置拱上建筑，拟定拱圈的主要尺寸和墩台的主要尺寸。本节主要讨论拱结构设计方面的问题。

1. 主拱圈矢跨比

拱桥主拱圈矢跨比是设计拱桥的主要参数之一。它的大小不仅影响拱圈和墩台的受力，而且影响到拱桥的构造形式和施工方法的选择。在设计时，矢跨比的大小应经过综合比较后选定，避免过大过小。通常，对于石块、混凝土板拱桥及双曲拱桥，矢跨比一般为 $l/4\sim l/6$，不宜超过 $l/8$。箱形拱桥的矢跨比一般采用 $l/6\sim l/10$。拱桥的最小矢跨比不宜小于 $l/12$。

2. 主拱圈的拱轴线的选用

拱桥设计中主拱圈的曲线变化形状是由所选择的拱轴线型决定的，拱轴线是指主拱圈各截面重心（或形心）的连线。拱轴线的形状直接影响到拱圈的内力分布，并且关系到结构的经济合理性和施工方便。选择拱轴线时要尽可能降低由于恒载和活载引起的拱截面的弯矩数值。考虑到公路拱桥的实际受力情况，恒载占全部荷载的比重大，又是永久作用在拱上，因而采用恒载作用下的压力线作为拱轴线比较适宜。拱桥常用的拱轴线主要有以下几种：

（1）悬链线

悬链线是拱上作用有连续分布的竖向荷载，且荷载集度按拱轴线形状增大时的合理拱轴线。实腹式拱桥的恒载（结构重力）从拱顶向拱脚均匀增加，因此，采用悬链线作为拱轴线是合理的。空腹式拱桥，由于拱上建筑的形式发生改变，恒载从拱顶向拱脚不再是均匀增加，其相应的压力线不再是悬链线，而是一条在腹孔墩处有转折的分段曲线。但一般仍用悬链线作为拱轴线，并合理布置在拱上建筑所采用的拱轴线与恒载压力线有五点重合（在拱顶、拱脚和拱跨的 $1/4$ 处）处，其提点则有偏离。理论分析证明此偏离对控制截面内力是有利的。悬链线是目前大、中跨径拱桥采用最普遍的拱轴线。在以拱顶为原点的直角坐标系中，悬链线拱轴公式为：

$$y=\frac{f}{m-1}\big[\mathrm{ch}(k\xi)-1\big] \qquad (9-16)$$

式中：y——拱轴任一点处纵坐标；

　　　f——拱的计算矢高；

　　　m——拱轴曲线系数；

　　k——有关系数，$k = ln(m + \sqrt{m^2 - 1})$；

　　$\xi = \dfrac{2x}{l}$，x 为拱轴任一点处横坐标，l 为拱的计算跨径。

（2）圆弧线

圆弧线是拱在均布径向荷载作用下的合理拱轴线。所以在一般的情况下，圆弧形拱轴线与恒载压力线有较大的偏离，但其线形简单，施工方便，易于掌握，常用于跨径 20m 以下的小跨径拱桥。在以拱顶为原点的直角坐标系中，圆弧线拱轴公式为：

$$y = R(1 - \cos\varphi) \tag{9-17}$$

式中：R——圆弧拱轴计算半径；

　　　φ——拱轴任一点处的水平倾角。

（3）抛物线

二次抛物线是拱在竖向均布荷载作用下的合理拱轴线。对拱上恒载接近于均布的拱桥，可采用二次抛物线作为拱轴线。在以拱顶为原点的直角坐标系中，二次抛物线拱轴公式为：

$$y = \dfrac{4f}{l^2} x^2 \tag{9-18}$$

3. 拱圈的截面变化规律和截面的尺寸确定

（1）拱圈的截面变化规律

拱顶的主拱圈沿轴线的法向截面可做成等截面和变截面两种形式。变截面拱圈的做法通常有两种，一种是拱圈沿拱轴方向宽度不变，而厚度改变；另一种是厚度不变而改变拱圈的宽度（见图 9-3）。

无铰拱采用的截面变化规律用以下公式表示：

$$\dfrac{I_d}{I\cos\varphi} = 1 - (1 - n)\xi \tag{9-19}$$

或

$$I = \dfrac{I_d}{[1 - (1 - n)\xi]\cos\varphi} \tag{9-20}$$

$$n = \dfrac{I_d}{I_j \cos\varphi_j} \tag{9-21}$$

式中：I——拱圈任意截面惯性矩；

　　　I_d——拱顶截面惯性矩；

　　　φ——拱圈任意截面处的拱轴线水平倾角；

　　　φ_j——拱脚截面处的拱轴线水平倾角；

　　　ξ——横坐标参数，$\xi = x/l_j$；

　　　n——拱厚系数，用拱脚处 $\xi = 1$ 的边界条件求得。

拱厚系数 n 愈小，拱圈厚度的变化愈大。一般实腹式拱桥 $n = 0.4 \sim 0.6$；空腹式拱桥 $n = 0.3 \sim 0.5$，对于矢跨比比较小的拱，采用较小值；矢跨比较大的拱，采用较大值。

在设计时，可以先拟定拱顶和拱脚两截面尺寸，求出 n 后再求其它截面 I。也可先拟定拱顶截面尺寸和拱厚

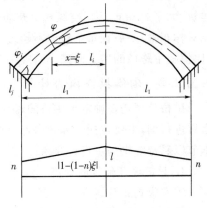

图 9-3　变截面悬链线拱的
截面变化规律

系数,再求其他截面 I。

对于等宽变高的实体矩形截面,拱圈任意截面的厚度 d 可由下式导出:

$$d = C \frac{d_d}{\sqrt[3]{\cos\varphi}} \tag{9-22}$$

式中: d_d ——拱顶处拱圈截面厚度;

　C ——系数,可根据 n 求出。

对于大跨径拱桥,为了抵抗向拱脚增大的轴向力 N,可采用等厚变宽的截面变化规律,求出各截面的惯性矩 I,再由 I 推导求 d。

(2)主拱圈截面尺寸的拟定

①主拱圈的宽度

拱圈的宽度主要取决于桥面的跨度,即行车道宽和人行道宽度之和,可根据具体的情况确定。拱圈宽度不应过小。当拱圈宽度小于跨径的 1/20 时,应验算拱桥的横向稳定和强度。

②主拱圈的厚度

在拟定中、小跨径拱桥的主拱圈厚度初步尺寸时,可参照下列经验公式估算:

$$d = mk^3 \sqrt[3]{l_0} \tag{9-23}$$

式中: d ——主拱圈厚度(cm);

　l_0 ——主拱圈净跨径(cm);

　m ——系数,一般为 $4.5 \sim 6.0$,随着矢跨比的减小而增大;

　k ——荷载系数。

大跨径拱桥拱圈厚度可按式(9-24)估算:

$$d = m_1 k(l_0 + 20) \tag{9-24}$$

式中: l_0 ——主拱圈净跨径(m);

　m_1 ——系数,一般为 $0.016 \sim 0.02$,跨径大、矢跨比小时取大值。

　k ——荷载系数

4. 拱上建筑的布置

拱上建筑的形式及布置与主拱设计密切相关。主拱跨径小于 20m 时一般采用实腹式拱上建筑,大于 20m 时多用空腹式。空腹式圬工拱桥的拱上建筑腹孔为拱式腹孔(腹拱),在主拱两侧对称布置,一般在每半跨内不超过主拱跨径的 $l/4 \sim l/3$,其跨径不宜大于主跨径的 $l/8 \sim l/15$ (比值随主跨径的增大而减小);腹拱多为圆弧形,矢跨比采用 $l/2 \sim l/6$。

9.3.2.2　砌体拱桥内力计算

拱桥计算是在确定了拱桥的跨径、矢跨比、主拱圈及拱上建筑的主要尺寸,并选定拱轴线形之后进行的,主要包括三部分内容:拱圈几何性质计算,拱内力计算,拱截面强度和稳定性验算。本节以悬链线拱为主进行介绍:

1. 悬链线几何性质计算

①实腹式悬链线拱

实腹式悬链线拱是采用恒载压力线(不计弹性压缩)作为拱轴线。实腹式拱的恒载包括拱圈、拱上填料和桥的自重。悬链线拱轴线方程为:

$$y_1 = \frac{f}{m-1}\left[\cosh(k\xi)-1\right] \qquad (9-25)$$

式中：m——拱轴系数；

$\quad$ k——与 m 有关的参数；$k = \ln(m+\sqrt{m^2-1})$；

$\quad$ ξ——横坐标参数；

$\quad$ $\cosh(k\xi)$——双曲余弦；

由悬链线方程可以看出，当拱的矢跨比确定后，拱轴线个点的纵向坐标取决于拱轴系数 m。其各种 m 值得拱轴线可以查表得出(见《桥涵设计手册—拱桥》)。

如采用变截面拱圈，其厚度系数 n 如前所述确定。拱轴系数 m 则需采用逐次渐进法试算确定：

$$m = g_j / g_d \qquad (9-26)$$

式中：g_d——拱顶处恒载强度，$g_d = \gamma_1 h + \gamma d$；

$\quad$ g_j——拱脚处恒载强度，$g_j = \gamma_1 h_d + \gamma_2 h + \gamma \dfrac{d}{\cos\varphi_j}$；

其中：γ、γ_1、γ_2——分别为拱圈、路面及填料、拱腹及填料的重度；

$\quad$ d、h_d、h——分别为拱圈、路面及填料、拱腹及填料厚度或高度。

②空腹式悬链线拱

由于空腹式拱的恒载不具备连续性，恒载可视为由两部分组成，即主拱圈与实腹式段自重分布荷载及空腹部分通过腹孔墩柱传下集中力。

由于有集中力作用使恒载压力线呈曲线状，很难控制恒载压力线使拱轴有较好的重合度，在拱顶、$l/4$、拱脚五点重合，称为"五点重合法"即以上述五点弯矩为零的条件 m 值。其表达式为：

$$\sum M_{1/4} / \sum M_j = y_{t(1/4)} / f \qquad (9-27)$$

式中：$\sum M_{1/4}$——自拱顶至拱跨 $l/4$ 点的恒载对 $l/4$ 处截面的弯矩；

$\quad$ $\sum M_j$——主拱圈恒载对拱脚截面弯矩；

$\quad$ $\sum M_{1/4}$、$\sum M_j$ 可查表。

求得之后用公式 $y_{t(1/4)} / f = 1/\left[\sqrt{2(m-1)}+2\right]$ 反求 m，然后用前述逐次渐进法推导求出真实 m 值。

③拱的弹性中心

结构力学中计算无铰拱内力，为简化计算，利用拱的弹性中心取简支曲梁为基本结构。其中 y_s 为弹性中心距拱顶距离，如图 9-4 所示。

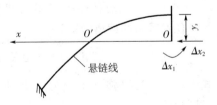

图 9-4　空腹式计算简图

$$y_s = \int_x \frac{y_1 ds}{EI} \bigg/ \int_x \frac{ds}{EI} = \alpha_1 f \qquad (9-28)$$

2. 拱的恒载内力计算

恒载作用下拱圈截面处于轴压状态，此时拱圈会产生弹性压缩，使无铰拱产生内力。在设计中，为计算方便，恒载内力计算分为两部分，即不考虑弹性压缩影响的内力与弹性压缩引起的内力，这两个内力相加，即得恒载作用下的总内力。

(1)不考虑弹性压缩的恒载内力

①实腹拱

由于实腹拱悬链线的拱轴线与恒载压力线基本上吻合,拱中内力可按纯压拱计算公式,$k^2 = l_1^2 g_d (m-1)/(H_1 \cdot f)$可得恒载水平推力:

$$H_1 = [(m-1)/(4k^2)] \cdot (g_d l^2/f) = k_g \cdot (g_d l^2/f) \qquad (9-29)$$

拱脚竖向反力为半拱的恒载重量,经推导求得:

$$V_g = k_g' g_d l \qquad (9-30)$$

式中:系数 k_g',k_g 可通过《拱桥手册》查得。

拱圈各截面恒载弯矩和剪力为零,轴向力 N 按下式计算:

$$N = H_g/\cos\varphi \qquad (9-31)$$

②空腹拱

空腹式悬链线无铰拱,由于拱轴线与恒载压力线有偏差,计算时,将恒载内力分为两部分:不考虑偏离影响,将拱轴线视为与恒载压力线完全吻合计算;考虑偏离影响,计算由偏离引起的恒载内力,两者叠加,即得空腹式无铰拱不考虑弹性压缩时的恒载内力。

不考虑偏离影响,可直接由静力平衡条件求出:$H_g = \sum M_j/f$,$V_g = \sum P$(半拱恒载重),得到 H_g 后可有公式 9-31 直接求出各截面轴力 N。

考虑恒载偏离影响时,可按结构力学力法原理求出弹性中心的多余力(图 9-10)

$$\begin{cases} \Delta X_1 = -\Delta_{1p}/\delta_{11} = -\int_s \frac{MM_p}{EI} ds / \int_s \frac{M_1^2}{EI} ds = -\int_s \frac{M_p}{I} ds / \int_s \frac{1}{I} ds = -H_g \int_s \frac{\Delta y}{I} ds / \int_s \frac{1}{I} ds \\ \Delta X_2 = -\Delta_{2p}/\delta_{22} = -\int_s \frac{MM_p}{EI} ds / \int_s \frac{M_2^2}{EI} ds = -\int_s \frac{M_p}{I} ds / \int_s \frac{1}{I} ds = -H_g \int_s \frac{\Delta y}{I} ds / \int_s \frac{y^2}{I} ds \end{cases}$$

$$(9-32)$$

式中:M_p——三铰拱恒载压力线偏离拱轴线所产生的弯矩,$M_p = H_g \Delta y$,$M_1 = 1$,$M_2 = -y$;

Δy——三铰拱恒载压力线与拱轴线偏离值,Δy 有正有负。

任意截面的偏离弯矩为:

$$\Delta M = \Delta X_1 - \Delta X_2 y + M_p \qquad (9-33)$$

式中:y——是以弹性中心为原点(向上为正)的拱轴线坐标。(见图 9-5。)

(2)弹性压缩引起的内力(如图 9-5 所示)

根据结构力学的力法原理,然后代入公式 9-31

可以直接求得:

$$\Delta H_g = H_g \frac{\mu_1}{1+\mu} \qquad (9-34)$$

式中:H_g——不计弹性压缩的恒载推力,且 H_g 与 ΔH_g 异号;

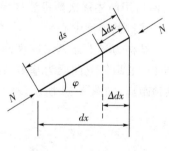

图 9-5 拱的弹性压缩

μ_1、μ——弹性压缩系数,其表达式为: $\mu = l/(E_v A \int_s \frac{y^2}{EI} ds)$; $\mu_1 = l/(E_{v1} A \int_s \frac{y^2 ds}{EI})$, 式中:

$\int_s \frac{y^2}{EI} ds$、μ、μ_1、V_1、V_2 可由《手册》查得。

求出 ΔH_g 后,即可由静力平衡条件得拱圈任意截面处因弹性压缩引起的附加内力:

$$\begin{cases} \Delta M_g = \Delta H_g(y_s - y_1) = H_g \cdot \dfrac{\mu_1}{1+\mu}(y_s - y_1) \\[2mm] \Delta N_g = \Delta H_g \cos\varphi = -H_g \cdot \dfrac{\mu_1}{1+\mu}\cos\varphi \\[2mm] \Delta Q_g = \Delta H_g \sin\varphi = \mp H_g \cdot \dfrac{\mu_1}{1+\mu}\sin\varphi \end{cases} \quad (9-35)$$

不考虑弹性压缩的恒载内力与弹性压缩产生的附加内力叠加,使得到拱圈任意截面的恒载内力为:

$$\begin{cases} N = \dfrac{H_g}{\cos\varphi} - H_g \dfrac{\mu_1}{1+\mu}\cos\varphi \\[2mm] M = H_g \cdot \dfrac{\mu_1}{1+\mu}(y_s - y_1) \\[2mm] Q = \mp H_g \cdot \dfrac{\mu_1}{1+\mu}\sin\varphi \end{cases} \quad (9-36)$$

式中上边的符号适用于左半拱,下边符号适用右边拱,考虑拱轴线偏离影响的各截面内力为:

$$\begin{cases} N = \dfrac{H_g}{\cos\varphi} + \Delta X_2 \cos\varphi - (H_g + \Delta X_2) \cdot \dfrac{\mu_1}{1+\mu}\cos\varphi \\[2mm] M = (H_g + \Delta X_2) \cdot \dfrac{\mu_1}{1+\mu}(y_s - y_1) - \Delta M \\[2mm] Q = \mp(H_g + \Delta X_2) \cdot \dfrac{\mu_1}{1+\mu}\sin\varphi \pm \Delta X_2 \sin\varphi \end{cases} \quad (9-37)$$

《圬工桥涵规范》规定:凡符合下列情况,在恒载与活载的内力计算中,可不计入弹性压缩影响:当 $l \leqslant 30\text{m}$, $f/l \geqslant 1/3$;当 $l \leqslant 20\text{m}$, $f/l \geqslant 1/4$;当 $l \leqslant 10\text{m}$. $f/l \geqslant 1/5$。

3. 拱的活载内力计算

拱的活载内力计算与恒载内力计算一样,也是分两步进行;先计算不考虑弹性压缩的活载内力,然后再计入弹性压缩引起的活载内力。

(1)不考虑弹性压缩的内力计算(如图 9-6):

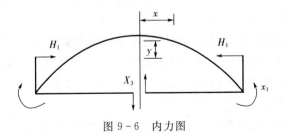

图 9-6　内力图

由图 9-12 我们可以根据结构力学的知识容易求出拱上任意截面的内力值。

弯矩：
$$M = M_1 - H_1 y \pm X_3 x + X_1$$

轴向力：
$$N = Q_b \sin\varphi + H_1 \cos\varphi$$

径向剪力：
$$Q = \pm H_1 \sin\varphi - Q_b \sin\varphi$$

式中：M_1——简支梁弯矩；

Q_b——作用于截面以左的竖向外力总和，称为梁式剪力。

（2）活载作用下弹性压缩引起的内力计算：

根据前面恒载时计算的结果，我们可以很容易的得出它的计算公式为：

$$\begin{cases} \Delta M = \Delta H y = H_1 \dfrac{\mu_1}{1+\mu} y \\[2mm] \Delta N = \Delta H_1 \cos\varphi = -H_1 \dfrac{\mu_1}{1+\mu} \cos\varphi \\[2mm] \Delta Q = \Delta H \sin\varphi = \mp H_1 \dfrac{\mu_1}{1+\mu} \sin\varphi \end{cases} \qquad (9-38)$$

式中上边的符号适用于左半拱，下边符号适用右半拱，根据 μ_1、μ_2 即可求出活载作用下的考虑弹性压缩引起的内力。

将不考虑弹性压缩活载内力与考虑弹性压缩活载引起的内力叠加，即得活载作用下的总内力。

4. 温度变化产生的拱圈附加内力计算

温度变化引起的拱圈的伸长与缩短，对超静定无铰拱均产生拱圈截面附加内力。当大气温度高于拱圈合拢的温度时，其作用与弹性压缩相同；当大气温度低于拱圈合拢的温度时，其作用与弹性压缩相反。

对于跨径不大于 25m 的石块、混凝土砌体拱桥，当矢跨比不小于 1/5 时，可不计温度影响的内力。

由此可知，我们可以容易的得出温度影响下的拱任意截面的内力公式：

$$\begin{cases} M_t = -H_1 \cdot y = -H_t \cdot (y - y_t) \\[2mm] N_t = H_t \cos\varphi \\[2mm] Q_t = \pm H_t \sin\varphi \end{cases} \qquad (9-39)$$

5. 拱圈的强度验算

求出了各种荷载作用下的内力后，即可进行最不利荷载组合，从而验算控制截面的强度及拱的稳定性。一般无铰拱桥，拱脚和拱顶为控制截面。中、小跨径的无铰拱，只验算拱顶、拱脚就可以了。大、中跨径无铰拱，常验算拱顶、拱脚和拱跨 $l/4$ 等三个截面；采用无支架施工的大跨径拱桥，必要时需加算 $l/8$ 和 $3l/8$ 截面。

拱圈为偏心受压构件，应按公式（9-5）验算正截面强度，并验算截面纵向力偏心距 e_0。当截面纵向偏心距 e_0 超过容许值是，可按公式（9-11）计算确定截面尺寸。拱圈正截面直接受剪应按公式(9-13)验算抗剪强度。拱圈的稳定性分为纵向和横向两个方面。

实腹式拱桥一般跨径不大,可不验算拱的纵、横向稳定性。大、中跨径的空腹式拱桥是否需要验算拱的纵、横向稳定性应视具体的施工情况而定。如果采用有支架施工,且在拱上建筑与拱圈合拢后再卸拱架,由于拱上建筑与拱圈共同作用,不致产生纵向失稳,这时,不用验算纵向的稳定性。如果采用无支架施工或在拱上建筑尚未合拢前期脱架,应验算拱的纵向稳定性。若当拱圈宽度小于其跨径的 $l/20$ 时,应验算拱桥的横向稳定性。

验算纵向稳定性时,一般将拱圈换算为相当长度的压杆,则有拱的轴向力设计值可按下列公式计算:

$$N_d = \frac{H_d}{\cos\varphi_m} \tag{9-40}$$

式中:N_d——拱的轴向力设计值;

　　　H_d——拱的水平推力设计值;

　　　φ_m——拱顶与拱脚的连线与跨径的夹角(如图 9-7 所示)。

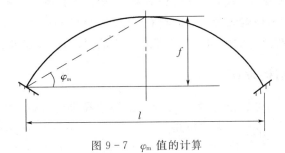

图 9-7　φ_m 值的计算

6. 拱桥计算中的几个有关问题的说明

(1)地震力、风力、离心力、浮力的考虑

地震力计算按《公路工程抗震设计规范》要求考虑。当计算平面稳定性时应考虑横向风力和离心力(弯拱桥)。

当拱圈有一部分被水淹没时,要考虑浮力作用。若水位变化较小,则浮力对拱圈的作用应作为永久荷载考虑,若水位变化较大,作为其他可变荷载考虑。

(2)连拱计算

对于多孔拱桥,桥墩相对拱圈的刚度不可能无限大,当一孔受载时,拱脚处的弯矩和推力会使拱墩发生水平位移和转角,从而使该孔及其临孔的桥墩和拱跨都发生变形,将水平力传给临孔一部分,这就是连拱作用。《圬工桥涵规范》规定,多孔拱桥的桥墩与主拱圈的抗推刚度比大于37时,可按单孔计算。否则,应考虑连拱作用,其具体计算可参照有关的文献资料进行。

(3)拱圈内力调整

无铰拱在最不利荷载组合时,常会出现拱脚负弯矩和拱顶正弯矩过大的情况,此时,可在不改变拱的主要尺寸的条件下,从设计和施工方面采取一些措施,来改善主拱各截面内力分布。

(4)拱上建筑与主拱的联合作用

拱桥计算一般分解为主拱计算与拱上建筑计算,并假定全部外荷载由主拱承受,拱上建筑当作荷载传递给拱的拒不受力构件,不与主拱共同工作,但实际上,主拱的弹性变位影响拱上建筑的内力,而拱上建筑则约束着主拱的变位,拱圈与拱上建筑是不同程度的联合受力。

《圬工桥涵规范》规定:当考虑拱上建筑与主拱联合作用时,拱上建筑应满足联合作用时的受力要求。当不考虑拱上建筑与主拱的联合作用时,拱上建筑可按简化近似方法计算。

需要注意的是,主拱的计算不考虑拱上建筑的联合作用,是偏于安全的,而拱上建筑的计算不考虑联合作用的影响是不安全的。

9.4 砌体桥梁墩台设计

9.4.1 概述

桥梁的墩台是桥梁的下部结构。桥墩一般设置在多跨桥梁中间、支承着桥梁的下部结构,成为多跨桥的中支座。桥台设置在桥梁的两端,既是在桥梁端部支承桥垮的下部支承结构(端支座),又是桥梁与两岸路堤衔接的构筑物。

由于墩台处于不同的位置,它们的作用又有不同之处。桥墩位于多跨桥梁中间,除了承受上部结构传来的荷载处,还承受流水压力、水面以上风力以及可能出现的冰荷载、船只、排筏等漂流物的撞击力等。桥台在桥梁端部,除承受桥跨荷载,还要挡土护岸以及承受被填土上的车辆荷载所附加的土侧压力。因此,桥梁墩台自身应具有足够的强度、刚度和稳定性,同时对地基的承载能力、沉降量、地基与基础之间的摩阻力等也都有一定的要求,以确保可靠的完成预定功能。

9.4.2 桥梁墩台的结构设计

桥墩,对应上部桥跨结构的分类,可以分为桥梁桥墩和拱桥桥墩。它们位置和受力不同,各有特点,但是它们组成和基本构造大致相同。

9.4.2.1 桥梁桥墩

桥梁桥墩由墩帽、墩身和基础三部分组成。

1. 墩帽

桥梁的墩帽和台帽厚度,一般特大、大跨径桥梁不应小于 0.5m;小跨径桥梁不应小于 0.4m。在墩、台帽内应设置构造钢筋。设置支座的墩帽和台帽上应设置支座垫石,在其内应设置水平钢筋网。与支座底板边缘相对的支座垫石边缘应向外展出 0.1 到 0.2m。支座垫石顶面应高出墩、台帽顶面排水坡的上棱。墩、台顶面与梁底之间预留更换支座时的空间。墩、台帽出檐宽度宜为 0.05－0.1m。

墩帽的平面尺寸应满足桥梁支座布置得需要,其中顺桥向的墩帽宽度 b 和横桥向的墩帽最小宽度 B 可分别按下列公式确定:

$$b \geqslant f + a + 2c_1 + 2c_2 \tag{9-41}$$

$$B = 两侧主梁间距 + 支座横向宽度 + 2c_1 + 2c_2 \tag{9-42}$$

式中:f——相邻两跨支座间的中心距;

a——支座垫板的纵桥向宽度;

c_1——出檐宽度,一般为 0.05 到 0.10m;

c_2——支座边缘到墩身边缘的最小距离,见表 9-7 所示;

表 9-7　支座边缘至墩、台身边缘的最小距离 c_2(m)

桥向 跨径(m)	顺桥向	横桥向	
		圆弧形端头 (自支座边角量起)	矩形端头
$l \geqslant 150$	0.30	0.30	0.50
$50 \leqslant l < 150$	0.25	0.25	0.40
$20 \leqslant l < 50$	0.20	0.20	0.30
$5 \leqslant l < 20$	0.15	0.15	0.20

[注]　当采用钢筋混凝土或预应力混凝土悬臂墩帽时,可不受本表限制,应以便于施工、养护和更换支座而定。

2. 墩身

墩身是桥墩的主体,除支承和传递荷载作用外,在水中的桥梁,还要受水流的冲击磨蚀,船只、漂流物的撞击,要有足够的强度和稳定性。在有较强的流冰或大量漂流物的河道上,须在墩身上游迎水端加设破冰棱,其应高于最高流冰水位 1000mm,并低于最低流冰水位时冰层底面下 500mm。破冰棱的倾斜度一般为 3:1~10:1,墩身的主要尺寸包括墩高、墩顶面、底面的平面尺寸及墩身的侧坡。桥梁墩身顶宽,小跨径桥不宜小于 80cm,中跨径不宜小于 100cm,大跨径桥的墩身顶宽视上部结构类型而定。墩身侧坡一般采用 20:1~30:1。小跨径桥的桥墩也可采用直坡。

3. 基础

基础是桥墩底部与基础直接接触的部分。其类型与尺寸往往取决于地基条件,尤其是地基承载力,最常见的刚性扩大基础。

9.4.2.2　桥墩设计

桥墩的设计主要包括:①拟定桥墩的各部分尺寸;②进行结构分析,计算可能出现的荷载及最不利荷载及最不利组合;③选取验算截面及验算内容。这里我们主要学习桥墩设计及验算的要点。

1. 荷载及其组合

桥墩设计时,需要验算墩身截面强度及合力的偏心距,基底应力及偏心距、桥墩的稳定性等,而且按顺桥向及横桥向进行计算。因而,根据设计要求,进行各种相应的荷载组合。一般要考虑组合有:

(1)桥墩各截面在顺桥向可能产生最大竖向力的组合,此时,除了永久荷载外,应在相邻两跨满布基本可变荷载的一种或几种,即按组合Ⅰ、组合Ⅲ的内容进行组合。

(2)桥墩各截面在顺桥向可能产生的最大偏心距和最大弯矩的组合。此时,除永久荷载外,应在相邻两跨中的一侧布置基本可变荷载的一种或几种,以及沿顺桥可能产生的其他可变荷载,按组合Ⅱ、组合Ⅳ进行组合。

(3)桥墩各截面在横桥向可能产生最大偏心距和最大弯矩的组合。除永久荷载外,将基本可变荷载的一种或几种沿桥面的横向偏于一侧布置。按组合组Ⅰ、组合Ⅱ、组合Ⅲ组合Ⅳ进行组合。

(4)桥墩在施工阶段各种可能的荷载作用状况的组合,按组合Ⅴ进行组合。

(5)需进行抗震验算的桥墩还需要地震力的作用,按组合Ⅵ进行组合。

2. 桥墩验算

对于桥墩的验算主要内容包括:桥身验算,桥身的稳定性验算,墩顶水平位移验算,基底土的承载力和偏心距验算、沉降验算等。

3. 桥身验算

重力式桥墩一般是偏心受压构件,要求在不利荷载组合下墩身任一截面均应有足够的强度,且偏心距不超过容许值。

(1)选取强度验算的控制截面

对于较矮的桥墩通常选取墩身的底截面及墩身突变处作为验算截面。

(2)截面内力计算

按照荷载组合,分别计算上述截面的竖向力、水平力和弯矩,得到各自的合力$\sum N$,$\sum H$ 和 $\sum M$。

(3)抗压验算和稳定性验算

按公式(9-5)进行计算。

(4)偏心距验算

$e_0 = \sum M / \sum N \leqslant [e_0]$,$[e_0]$为容许偏心距。

(5)抗剪强度验算

当拱桥相邻两孔的推力不相等时,要验算拱座底截面的抗剪强度。

9.4.2.3 墩台

1. 墩台的组成和构造

用石材、片石混凝土等材料砌筑建造的桥台多采用重力式桥台的结构形式。这类桥台的特点是依靠自身重力平衡后的土压力,保证桥台稳定。重力式桥台由顶部的台帽和背墙、太甚及基础三部分组成。梁桥和拱桥桥台除顶部外,其余部分基本相同。重力式桥台有 U 型、八字式和一字式桥台及埋置式桥台。

桥梁台帽的构造和尺寸要求与相应的桥墩墩帽有许多的相同之处,但台帽顶面只设单排支座。在台帽放置支座部分的构造尺寸及做法可按相应的墩帽构造进行设计。背墙砌筑在台帽的另一侧,以挡住路堤填土,并在两侧与侧墙连接。背墙的顶宽,对于片石砌体不小于 50cm,对于块石、料石砌体及混凝土砌体不小于 40cm。背墙在台帽的一侧设置拱座,其构造和尺寸可参照相应的桥墩的拱座拟定。

2. 桥台计算

(1)桥台荷载及其组合

计算重力式桥台所需考虑的荷载与重力式桥墩基本相同,只不过对于桥台还要考虑车辆荷载引起的土侧压力,而不需考虑纵向风力、横向风力、流水压力、冰压力、船压、船只或漂浮物的撞击,这些与桥墩计算不同。

考虑梁桥桥台荷载最不利组合时,可按以下 3 种情况布置车辆荷载(只考虑顺桥向):

①仅在桥台后破坏棱体上有车辆荷载;

②仅在桥梁结构上有车辆荷载;

③在桥跨结构上颌台后破坏棱体上有车辆荷载和仅在桥垮结构上有车辆荷载这两种情况考虑。

台后土侧压力,一般按主动土压力计算,其大小与土的压实程度有关。在计算桥台前端的最大应力、向桥孔一侧的偏心和向桥孔方向的倾覆与滑动时,后台填土按尚未压实考虑;当计算桥台后端的最大应力,向路堤一侧的偏心和向路堤方向的倾覆与滑动时,则台后填土按已经压实考虑。土压力的计算范围,当验算台身强度和地基承载力时,计算机出顶至桥台顶面范围内的土压力;当验算桥台稳定性时,计算基础底至桥台顶面范围内的土压力。

(2)桥台验算

进行桥台台身强度、偏心距以及桥台稳定性验算的方法与桥墩验算基本相同,但只做顺桥向验算。当 U 形桥台两侧墙宽度不小于同一水平截面前墙全长的 0.4 倍。可按 U 形整体截面验算截面强度。否则,台身前墙应按独立的挡土墙进行验算。

9.5　砌体涵洞设计

9.5.1　概述

涵洞是为宣泄地面水流(包括小河沟)而设置的横穿路基的小型排水构筑物。我国规定是以跨径及结构形式对涵洞和小桥加以区别的,其中将单孔标准跨径小于 5m 或多孔跨径总长小于 8m 者,以及圆管涵、箱涵(无孔数、管径或跨径限制)、均称为涵洞。

9.5.1.1　砌体涵洞类型

涵洞类型的选择应根据使用要求及地形、地质、水文和水利条件,综合考虑多方面因素,符合因地制宜,就地取材,便于施工和养护的原则。圬工材料建造的涵洞一般造价较低,有条件的地方,宜优先采用,并可采用不同的构造形式。常用的有石涵洞和石盖板涵,现浇或预制混凝土拱涵、圆管涵和小跨径盖板涵,以及砖拱涵。涵洞也可按洞身截面形状,建筑材料,水力性能、涵上填土、使用要求、涵洞中陷于线路中线相交关系等有多种分类。但对砌体涵洞来说主要是拱形涵洞,它可以分为单孔拱涵、双孔拱涵之分。

9.5.1.2　涵洞的构造

涵洞的建筑结构形式和孔径主要是依据宣泄的流量来确定。由于涵洞跨越的都是小河沟,有的还是为疏导边沟积水按构造要求设置,往往缺少水文观测资料。我国目前主要是运用当地雨量观测站资料,采用暴雨推理和径流的方法及相关的经验方法来推求设计流量。还可通过以洪水调查为主的形态调查法和以附近已建成小桥涵使用情况为主的类比法来推求设计流量。

涵洞由洞身和洞口建筑组成。洞身是涵洞的主要部分,应具有保证设计流量通过的必要孔径,同时本身要能承受活载压力和土压力并将其传递给地基。位于涵洞洞身两端的洞口分为进水口(位于涵洞上游的洞口)和出水口(位于涵洞下游的洞口)。洞口建筑连接着洞身及路基边坡,应与洞身较好地衔接并形成良好的泄水条件。

1. 洞身及组成

按洞涵构造形式和组成部分不同,洞身也有不同的形式。现将常见的洞身形式分述如下:

(1)圆管涵(包括倒虹吸圆管涵)

圆管涵洞身主要由各分段圆管节和支承管节的基础垫层组成,当整节钢筋混凝土圆管无铰时,称为刚性管节。

(2)盖板涵

盖板涵洞身由涵台(墩)、基础和盖板组成。盖板有石盖板及钢筋混凝土盖板等。当跨径较小,洞顶具有一定填土高度时,采用石板盖。当跨径较大时,宜采用钢筋混凝土盖板。

(3)拱涵

拱涵由拱圈、边墙、翼墙和基础组成。拱涵泄水能力大,具有较高的结构高度从而保证整个结构的稳定性,所以在地质条件较好、高路堤填土、有石料来源地区,可广泛应用。拱涵的截面形式有半圆拱、圆弧拱、卵形拱,应用最多的是圆弧拱涵洞。

涵台基础视地基情况不同,可分为整体式或分离式。整体式基础主要是用于卵形涵及小跨径涵洞。对于松软地基上的涵洞,为了分散压力,一般采用整体式基础。对于跨径大于 $2\sim3m$ 的涵洞,宜采用分离式基础。当采用分离式基础且涵内流速较高时,可在基础之间地面表层加以铺砌。有时为了较好的抵抗地基反力。避免基础可能的弯曲变形,可在基础之间设置反拱式涵底。若基础之间在 10cm 厚砂垫层上作石料铺砌或浇注混凝土涵底,可在涵台基础与铺砌间设纵向沉降缝,以免基础沉陷时铺砌受到破坏。

(4)箱涵洞身

箱涵洞身可采用钢筋混凝土封闭薄壁结构,根据需要做成长方形断面或正方形断面。天然河沟床面纵坡较陡,涵洞洞底基础需分成几段不同坡度的变坡点;在阶梯形的分级处;洞身在管节分开处均需设置接头。涵洞分段以后,可以避免由于荷载分布不均及基底土壤性质不同引起的不均与沉陷,避免涵洞断裂。

2. 洞口

洞口建筑是由进水口和出水口两部分组成。洞口应与洞身、路基衔接平顺,并起到调节水流和形成流态的作用,同时使洞身、洞口(包括基础)、两侧路基以及上下游附近河床免收冲刷。另外,洞口形式的选定还直接影响着涵洞的宣泄能力和河床加固类型的选用。

涵洞与路线相交,可分为正交和斜交两种。当涵洞沿纵轴线方向与路线轴线方向相互垂直时,称为涵洞与路线正交;当涵洞纵轴线与路轴线向不相互垂直时,称为涵洞与路线斜交。

洞口建筑类型有八字式、端墙式、锥坡式、直墙式、扭坡式、平头式、走廊式及流线型等,其中常用的有八字式、端墙式、锥坡式、走廊式和平头式。

(1)八字式

八字式洞口(图 9 - 8(a))建筑为敞开式斜置,两边八字形翼墙高度随路堤的边坡而变。为缩短翼墙长度便于施工,将其端部建为矮墙。八字翼墙配合路基边坡设置,工作量较小,水力性能好,施工简单,造价较低,因而是最常用的洞口形式。

(2)端墙式

端墙式(又称一字墙式)洞口(图 9 - 8(b))建筑为垂直涵洞纵轴线,部分挡住路堤边坡的矮墙,墙身高度由涵前壅水高度而定,若兼做路基挡土墙时,应按挡土墙需要的高度确定。端墙式洞口构造简单,但水力性能不好,适用于流速较小的人工渠道或不易受冲刷影响的岩石河沟上。

(3)锥坡式

锥坡式洞口(图 9 - 8(c))建筑,是在端墙式的基础上将侧向伸出的锥形填土表面予以铺砌,视水流对涵洞的侧向挤束程度和水流流速的大小,可采用浆砌或干砌。这种洞口多用于宽浅河流及涵洞对水流压缩较大的河沟。锥坡式洞口垮工体积较大,不如八字式经济,但对于较大较高的涵洞,因这种结构形式的稳定性较好,是常用的洞口形式。

(4)直墙式

直墙式洞口(图 9 - 8(d))可视为敞开角为零的八字式洞口。这种洞口要求涵洞跨径与沟宽基本一致,且无需集纳与扩散水流,适用于边坡规则的人工渠道,以及窄而深、河床纵断面变化不大的天然河沟。这种洞口形式,因翼墙短,且洞口铺砌少,较为经济。在山区进水前、迎陡坡设置的急流槽后,配合消力池也常用直端式翼墙与之连接。

(5)扭坡式

扭坡式洞口(图 9 - 8(e))主要用于盖板涵、箱涵、工涵洞身与人工灌溉渠的连接。其设置目的,将原灌溉渠梯形断面的边坡通过洞口逐渐过渡为涵身迎水面的坡度,这样使水流顺畅,但施工工艺稍有复杂。

(6)平头式

平头式(又称领圈式洞口)(图 9 - 8(f))常用于混凝土圆管涵。平头式洞口适用于水流通过涵洞挤束不大和流速较小的情况。流速较大时,应对路堤坡迎水面铺砌加固。

(7)走廊式

走廊式洞口(图 9 - 8(g))建筑师有两道平行的翼墙在前端展开成八字形成圆曲线构成的。这种进水口建筑,使涵前的进水水位在洞口部分提前收缩跌落,因此可以降低无压力式涵洞的计算高度

提高涵洞中的计算水深,从而提高了涵洞的宣泄能力。

(8)流线型

流线型(图 9 - 8(h))有流线型洞口、斜交洞口。

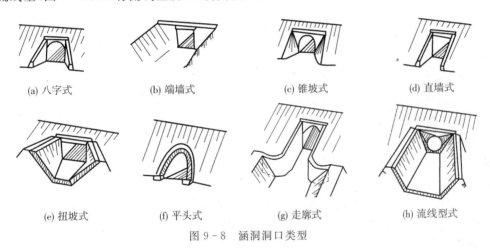

(a) 八字式　　　(b) 端墙式　　　(c) 锥坡式　　　(d) 直墙式

(e) 扭坡式　　　(f) 平头式　　　(g) 走廊式　　　(h) 流线型式

图 9 - 8　涵洞洞口类型

9.5.2　砌体涵洞结构设计

对于砌体涵洞的结构设计,我们主要是以拱涵为例进行设计。

9.5.2.1　拱涵的设计基本假设

1. 拱圈采用等截面圆弧无铰拱;
2. 在计算拱圈内力时,不考虑曲率、剪切变形、弹性压缩对内力的影响;
3. 不考虑混凝土收缩和温度变化产生的影响力;
4. 拱上填土最小厚度应满足车轮(或履带)的压力分布于全部拱圈上。

9.5.2.2　确定拱圈的几何尺寸

根据工程实践总结出以下经验公式来作为拟定拱圈厚度尺寸参考:计算公式可依据公式(9 - 22)或(9 - 23)进行计算。

9.5.2.3 拱圈外荷载计算

1. 恒载计算

拱顶填土竖向压力强度按土柱计算：

$$q_1 = \gamma_1 H \tag{9-43}$$

拱腹填土荷载：

$$q_2 = \gamma_2 \left(f + \frac{d}{2} - \frac{d}{2\varphi_u} \right) \tag{9-44}$$

拱圈自重：

$$q_3 = \gamma_3 d \tag{9-45}$$

式中：γ_1——土的重度（kN/m^3）；

γ_2——拱腹填料平均重度（kN/m^3）；

γ_3——拱圈圬工重度（kN/m^3）；

H——拱顶填土高度（m）。

填土所产生的水平压力：

拱顶处： $$q_4 = \gamma_1 H \tan^2 \left(45° - \frac{\varphi_u}{2} \right) \tag{9-46}$$

2. 拱圈活载垂直与水平压力计算

《桥涵通用规范》规定：计算涵洞顶上车辆荷载引起的竖向土压力时，车轮或履带按其着地面的边缘向下作 30° 角分布。当几个车轮或两条履带的压力扩散线相重叠时，则扩散面以最外边的扩散线为准。

当填土厚度等于或大于 4m 时，亦可按半无限弹性体系理论计算，计算如下：

地面上作用一集中荷载时，计算某点的竖向应力为：

$$\sigma_v = \frac{3PH^3}{2\pi R^5} \tag{9-47}$$

式中：σ_v——计算某点的竖向应力（kPa）；

H——半无限体内计算点距地面的深度（m）；

R——施力点与计算点间的距离（m）；

最大竖向力发生在通过施力点的竖直轴上，其值为：

$$\sigma_v = 0.478P/H^2 \tag{9-48}$$

当承受履带式拖拉机荷载或其他可视为矩形面积均布荷载时：

$$\sigma_s = ap \tag{9-49}$$

式中：p——矩形面积上的均布荷载；

活载的水平压力：

$$\sigma_p = \mu \sigma_v \tag{9-50}$$

式中：μ——侧压力系数；

　　　σ——深度 H 处由活载所产生的垂直压力强度(kPa)。

9.5.2.4　拱圈内力计算

1. 基本情况

外荷载在基本结构(对拱脚截面)产生的内力在单侧水平荷载作用下,有荷载作用的半跨上 M_p，H_p 和双侧水平荷载作用下相同；无荷载作用下半跨上 M_p，H_p 均为零。

在半跨垂直荷载作用下,有荷载作用半跨上 M_p、P_p 和全跨荷载作用下的 M_p、P_p 相同,无荷载作用下半跨上的 M_p、P_p 均为零。

在全跨垂直均布荷载作用下：

$$\begin{cases} P_p = \alpha_1 R q_1 \\ M_p = -\beta_1 R^2 q_1 \end{cases} \tag{9-51}$$

在倒圆弧形荷载作用下：

$$\begin{cases} P_p = \alpha_2 R q_2 \\ M_p = -\beta_2 R^2 q_2 \end{cases} \tag{9-52}$$

在拱圈自重作用下：

$$\begin{cases} P_p = \alpha_3 R q_3 \\ M_p = -\beta_3 R^2 q_3 \end{cases} \tag{9-53}$$

在双侧矩形水平荷载作用下：

$$\begin{cases} H_p = -\eta_4 R q_4 \\ M_p = -\beta_4 R^2 q_4 \end{cases} \tag{9-54}$$

以上式中 α_1 至 α_3，β_1 至 β_4，η_4 可查表求得。

2. 拱顶、拱脚截面内力

(1)恒载作用下的内力计算

$$\begin{cases} \text{拱顶}：M = M_u - H_0 y_s \\ \text{拱脚}：M = M_u + H_0(f - y_s) + M_p \\ \text{水平力}：H = H_0（\text{双侧水平荷载作用下拱脚处 } H = H_0 + H_p） \\ \text{垂直力}：V = P \end{cases} \tag{9-55}$$

(2)活载作用下的内力计算

全跨均布荷载及双侧水平荷载时恒载作用下的内力方向相同,以下计算左半跨均布荷载作用下拱顶、拱脚截面内力。

$$
\begin{cases}
弯矩: \\
拱顶: M = M_0 - H_0 y_s \\
拱脚: M_左 = M_0 + H_0(f - y_s) + M_p - V_0 L/2 \\
\qquad M_右 = M_0 + H_0(f - y_s) + V_0 L/2 \\
水平力: V_左 = V_0 + P_p \\
垂直力: V_右 = V_0
\end{cases}
\tag{9-56}
$$

左侧水平力作用下拱顶、拱脚截面内力:

$$
\begin{cases}
弯矩: \\
拱顶: M = M_0 - H_0 y_s \\
拱脚: M_左 = M_0 + H_0(f - y_s) + M_p - V_0 L/2 \\
\qquad M_右 = M_0 + H_0(f - y_s) + V_0 L/2 \\
水平力: \\
拱顶: H = H_0 \\
拱脚: H_左 = H_0' + H_p \\
垂直力: V = V_p
\end{cases}
\tag{9-57}
$$

以上各式中 M_0、H_0、V_0 为弹性中心处的赘余力。

(3)内力组合

恒载内力组合

$$
\begin{cases}
弯矩: M_总 = M_{q_1} + M_{q_2} + M_{q_3} + M_{q_4} \\
水平力: H_总 = H_{q_1} + H_{q_2} + H_{q_3} + H_{q_4} \\
垂直力: V_总 = V_{q_1} + V_{q_2} + V_{q_3} + V_{q_4} \\
轴向力: \\
拱脚: N_总 = H_总 \cos\varphi_0 + V_总 \sin\varphi_0 \\
拱顶: N_总 = H_总
\end{cases}
$$

活载内力组合:

第一种组合: 全跨均布荷载＋双侧水平力

第二种组合: 全跨均布荷载＋左侧水平力

第三种组合: 左侧均布荷载＋左侧水平力

9.5.2.5 拱圈强度和稳定性验算

对拱涵的拱圈,其正截面强度只验算拱顶和拱脚截面。拱圈的稳定性按偏心受压构件验算。

9.6　砌体挡土墙设计

9.6.1　概述

挡土墙是用来支撑路基填土或山坡土体，防止填土或土体变形失稳的一种构筑物。挡土墙各部分的名称如图 9-9 所示。墙背与竖直面的夹角 α，称为墙背倾角，工程中常用单位墙高与其水平长度之比来表示，即可表示为 $1:m$。

1. 挡土墙的类型

根据挡土墙设置于路基的不同位置，可分为：

(1)当墙顶置于路肩时，称为路肩挡土墙（图 9-10(a)）；

(2)若挡土墙支撑路堤边坡，墙顶以上沿有一定的填土高度，称为路堤式挡土墙（图 9-10(b)）；

(3)如果挡土墙用于稳定路堑边坡，则称为路堑式挡土墙（图 9-10(c)）。

此外，还有设置在山坡上的山坡挡土墙，用于整治滑坡的抗滑挡土墙等。

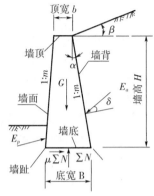

图 9-9　挡土墙各部分名称

(a) 路肩式挡土墙

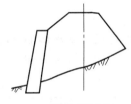

(b) 路堤式挡土墙

(c) 路堑式挡土墙

图 9-10　设置在不同位置的挡土墙

2. 砌体结构的挡土墙介绍

(1)重力式挡土墙

由石块、混凝土等材料建造的挡土墙结构形式主要为重力式挡土墙，它也是最常用的结构形式，其特点主要是墙身自重保持其稳定，多用块石，墙高较低时（≤6m）也可干砌，在缺乏石料地区可用混凝土浇筑。它构造形式简单，应用范围广，但截面尺寸较大，墙身较重，并要求地基有较高的承载力。在设计中，先选定墙型，拟定墙身尺寸，并进行构造设计，再分别验算墙和地基的强度及稳定性。

重力墙按墙背形式可做成俯斜、仰斜、垂直、凸形折线和衡重式等不同墙型，如图 9-11 所示。前三种为墙背形式简单的直线形墙背，从承受压力大小的角度来看，仰斜墙背土压力最小，垂直墙背次之，俯斜墙背土压力最大，因而应优先采用仰斜墙背，以减小压力；从挖填方要求的角度看，边坡时挖方时（如路堑墙），仰斜墙背与开挖面边坡可以紧密贴合，开挖量和回填量较小，因而较合理；但填方时仰斜墙背填土不易压实，不便施工，此时采用俯斜墙背或垂直墙背则好一些。凸形折线墙背是将斜墙背上部改为俯斜，以减小其上部断面尺寸。

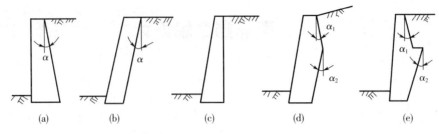

图 9-11　重力式挡土墙墙背形式

（2）衡重式挡土墙

衡重式挡土墙，其特点是上下墙背筒有衡重台，利用衡重台上填土重力和墙身自重共同作用维持其稳定性。衡重式挡土墙断面尺寸较重力式小，且因墙面陡直，下墙墙背仰斜，可降低墙高和减小基础开挖量，但对地基承载力要求较高。

挡土墙是以支撑土体使其保持稳定为目的，所以受到的荷载主要是土体的侧压力（包括土体上荷载所产生的附加侧向压力）简称土压力。土压力的计算是一个很复杂的问题，包括大小、方向和分布等，由于基本假设的不同和墙上相互作用状态的不同，从而形成不同的计算方法和公式。

9.6.2　砌体挡土墙的结构设计

9.6.2.1　挡土墙的构造

1. 墙身构造

重力式挡土墙的截面尺寸随着墙的截面形式和墙的高度而变化，重力式挡土墙墙胸坡和墙背的背坡一般选在 $1:0.2\sim1:0.3$ 之间，但是为了保证墙身稳定和避免施工困难，墙背坡不宜小于 $1:0.25$，墙面尽量与墙背平行。对于地面坡度较陡、墙背垂直时，墙面坡度可以取 $1:0.05\sim1:0.2$；当地势平坦时，挡土墙的坡度可较缓，但不宜缓于 $1:0.4$。

采用混凝土块或石砌的挡土墙，墙顶宽不宜小于 0.5m；对整体灌注的素混凝土墙，墙顶宽不应小于 0.4m。

当墙身高度超过一定限度时，基底压应力往往是控制截面尺寸的重要因素。为了使基底压应力不超过地基承载力，可在墙底加设墙趾台阶，加设墙趾台阶对挡土墙的抗倾覆稳定有利。墙趾的高度与高宽比，应根据材料的刚性角确定，墙趾台阶连线与竖向直线之间的夹角 θ 应为：石砌挡土墙不大于 35°，混凝土墙不大于 45°。一般墙趾宽不大于墙高的 1/20，也不应小于 0.1m，墙趾高度应该按刚性角确定，但不应小于 0.4m。

挡土墙应采取墙身排水和地面排水措施，以排出墙后积水和防止地表水渗入墙后土体或地基。

2. 墙后填料

选择墙后填料时，应本着尽可能减小与填料相应的主动土压力为原则。填料的重力密度越小，内摩擦角越大，内摩擦角越大，则主动土压力越小。因此，因选择重力密度小，内摩擦角大，透水性强的土作为填料。优先采用砂类土、碎石土等。采用粘性土时，应掺碎石、砾石等。

9.6.2.2　挡土墙的设计

1. 挡土墙的设计的基本原则

挡土墙应保证填土基挡土墙本身的稳定，另外墙身应具有足够的强度，以保证挡土墙的安全

使用,同时设计中还要做到经济合理,因此,挡土墙设计的基本原则是:

(1)挡土墙必须保证结构安全正常使用,因此应满足以下要求:

①挡土墙不能滑移;

②挡土墙不能倾覆;

③挡土墙墙身要有足够的强度;

④挡土墙的基础要满足承载力的要求。

(2)根据工程要求以及地形地质条件,确定挡土墙结构的平面布置和高度,选择挡土墙的类型及截面尺寸。

(3)在满足规范要求的前提下使挡土墙结构与环境协调。

(4)对挡土墙的施工提出指导性意见,为保证挡土墙的耐久性,在设计中应对使用过程中的维修给出相应的规定。

2. 以重力式挡土墙的设计为例进行挡土墙的设计计算

挡土墙在墙后填土压力作用下,必须具有足够的整体稳定性和结构强度。设计时应验算挡土墙在土压力和其他外荷载作用下沿基底的滑移稳定性;验算墙身抗倾覆稳定;验算墙身强度及地基承载力。

(1)作用于挡土墙上的荷载分类

①永久荷载

永久荷载是指长期作用在挡土墙上的不变荷载,如挡土墙的自重、土压力、水压力、浮力、地基反力计摩擦力等。

②可变荷载

可变荷载主要是指作用在挡土墙上的活荷载、动荷载、波浪压力、洪水压力、温度应力及地震作用等。

(2)荷载效用组合

在考虑挡土墙不同的计算项目时,如整体稳定、墙身强度计算,应根据使用时的情况和工作条件,进行荷载组合。在荷载组合应考虑如下原则,按实际可能同时出现的最不利组合考虑。挡土墙设计时,应根据使用过程中在结构上可能出现的荷载,按承载力极限状态和正常使用极限状态分别进行荷载效用组合。对于承载力极限状态,应采用荷载效用的基本组合和偶然组合进行设计,其表达式为:

$$\gamma_0 S \leqslant R \tag{9-58}$$

式中:γ_0——结构重要性系数,按其重要性分三级,分别取为 1.1、1.0、0.9;

S——荷载效应组合的设计值;

R——结构抗力设计值。

对挡土墙的基本组合,其荷载效应组合的设计值应按下式确定:

$$S = \gamma_G C_G G_k + \gamma_{Q1} C_{Q1} Q_{1k} + \sum_{i=2}^{n} \gamma_{Qi} C_{Qi} \psi_{ci} Q_{ik} \tag{9-59}$$

式中:γ_G——永久荷载的安全分项系数,在进行挡土墙墙身强度设计时,可取 $\gamma_G=1.0$,对抗滑移、抗倾覆有利的永久荷载取 0.9;

γ_{Q1}、γ_{Qi}——分别是第一个和第 i 个可变荷载的安全分项系数,一般不利时取 1.4;

G_k——永久荷载标准值;

Q_{1k}——第一个可变荷载标准值，一般为最主要的可变荷载；

Q_{ik}——第 i 个可变荷载标准值；

C_G、C_{Q1}、C_{Qi}——分别为永久荷载；第一个和第 i 个可变荷载的效应系数；

ψ_{ci}——第 i 个可变荷载组合系数，当与风荷载组合时取 0.8；当无风荷载参与组合时取 1.0。

（3）荷载计算：

①挡土墙自重

挡土墙自重可按（9-60）式计算：

$$G = \gamma_a V \tag{9-60}$$

式中：γ_a——挡土墙的重度，可按表 9-8 取值

V——挡土墙每米的体积

表 9-8　挡土墙用建筑材料的重度（kN/m^3）

材料	钢筋混凝土	混凝土	浆砌粗料石	浆砌块石
重度	25	23	25	23

②土压力

按《土力学与地基基础》教材中库仑土压力计算公式确定。

思考题与习题

9-1　对于圬工结构，我国现行《公路圬工桥涵设计规范》（JTG D61—2005）确定的计算原则及设计原则是什么？

9-2　什么是圬工结构？

9-3　圬工结构中受压构件的强度计算包括哪些内容？

9-4　为什么圬工结构偏心受压构件的计算采用双控制？

9-5　叙述实腹式悬链线无铰拱轴系数的确定方法。

9-6　为什么目前修建的大、中桥的拱轴线常用悬链线而不是圆弧线拱和抛物线拱？

9-7　拱圈除进行强度验算之外，为什么还需要进行偏心验算？

9-8　拱桥桥台的主要类型有哪几种？

9-9　叙述桥墩的计算步骤。

9-10　如果只考虑永久荷载与基本可变荷载，那么在顺桥向作用于桥墩上的荷载组合方式有哪两类？

9-11　挡土墙有哪些种类？它们的各自的特点和适用范围有哪些？

9-12　重力式挡土墙有哪些荷载作用？应对哪些方面进行验算？

9-13　挡土墙设计的基本原则有哪些？

9-14　设计一墙高为 4.0m，采用 M5 水泥砂浆砌筑毛石挡土墙，其重力密度 $\gamma = 22kN/m^3$。墙后填土为砂性土，填土为水平面即 $\beta = 0$，土的重力密度为 $\gamma = 18kN/m^3$，内摩擦角 $\varphi = 28°$，与墙背摩擦角 $\delta = 0$，基础底面与地基的摩擦系数 $\mu = 0.45$，地下水位距离墙顶 2.5m。

参 考 文 献

1. 施楚贤．砌体结构．北京：中国建筑工业出版社，2003
2. 唐岱新．砌体结构．北京：高等教育出版社，2003
3. 砌体结构设计规范(GB 50003—2001)．北京：中国建筑工业出版社，2002
4. 公路桥涵设计通用规范(JTG D60—2004)．北京：人民交通出版社，2004
5. 建筑抗震设计规范(GB 50011—2001)．北京：中国建筑工业出版社，2001
6. 公路圬工桥涵设计规范(JTG D61—2005)．北京：人民交通出版社，2005
7. 朱彦鹏．特种结构．武汉：武汉工业大学出版社，2000
8. 许淑芳，仲明，砌体结构．北京：科学出版社，2004
9. 施楚贤．砌体结构理论与设计(第 2 版)．北京：中国建筑工业出版社，2003
10. 唐岱新．砌体结构设计．北京：机械工业出版社，2002
11. 王茂．简明砌体结构设计手册(新规范)．北京：机械工业出版社，2003
12. 刘立新．砌体结构(第 2 版)．武汉：武汉理工大学出版社，2003
13. 混凝土结构设计规范(GB 50010—2002)．北京：中国建筑工业出版社，2001
14. 刘玲．工程结构抗震．北京：中国建筑工业出版社，2005
15. 建筑结构可靠度设计统一标准(GB 50068—2001)．北京：中国建筑工业出版社，2001
16. 砌体工程施工质量验收规范(GB 50203—2002)．北京：中国建筑工业出版社，2001

干 洪 主编

定价:20.00 元

书号:7 - 81093 - 132 - 6

《计算结构力学》

本书为土木工程专业重要的技术基础课之一。由于它涉及的学科面较广,内容较多,没有统编教材。本教材是作者经过十多年的艰苦努力,在教学改革上取得了一定成绩,并积累了大量的教学心得的基础上写成。教材侧重对学生基本技能、创新能力的培养和训练。对教学内容进行了优化整合,结合了近阶段课题研究成果,程序设计部分可直接用于工程实际。

肖亚明 主编

定价:23.00 元

书号:7 - 81093 - 298 - 5

《钢结构设计原理》

本书为高等学校土木工程专业本科的专业基础教材,主要讲述钢结构设计的基本理论和方法。全书共分为 6 章,分别为:绪论,钢结构的材料,钢结构的连接,轴心受力构件,受弯构件及拉弯和压弯构件。各章均附有设计计算例题、思考题和习题,以利有关基本理论和设计方法的学习和掌握,书后还给出大量的附表,可供设计计算和工程设计应用。

本书可作为高等院校土木工程专业以及相近专业本科生的教材,经过一定删节也可用作专科生的教材,还可供相关工程技术人员参考。

何夕平　主编
定价:20.00 元
书号:7-81093-299-3

《建设工程监理(附案例分析)》

本书着重介绍了建设工程监理的主要理论和实际运作方法,共分 10 章,包括:建设工程监理的概念和相关法律法规;监理工程师;工程监理企业;监理组织;监理规划;建设工程监理目标控制;组织协调;合同管理;风险管理;信息管理和建设工程监理案例分析。本书按照当前最新法规、标准规范的有关要求编写,内容新颖、实用、可操作性强。同时,针对监理工作中经常遇到的问题和处理方法编成 14 个案例并加以分析,以指导读者尽快掌握建设工程监理的主要内容和工作方法,提高分析问题和解决问题的能力。

本书除了用于土木工程、工程管理专业的教材之外,还可供相关工程技术人员参考。

孙　强　主编
定价:18.00 元
书号:7-81093-110-5

《工程教育教学法》

本书是为土木工程职教职师班开设的一门专业课程,也是适应目前高等教育发展而设立的一个特色专业课程。通过本课程的学习可以使工科学生了解高等学校专业课程的教学特点与教学方法。熟悉教学大纲、教案、教学日历的编写和实施,为培养工科学生毕业后从事工科职业教育工作打下良好的基础。

适用范围:本书除了用于教材之外,还可以作为从事土木工程专业及职业技术教育的教师和大中专学生的参考书。